AF454597

GÉOGNOSIE

DES

TERRAINS TERTIAIRES.

GÉOGNOSIE

DES TERRAINS TERTIAIRES,

OU

TABLEAU

DES

PRINCIPAUX ANIMAUX INVERTÉBRÉS

DES TERRAINS MARINS TERTIAIRES ,

DU MIDI DE LA FRANCE ;

PAR Marcel de SERRES,

PROFESSEUR DE MINÉRALOGIE ET DE GÉOLOGIE A LA FACULTÉ
DES SCIENCES DE MONTPELLIER.

« Toute explication de phénomène doit être
» premièrement d'accord avec les lois générales
» de la nature, et ensuite avec les lois parti-
» culières de la classe d'objets dont il s'agit. »
(DELUC.)

A MONTPELLIER,

CHEZ POMATHIO-DURVILLE, LIBRAIRE ÉDITEUR ;
rue du Gouvernement ;

A PARIS,

Même maison de commerce, rue Pavée Saint-André-des-Arcs, n.º 7.

1829.

MONTPELLIER, IMPRIMERIE DE Mlle Ve PICOT,
NÉE FONTENAY, IMPRIMEUR DU ROI.

AVANT-PROPOS.

Sı l'ouvrage que nous soumettons au jugement
des Géologues obtient quelque succès, nous publierons, dans la même forme, le tableau des animaux
vertébrés des dépôts marins tertiaires de nos contrées méridionales. Nous y décrirons spécialement
les mammifères, les reptiles marins fluviatiles et
terrestres, qui, avec des oiseaux et des poissons, se
montrent dans cet ordre de dépôts; mais pour faire
connaître l'ensemble des animaux détruits à l'époque
de la formation des terrains tertiaires, nous y
joindrons également l'indication des principales
espèces des dépôts fluviatiles, et celle non moins
intéressante des espèces entraînées par les anciennes
alluvions, dans les fentes longitudinales et verticales de nos rochers, c'est-à-dire, dans les cavernes
et les fissures, où tant de débris organiques se
montrent entassés. De cette manière, on pourra se
former une idée exacte des races qui ont jadis vécu
sur notre sol, et dont la variété est bien propre
à exciter l'attention et à piquer la curiosité.

Sans doute on ne mettra pas moins d'intérêt
à connaître la végétation contemporaine de tant
d'animaux détruits. C'est aussi pour parvenir à ce
but, qu'en nous aidant des secours que nous

donne notre position, nous publierons l'indication des débris de végétaux que nous avons recueillis dans les formations lacustres et fluviatiles, où abondent ces débris, surtout dans les lieux où les limons marneux apportés par les fleuves dans le bassin de l'ancienne mer, ont pu s'y accumuler et les envelopper de toutes parts. Peut-être la conservation des restes des corps organisés, généralement plus parfaite dans les marnes que dans tout autre terrain, tient-elle à la ténuité et à la finesse de leurs molécules, qui, en mettant les restes des corps vivans plus à l'abri des agens extérieurs, les a aussi plus complétement préservés des causes qui tendaient à les détruire ?

INTRODUCTION.

L'étude des débris des corps organisés ensevelis dans les entrailles de la terre, a pris une grande importance depuis l'époque où il a été reconnu que ces corps étaient les restes d'êtres qui avaient joui de la vie, et non de simples jeux de la nature, ou des produits conçus dans le sein de la terre par ses forces créatrices. Au premier aspect de ces débris, les observateurs, étonnés de leur nombre et de la généralité de leur dispersion, les considérèrent comme des monumens d'anciennes et violentes catastrophes dont notre globe aurait été le théâtre. Des restes d'animaux et de plantes, dont les conditions d'existence exigeaient la température la plus élevée, ensevelis dans les climats glacés du Nord ou dans les régions tempérées, semblaient autoriser leur système, et ils crurent pouvoir en conclure que la terre avait dû éprouver de grandes et de nombreuses révolutions, qui s'étaient opérées d'une manière brusque et subite, avant comme après l'existence des corps vivans.

Une première réflexion se présente à l'esprit ; on se demande comment, si de violentes révolutions ont troublé la terre, il existe une si grande harmonie et des lois si admirables de conservation dans l'univers, dont notre globe fait partie. Eh quoi !

l'univers aurait des lois régulières de stabilité ;
chaque corps qui entre dans son ensemble tendrait
d'une manière constante à cet état d'équilibre qui
doit en assurer la durée ; et la terre, la terre seule,
en proie à de nombreuses catastrophes, ne les aurait
vu cesser qu'après une longue période de temps
et la destruction d'une grande partie des êtres qui
l'habitaient ? Non, la terre n'a point subi de pareilles
révolutions qui auraient dérangé pour jamais sa
stabilité ; elle a seulement éprouvé , comme probablement les autres corps planétaires, des modifications qui tenaient à son essence et à sa nature,
modifications terminées par une grande inondation,
après laquelle les causes perturbatrices de plus en
plus restreintes , sont devenues presqu'insensibles.

Les diverses modifications que le globe a éprouvées,
paraissent avoir eu principalement pour cause la
température plus élevée que la terre avait dans
son origine, température qui devait nécessairement
s'abaisser, tant pour la durée et la stabilité du
globe, que pour qu'il pût, en passant à l'état solide,
recevoir des végétaux et des animaux terrestres. La
température de la terre a dû, en effet, diminuer
par l'effet du rayonnement, et d'autant plus que,
dans le principe des choses, elle était loin d'être
en équilibre avec celle de l'espace. La suite naturelle de cette diminution de la température de
notre planète, a été de la rendre habitable pour
les êtres qui vivent maintenant sur sa surface.

Aussi , comme la plupart des astres répandus dans l'espace , notre globe semble être passé par plusieurs périodes qui ont exercé une haute influence sur l'état et la disposition des corps qui en font partie.

Dans la première , la terre paraît avoir eu une température tellement élevée , que la plupart des matériaux qui la composent était à l'état de fluide élastique ; tandis que , dans la seconde période , une partie de ces fluides expansifs est passée à l'état liquide ; et , dans la troisième , ces liquides sont devenus solides , du moins en partie , par leur combinaison avec les corps déjà endurcis. Cette solidification vers laquelle le globe a tendu dès son origine , s'effectue encore dans l'intérieur de la terre , à mesure que la chaleur centrale diminue. Par suite de cette diminution dans la température de la terre et de la force expansive des vapeurs qui s'échappaient , à mesure que la surface du globe se consolidait , les dépôts produits antérieurement à l'existence des corps vivans ont été plus ou moins redressés et élevés au-dessus de leur niveau primitif. Cet exhaussement des terrains solides , produit par refroidissement ou par un pur effet thermométrique , a été cependant extrêmement borné ; car ce n'est que de la 1,000.^{e} partie du rayon de l'équateur , que les points les plus élevés dépassent le niveau des mers. Les montagnes les plus hautes n'ont donc aucune importance par rapport au diamètre terrestre.

Cet exhaussement qui aurait dû, ce semble, s'opérer de la manière la plus irrégulière, s'est maintenu pourtant dans de telles limites, que les points les plus élevés ont conservé entr'eux, après leur redressement, un ordre et un rapport remarquables. En effet, le *maxima* du faîte des Pyrénées, des Alpes, des Cordilières et de l'Himâlaya, comparé à la configuration générale du sphéroïde terrestre, représente une série de termes qui croissent comme les nombres 1, $1\frac{1}{2}$, 2, et $2\frac{1}{2}$; en sorte qu'en les doublant, ces cimes sont entr'elles comme les nombres 2, 3, 4 et 5; rapport si simple, qu'il semble annoncer une certaine régularité dans la cause qui a produit les points les plus culminans. En résultat général, les montagnes les plus hautes, soumises, par rapport à leur élévation, à des lois constantes, n'ont aucune importance relativement à la masse totale du globe. Les causes qui les ont produites n'agissent plus, depuis que notre planète est parvenue dans un état de stabilité, parce que la partie solide de la terre oppose trop de résistance à l'expansion des vapeurs et aux bouleversemens qui auraient pu résulter de l'inégalité du retrait des couches qui se solidifient.

Quant à l'exhaussement des matériaux solides produits par sédiment, ou après une sorte de suspension dans un liquide, il a été encore plus restreint. Les effets du redressement, quand il a eu lieu, ont été ici tellement bornés, que si la cause qui a fait surgir les montagnes primordiales est restée sans importance, on doit considérer comme nulle et imperceptible celle qui a agi sur les terrains secondaires et tertiaires, dont l'étendue et l'épaisseur sont si peu considérables

Ces effets, plus insensibles pour la masse de la terre, que ne le sont pour une orange les petites aspérités de sa surface, annoncent-ils donc, comme on l'a supposé, de violentes et de nombreuses révolutions et des dérangemens à l'ordre établi, ou ne sont-ils pas plutôt une suite nécessaire de la diminution de la température du globe ?

L'abaissement de la température de l'écorce de notre planète, prouvé par sa consolidation, par l'accroissement de la chaleur, à mesure que l'on s'enfonce dans les couches éloignées de la surface, est également annoncé par la distribution des espèces fossiles, et leurs dimensions, généralement plus considérables que celles qu'ont acquises nos races actuelles. Cette température devait être jadis plus élevée, puisque parmi les fossiles, il y a plus d'espèces perdues des climats chauds, que des régions tempérées, et que les animaux et les plantes qui semblent avoir exigé le plus grand degré de chaleur, sont souvent ensevelis dans les régions tempérées, et même dans les contrées les plus septentrionales.

Par suite de cette plus grande chaleur, les mammifères terrestres, qui vivaient jadis dans nos régions, et les végétaux qui peuplaient nos antiques forêts, y avaient pris un développement remarquable, même à l'époque la plus rapprochée de la période actuelle. Il suffit, pour s'en convaincre, de se rappeler les proportions colossales de notre Éléphant méridional, de nos Mastodontes, de nos Cerfs à bois gigantesques, de nos Lions, de nos Tigres, de nos Ours, de nos Sangliers fossiles, et le grand développement de nos anciens Palmiers et de tant d'autres végétaux de l'ancien monde.

Ce développement paraît encore plus considérable, lorsqu'on l'observe chez les reptiles ensevelis dans les terrains jurassiques, parmi lesquels on remarque les énormes et monstrueux *Ichtyosaurus*. *Plesiosaurus* et *Megalosaurus*. Ce dernier, dont la longueur dépassait soixante-dix pieds, nous présentait un lézard aussi grand qu'une baleine ; et, chose remarquable, les plus grands reptiles connus existent dans les régions les plus chaudes de la terre. Cependant c'est dans nos régions tempérées que l'on découvre les restes de ceux qui ont atteint les dimensions les plus considérables.

De même, les végétaux ensevelis dans les terrains secondaires inférieurs, offrent un développement, une grandeur, une force de végétation bien supérieure à ceux qu'ils acquièrent dans nos climats, et même à ceux dont jouissent ces mêmes familles dans les régions équatoriales. Ainsi, les fougères en arbre de cette période, quoique analogues, à

beaucoup d'égards, à celles qui ne croissent plus
maintenant que sous la zone torride, s'élèvent à
une hauteur double de celle qu'atteignent les plus
élevées parmi ces dernières. Les Lycopodes et les
Equisétacées, qui ne sont actuellement que des
plantes herbacées, ou tout au plus de petits arbus-.
tes, ont été jadis des arbres d'une assez grande
dimension.

Or, comme dans les temps présens, les végétaux
de ces trois familles, les Fougères, les Lycopodiacées
et les Presles acquièrent toujours une taille d'autant
plus considérable, que le climat dans lequel elles
croissent est plus chaud, on est en droit d'en
conclure que les espèces fossiles, soit animales,
soit végétales, considérées sous le rapport de leur
distribution, comme sous celui de leurs dimensions,
comparées à celles qu'offrent nos espèces vivantes,
semblent annoncer, ainsi que les autres phénomènes de la nature, que la surface de la terre a dû
avoir une température plus élevée que celle qu'elle
possède actuellement.

I nature a donc toujours suivi la même
marche, et la chaleur a été constamment favorable
au développement des forces vitales. En effet, dans
les temps présens, le nombre des grands végétaux
s'accroît, d'une manière sensible, du pôle à
l'équateur, par suite de l'accroissement de la
chaleur vers les régions équatoriales, où la vie
peut prendre tout son essor; et de même, dans la

période qui a précédé l'époque actuelle, les fossiles nous annoncent qu'à mesure que la température du globe diminuait, certaines espèces disparaissaient des lieux où elles avaient pris le plus grand développement, ou que lorsqu'elles n'étaient pas détruites pour toujours, elles tendaient à prendre de plus petites et de plus faibles proportions.

Cet abaissement dans la chaleur, qui a produit la solidification des terrains primitifs, et qui n'a jamais cessé d'avoir lieu, a été probablement une des causes naturelles de la destruction de tant de genres et d'espèces perdues; car la destruction de certaines espèces n'annonce nullement de grands désordres dans la marche de la nature. On peut d'autant moins le supposer, qu'au milieu de formes qui ne paraissent plus exister, on en découvre un si grand nombre de semblables à celles qui caractérisent nos races actuelles. Or, ce mélange est trop fréquent pour ne pas admettre que celles qui ont cessé de se produire, ont été détruites par des causes toutes naturelles et toutes simples, qui ne pouvaient se concilier avec les conditions d'existence auxquelles les espèces avaient été soumises.

L'abaissement de la température de la terre, loin d'être instantané, a dû s'opérer successivement et d'une manière graduée, puisque les espèces animales et végétales n'ont pas péri simultanément, mais les unes après les autres dans un ordre inverse de la complication de leur organisation (1). Les espèces dont l'organisation a été la plus simple, pouvant supporter la température la plus élevée, ont, en général, paru les premières; et il ne faut pas s'étonner si elles ont été détruites avant les autres. Les espèces dont l'organisation exigeait des conditions plus difficiles à remplir, ont paru les dernières; aussi ont-elles été détruites dans la période géologique la plus rapprochée de l'époque actuelle, ou même, d'après nos dernières observations, depuis les temps historiques.

Parmi les faits qui l'annoncent, qu'il nous soit permis d'en citer qui n'ont point encore été publiés, et dont on saisira facilement l'importance.

Les cavernes de Bize (Aude) nous ont présenté des ossemens humains saisis par les mêmes stalactites, qui ont fait adhérer au rocher des ossemens de chevaux, de bœufs, de cerfs d'espèces perdues, et des coquilles terrestres. Nous avons long-temps douté que ces ossemens fussent de la même date que ceux qui leur sont réunis; mais depuis la

____

(1) Le nombre des espèces considérées comme perdues diminue du reste tous les jours, tandis que celui des espèces fossiles analogues à nos races actuelles augmente sans cesse, à mesure que nous connaissons mieux les diverses productions des contrées lointaines et de nos régions. Ces espèces, regardées comme détruites, ne sont pas plus différentes de nos espèces actuelles, que celles qui existent dans la Nouvelle-Hollande le sont des races qui habitent l'ancien continent.

découverte faite par M. Tournal, d'ossemens et de dents humaines dans le limon noir qui couvre le sol de ces cavernes, et où se trouvent des *Anoglochis* d'espèces perdues, nos doutes se sont évanouis, et d'autant plus facilement, que des fragmens de poteries ont été également observés dans ce même limon.

Depuis les temps historiques, des alluvions auraient donc rempli en partie les fentes de nos rochers de limons, de cailloux roulés, de débris de mammifères terrestres, d'ossemens humains, ainsi que d'objets de fabrication humaine, en sorte que depuis l'époque où l'homme a paru sur la terre, et même probablement long-temps après son apparition, certaines espèces animales ont été détruites, et l'homme a été contemporain des causes qui les ont fait périr.

Il est difficile, en effet, de ne pas admettre que les mammifères associés, dans les cavernes de Bize, aux ossemens de notre espèce, ne soient pas des races perdues, puisqu'ils se rapportent au genre *Anoglochis*, qui n'a d'autre représentant sur la terre que le Chevreuil, et que les *Anoglochis* de ces cavernes ont une taille supérieure à celle du Cerf commun. Ainsi les temps géologiques se lient sans interruption aux temps historiques, et la destruction de certaines espèces est contemporaine de l'apparition de l'homme sur la terre.

M. de Christol, qui vient de découvrir des

ossemens humains et des poteries, confondus dans les cavernes de Pondres et de Souvignargues (Gard), avec des espèces regardées jusqu'à présent comme antédiluviennes, a confirmé puissamment les faits observés par M. Tournal. Ces ossemens humains doivent, en effet, être de la même date que les débris de Rhinocéros (peut-être le *Rhinoceros minutus*) et d'Hyène (*Hyæna Spleæa*), avec lesquels ils sont associés, puisqu'ils se trouvent dans les mêmes limons et à des hauteurs égales dans ces dépôts de transport; et enfin, parce qu'ils ne présentent aucune différence sous le rapport de leur altération et de leur nature chimique, ainsi que nous le prouverons plus tard.

Cet abaissement dans la température de la terre s'est tellement effectué d'une manière graduée et successive, que, d'après la distribution des espèces fossiles, les climats de la terre, en se modifiant, semblent avoir conservé entr'eux les mêmes rapports qu'on leur reconnaît aujourd'hui. En effet, les mêmes espèces animales et végétales, ou des espèces très-voisines, vivaient autrefois dans l'ancien et dans le nouveau continent, à des hauteurs verticales très-différentes; et, d'après la nature de l'organisation, cette simultanéité d'existence suppose une grande conformité dans les circonstances extérieures, sous l'influence desquelles ces espèces vivaient, notamment dans la température atmosphérique.

Or, on sait que les régions élevées du nouveau monde, qui offrent des débris d'animaux et de végétaux fossiles, jouissent par suite de leur latitude combinée avec l'élévation du sol, d'une température à peu près égale à celles des parties plus boréales, mais moins élevées de l'ancien continent, où des débris analogues ont été observés. Donc les mêmes rapports de température qui existent aujourd'hui entre ces diverses régions, existaient aussi à l'époque où les animaux et les plantes dont on y trouve les débris les habitaient. Si, comme les faits l'annoncent, cette température ancienne n'était pas égale, mais était supérieure à la température actuelle, ne doit-on pas en conclure que les causes qui ont amené ce changement de température, ont exercé une influence égale et simultanée sur les deux continens, et ont agi de manière à ne point troubler les rapports que l'on remarque encore aujourd'hui dans la distribution des êtres vivans sur le globe?

Ces causes ont donc refoulé la vie des contrées septentrionales vers le midi, et des hautes sommités vers les plaines, de manière que l'analogie des stations entre les temps anciens et l'époque actuelle s'établit en raison de l'abaissement des latitudes, et du décroissement d'élévation au-dessus du sol; ce qui explique l'analogie de l'antique végétation, et des races primitives de nos contrées avec celles des contrées équatoriales.

Le changement de température de la surface de
notre planète a dû, en effet, s'opérer d'une manière
lente et régulière, puisque son intérieur conserve
la plus grande partie de la chaleur primitive, et
que le globe possède une température propre indé-
pendante de la chaleur solaire, et de celle qui lui
est transmise par le rayonnement des astres qui
composent l'univers. L'accroissement le plus faible
de cette chaleur intérieure que donne l'observation,
n'est pas moindre de 1° par 35 mètres, en sorte qu'à
3,500 mètres de profondeur, on atteint le terme
de l'eau bouillante; ce qui peut donner une idée
de l'énorme chaleur que doit avoir le centre du
globe, le rayon terrestre ayant jusqu'à 637 myria-
mètres. Les éruptions des volcans qui vomissent des
torrens de matières embrasées et des torrens de
lumière, l'annoncent assez, en nous apprenant en
même temps que la lumière est entrée dans la
composition du globe. Cette lumière, comme la
chaleur qui produit ces embrasemens souterrains,
vient en effet des profondeurs où la lumière du
soleil et des étoiles n'a jamais pénétré, et par
conséquent son origine est différente. Elle remonte
donc jusqu'à la création de la lumière primitive,
qui pénétra tous les globes répandus dans l'espace,
et qui, comme la chaleur intérieure, est indépen-
dante des astres qui la répandent et la distribuent
sur la surface de la terre.

La retraite des mers a été également une des causes qui a fait périr un certain nombre d'espèces, soit animales, soit végétales. On est du moins en droit de le supposer, puisque l'on ne découvre plus de traces des corps organisés, dans les terrains produits après leur retraite, si ce n'est dans ceux où les anciennes inondations ont entraîné des dépôts d'alluvion. On le présume enfin, puisque les débris des êtres vivans ne se montrent jamais dans les lieux dont les mers n'ont pas atteint le niveau, à l'exception de ceux disséminés sur la surface du sol par les eaux courantes, tandis que ces mêmes débris abondent dans les couches déposées dans le sein des mers, soit les espèces fluviatiles, soit les espèces marines.

Cette retraite des mers, considérée en elle-même, s'est opérée d'une manière si régulière et si graduée, que les eaux semblent s'être séparées peu à peu, les mers intérieures étant rentrées dans leurs bassins actuels, postérieurement à l'Océan. Aussi existe-t-il d'assez grandes différences entre les bassins tertiaires qui dépendent des mers intérieures et les bassins océaniques. L'observation de ces divers bassins apprend, en effet, que les derniers dépôts que les mers y ont laissés en se retirant, sont d'autant plus anciens qu'on les voit plus éloignés des mers actuelles, et d'autant plus récens qu'ils en sont plus rapprochés.

Ces dépôts, étudiés dans la manière dont ils ont été produits, annoncent encore, par l'horizontalité et le parallélisme de leurs couches, qu'ils ont été disséminés par des causes si peu violentes, que les débris des corps organisés les plus fragiles y conservent souvent leurs parties les plus ténues et les plus délicates. Le peu d'élévation qu'offrent ces derniers dépôts, prouve en même temps que lors de la dernière retraite des mers, leur niveau n'était pas très-différent de celui qu'elles ont aujourd'hui; ni leurs lits forts éloignés du bassin qu'elles occupent maintenant, surtout celui des mers intérieures, puisque les dépôts marins tertiaires s'éloignent si peu du bassin actuel de ces mers. En un mot, la manière dont sont distribués les restes des corps vivans, les périodes successives qu'ils ont éprouvées dans leur organisation, et par suite dans leurs stations, annoncent que la température et l'étendue des mers a toujours été en diminuant, depuis la première apparition des végétaux et des animaux sur la terre, jusqu'à l'époque actuelle ; diminution qui a eu lieu par degrés et avec une assez grande lenteur. L'ordre de cette répartition, comme les autres phénomènes géologiques, a donc eu principalement pour cause, l'abaissement successif des eaux des mers, et la diminution de la température du globe.

Sans doute, il existe parmi les terrains secondaires, un grand nombre de couches à fossiles redressées et bouleversées de mille manières ; et s'il fallait juger par le niveau qu'elles ont atteint, de celui qu'avaient les mers lorsqu'elles nétaient point encore séparées, on leur attribuerait une élévation que certainement elles n'ont jamais eue. Ces couches, redressées au-dessus de leur niveau primitif, lors de la consolidation des dépôts primitifs qui les supportent, ont dû nécessairement porter à la même hauteur les débris des corps organisés qu'elles renferment; dès lors la présence de ces derniers sur des points fort élevés, n'est nullement une preuve que les mers eussent atteint le même niveau. Le redressement ou l'enfoncement des couches qui forment la croûte extérieure du globe, est un effet produit lors de la solidification de cette écorce, par suite de l'expansion des vapeurs qui s'échappaient, ou de l'inégalité du retrait des couches qui se solidifiaient.

On fera peut-être observer que non-seulement les mers se sont retirées graduellement de dessus la partie de nos continens, qu'elles avaient primitivement occupée, mais qu'elles ont dû faire plusieurs irruptions sur les lieux qu'elles avaient momentanément abandonnés, puisque les dépôts marins alternent avec des dépôts d'eau douce, à plusieurs reprises différentes? Mais que l'on ne s'y trompe point, cette alternance est une suite toute naturelle de l'action des fleuves sur nos continens, qui, en apportant dans le sein des mers les matériaux

qu'ils avaient arrachés à ces mêmes continens,
les y ont déposés, comme le font nos fleuves
actuels.

Ces dépôts, qui ne s'opéraient pas d'une manière
instantanée, ont été successivement recouverts par
des dépôts marins; le nombre de leurs alternances,
loin d'indiquer des retours multipliés des eaux des
mers sur nos continens, annonce seulement que
les anciens fleuves roulaient une plus grande masse
d'eau, et exerçaient une action plus énergique que
les cours d'eau actuels. Ces dépôts fluviatiles ont
tellement été précipités dans le sein des mers où
se formaient les dépôts marins, qu'on les voit,
non-seulement mélangés avec ces derniers et avec
des produits de mer, mais percés en place par des
vers ou des coquilles marines.

Dans certaines circonstances, et presque sur
tout le littoral de la Méditerranée, les galets d'eau
douce percés par des mollusques lithophages marins
se montrent disséminés au milieu des couches
solides des dépôts marins; ils sont donc venus se
placer dans la mer, et celle-ci n'est nullement
venue les recouvrir. Aussi peut-on souvent reconnaître l'origine et le point de départ de ces galets
de calcaire d'eau douce, à peu près de la même
manière qu'on le fait pour ceux que le Rhône
apporte continuellement dans la Méditerranée, ou
pour les cailloux granitiques, qui, détachés des
montagnes de la Bourgogne, sont ensuite entraînés

par la Seine jusque dans le bassin de l'Océan.

D'ailleurs, si les mers avaient abandonné pendant un certain temps nos continens et y étaient revenues ensuite, on trouverait quelque part des traces des anciennes surfaces continentales, et des vestiges de l'ancien terreau ou sol végétal dans le point de contact des deux sortes de dépôts. On n'observe cependant rien de pareil ; au contraire, ces dépôts, liés ensemble de la manière la plus immédiate, se montrent, le plus souvent, mélangés comme des matériaux déposés dans le sein du même liquide.

Il y a plus encore : la nature minéralogique des dépôts marins ne diffère en rien, dans une infinité de circonstances, de celles des dépôts d'eau douce qu'ils recouvrent, ou avec lesquels ils alternent, et *vice versâ*. Il n'existe donc aucun fait positif, duquel il résulte que les mêmes points de la surface du globe, qui sont maintenant découverts, aient été plusieurs fois alternativement mis à sec et submergés. Tout annonce, au contraire, que les parties les plus basses de nos continens n'avaient pas cessé d'être un fond de mer jusqu'au moment où les eaux salées, retirées dans leurs lits actuels, leur ont permis de recevoir et de nourrir les végétaux et les animaux terrestres dont les générations se sont succédé, sans discontinuité, depuis cette époque jusqu'au moment où la grande inondation, qui a disséminé le *diluvium* sur les parties les plus basses du globe, en a fait périr un si grand nombre (1).

En effet, les alternances des dépôts marins et des dépôts d'eau douce ne prouvent nullement une suite d'irruptions et de retraites des mers, puisque dans le même bassin, et au même niveau, des sédimens, qui renferment des débris d'animaux marins, se mêlent, se confondent avec d'autres qui ne contiennent que des coquillages fluviatiles, des plantes ou des animaux terrestres, et que des phénomènes analogues ont incontestablement lieu simultanément dans les mers actuelles à l'embouchure des grands fleuves.

Ces dépôts fluviatiles et marins paraissent tellement avoir été produits par des causes semblables à celles qui agissent encore, que partout les espèces fossiles marines sont en plus grand nombre que les espèces fluviatiles et terrestres. Ainsi dans tous les temps, les mers ont nourri un plus grand nombre d'espèces de mollusques et de zoophytes, que les fleuves et les parties mises à nu de nos

____

(1) M. Buckland a le premier proposé de nommer *Diluvium* les terrains déplacés et transportés lors de la grande inondation qui a submergé une partie de nos continens. Le mot *Diluvium* désigne donc les effets de cette inondation ou du déluge ; tandis que par *Alluvium*, on a voulu indiquer les terrains d'attérissemens ou les terrains déplacés depuis les temps historiques. Mais toute la difficulté consiste à savoir, où s'arrêtent les uns et où commencent les autres.

continens. Sous ce point de vue, il n'y a eu rien de changé dans la marche de la nature.

La retraite des mers, le nombre des matériaux d'eau douce déposés, qui annoncent une plus grande activité et une plus grande abondance des eaux non salées, peuvent faire supposer que le volume des eaux a diminué, et l'on doit alors se demander ce qu'est devenu l'excédant. Sans prétendre résoudre cette question, ne peut-on pas faire observer que, par suite de l'abaissement de la température de la terre, une grande partie des eaux liquides a été solidifiée lors de la consolidation de la croûte extérieure du globe, de la même manière que l'ont été des fluides expansibles, tels que l'oxigène et l'acide carbonique, dont les combinaisons sont si nombreuses dans la nature? Sans doute il est fort difficile de dire si les combinaisons hydratées, également fréquentes dans les trois grandes sortes de terrains, équivalent à la masse d'eau qui a disparu; mais on ne voit pas pourquoi il n'en serait pas ainsi, d'après la diminution de volume que l'eau éprouve en passant à l'état solide; et ne perdons pas de vue que la solidité est l'état naturel des corps bruts.

Il est encore possible que de grandes masses d'eau se soient écoulées dans l'intérieur du globe, lors de la solidification de sa surface, par les fissures que l'inégalité du retrait y a produites. On peut d'autant plus le supposer, que, d'après les observations récentes, il paraît exister des eaux souterraines dont la position est peut-être aussi constante que celle des couches solides, entre lesquelles ces eaux se trouvent placées. Les nombreuses fissures et les cavités qui se sont opérées lors de la solidification de l'écorce de notre planète, soit pendant la formation des terrains primitifs, soit lors du dépôt des terrains de sédiment, sont sans doute plus que suffisantes pour contenir les masses d'eau que l'on observe dans l'intérieur de la terre, comme l'on peut s'en convaincre en s'enfonçant au-dessous du sol extérieur. Leur abondance peut faire présumer qu'elles proviennent, ou de l'eau qui ne s'est point solidifiée dans le principe des choses, ou des vapeurs qui, par suite du refroidissement de la surface terrestre, ont passé à l'état liquide.

La troisième cause principale qui a modifié la surface du globe, celle des débordemens et des inondations, s'est opérée, en général, dans des limites assez restreintes, à l'exception pourtant de la grande inondation dont le souvenir s'est conservé chez tous les peuples. C'est à cette inondation qu'il faut attribuer la dispersion des blocs souvent considérables de roches primitives, fort loin de leur origine, et le transport du *diluvium* sur une grande partie de la surface de la terre.

Cette dispersion, quoiqu'ayant eu lieu d'une manière assez générale, s'est opérée cependant avec la plus grande irrégularité, à en juger par la répartition inégale des limons, des cailloux roulés et des blocs de rochers, qui en sont le résultat.

En effet, parfois ces cailloux roulés sont accumulés d'une manière presque extraordinaire sur des espaces peu étendus, tandis que dans d'autres bassins tertiaires, à peine en existe-t-il au milieu des dépôts diluviens (1). D'un autre côté, la nature, les dimensions de ces galets, varient presqu'à chaque pas, comme celle des montagnes dont ils paraissent provenir. Calcaires auprès des monts calcaires, on les voit quartzeux, schisteux ou granitiques près des lieux où dominent ces formations plus anciennes, et varier ensuite dès que la nature des montagnes environnantes vient à changer. La cause qui a donc déplacé ces cailloux roulés et les a dispersés sur les parties les plus basses du globe, tout en agissant généralement, a cependant exercé des effets partiels, puisque ces terrains transportés varient de nature, comme les terrains dont ils tirent leur origine, et que leur dispersion, quoiqu'assez générale, est des plus inégales et des plus irrégulières.

Les dépôts diluviens, différens entr'eux par leur nature et inégalement répartis, n'en ont pas moins été produits par une cause qui a agi d'une manière générale et simultanée. D'après la composition

______

(1) La plaine de la Crau (Bouches-du-Rhône) peut être citée comme un exemple remarquable de l'accumulation des cailloux roulés sur un petit espace.

du *diluvium*, les anciennes inondations ont dû
exercer leur action de la même manière que celles
qui ont lieu sous nos yeux. Or, dans les temps
présens, lorsque de violentes inondations s'étendent
sur une vaste contrée, nous les voyons arracher
des matériaux différens, suivant la diversité du
sol qu'elles traversent; matériaux qu'elles déposent
ensuite plus ou moins loin de leur origine, en raison
de la vitesse, de la force de leur impulsion et des
différens obstacles que les eaux ont rencontrés.
Ces matériaux, déplacés par les eaux courantes,
n'ont pas plus de ressemblance entr'eux, que n'en
ont les dépôts diluviens; cependant les uns et les
autres ont été disséminés par une seule et même
cause dans les lieux les plus bas, et à des niveaux
bien inférieurs à ceux où l'action des eaux a
commencé.

Il y a plus encore : les inondations violentes ne
déposent pas toujours plus promptement les matériaux qu'elles entraînent, en raison de leur volume
et de leur poids. Les blocs de rochers sont souvent
transportés par elles, plus loin de leur origine, que
les sables, les graviers et les cailloux roulés qui
leur sont mêlés. Le poids et la masse de ces rochers
déplacés augmentant leur force impulsive, les pousse
avec une vitesse telle, que les obstacles ne peuvent
les arrêter, comme font ces mêmes obstacles pour ces
matériaux plus légers dont ils suspendent le cours
et déterminent le dépôt. Ainsi, d'après ce qui se

passe sous nos yeux, l'on conçoit comment les effets du grand cataclysme paraissent dépendre d'une cause qui n'aurait point agi d'une manière générale, et pourquoi il existe sur tant de parties de nos continens des traînées de blocs de rochers, dont il faut chercher l'origine si loin des lieux, où ils ont été dispersés dans une direction déterminée. Cette direction nous indique la cause qui les a produits, comme l'étendue des lieux occupés par le *diluvium* nous annonce la généralité de l'action dont ils sont le résultat.

Les faits les plus incontestables nous apprennent donc que les inondations et les débordemens ont dû être plus considérables et plus étendus dans l'ancienne période alluviale, qu'ils ne le sont de nos jours, par suite de l'équilibre qui règne maintenant entre toutes les causes agissantes; de là, l'idée d'un cataclysme général, admis par presque tous les peuples. Les faits physiques, ainsi que nous venons de le faire observer, n'en contrarient nullement la réalité; au contraire, un grand nombre de faits géologiques annoncent qu'à une époque que l'on peut, jusqu'à un certain point, fixer par certains chronomètres physiques, les terres habitables ont été généralement et momentanément ravagées par de grandes inondations, qui ont sûrement fait périr des milliers d'animaux terrestres, et même une grande partie des hommes sur les points où ils étaient établis. Les limons que ce cataclysme a

entraînés sur nos continens, se sont principalement
arrêtés dans les lieux les plus bas et les plus rapprochés des mers actuelles. Aussi, jugerait-on
imparfaitement de l'étendue de cette inondation,
si l'on s'en tenait au seul espace occupé par le
diluvium ; les eaux qui ont laissé les dépôts considérés comme diluviens, s'étant élevées, sans doute,
à de plus grandes hauteurs et ayant occupé de plus
grands espaces, d'après les traditions historiques
de toutes les nations qui ont une cosmogonie.

Mais les inondations, quelles que soient l'activité
et l'étendue des causes qui les ont produites, ont
toujours opéré les mêmes effets. C'est uniquement
à des déplacemens de terrains, au transport des
animaux et des plantes qui se trouvaient sur leur
passage, que les inondations anciennes, comme
celles qui ont lieu dans les temps présens, ont
borné leur action. Aussi, comme les effets sont les
mêmes, leur résultat est-il comparable. En comparant donc les effets des inondations et des débordemens produits dans la période alluviale actuelle,
ainsi que le résultat constant et naturel de l'action
des eaux courantes et des mers sur le globe, avec
les débâcles et les alluvions opérées dans la période
alluviale ancienne, on reconnaît que les effets sont
de la même nature, et qu'ils ne diffèrent que par la
plus grande généralité qu'ils ont eue autrefois et la
plus grande activité qu'ils font supposer aux causes
dont ils sont le résultat. Peut-être si les inondations

ont été plus générales dans l'ancienne période alluviale, la plus grande quantité de vapeurs aqueuses disséminées dans l'atmosphère, à raison de la température plus élevée du globe, y a-t-elle puissamment contribué?

Cette cause ne paraît pas cependant avoir exercé une grande influence sur la dernière inondation qui a fait périr un si grand nombre d'animaux terrestres, puisque cette inondation a eu lieu lorsque déjà les terrains tertiaires étant déposés et les mers intérieures séparées de l'Océan, les climats étaient différenciés et la température de la terre considérablement diminuée. Si donc elle a contribué dans la période alluviale ancienne, à rendre les débordemens plus considérables, son action a dû uniquement s'exercer sur les dépôts secondaires, ainsi que sur les terrains de transport que des formations régulièrement stratifiées ont recouverts, genre de superposition qu'on ne reconnaît nulle part sur les dépôts diluviens. Ceux-ci, constamment placés sur la surface extérieure du globe, ne sont recouverts que par des dépôts d'attérissement, et nullement par des dépôts stratifiés, même les plus récens, tels que les terrains d'eau douce supérieurs.

Du reste, des causes semblables à celles qui agissent encore peuvent avoir produit de grands débordemens et de violentes inondations, puisque, dans les temps présens, les causes les plus simples produisent des débordemens tellement considérables, que s'ils n'avaient pas lieu sous nos yeux, on pourrait les croire opérés par des moyens plus actifs et plus puissans que ceux dont nous pouvons apprécier les effets. La propriété générale qu'ont les fleuves d'élever leur fond, la force qu'ont les eaux courantes, lorsqu'à leur impétuosité s'ajoute celle des blocs et des rochers qu'elles entraînent, les nombreux matériaux que les eaux courantes charient dans le bassin des mers et qui, à leur tour, en élèvent le niveau, opèrent, après un certain laps de temps, de violentes inondations, dont le débordement récent de la Neva peut nous faire saisir toute l'étendue.

Les mers elles-mêmes, dont la stabilité résulte de ce que leur densité est moindre que la moyenne densité de la terre, peuvent, par des causes irrégulières, mais naturelles, telles que les vents et les tremblemens de terre, être soulevées à de grandes hauteurs, sortir de leurs limites et produire même de violentes inondations. Mais, ainsi que l'observation nous l'apprend, les mers tendraient bientôt à reprendre leur état primitif; les frottemens et les résistances de tout genre finiraient par les y ramener, en sorte que leurs débordemens ne pourraient être considérés que comme des marées et non comme des stations prolongées. Or, l'Océan ne paraissant pas avoir eu une densité supérieure à celle qu'il présente depuis qu'il est rentré dans ses limites actuelles, la répartition des corps organisés marins, loin des mers actuelles et bien au-dessus de leur niveau, ne peut être due à des déplacemens du lit des mers; mais uniquement à ce que, dans le principe des choses, elles avaient une plus grande masse d'eau et une plus grande étendue.

Si cependant on admettait que les êtres marins n'ont pu être portés à la hauteur à laquelle on observe leurs débris, que par l'effet d'anciens et violens débordemens, il faudrait en chercher la cause ailleurs que dans le défaut d'équilibre de l'Océan; stabilité qui cesserait d'avoir lieu si la moyenne densité de la mer surpassait celle de la terre. La stabilité de l'équilibre de l'Océan et l'excès de la densité du globe terrestre sur celle des eaux qui le recouvrent, sont donc liés réciproquement l'un à l'autre. Cette liaison maintient l'Océan dans un état ferme d'équilibre qui ne serait nullement troublé, lors même que par l'effet des causes qui n'ont jamais cessé d'agir, il sortirait de ses limites et inonderait une partie des continens. Mais on n'a nul besoin d'avoir recours à des débordemens et à des irruptions répétés des eaux des mers sur nos continens, pour concevoir tous les faits géologiques et zoologiques que présentent les terrains de sédiment en général; car tous ces faits s'expliquent naturellement par le seul abaissement des eaux des mers, et la grande inondation qui a disséminé le *diluvium* sur nos continens.

Lors donc que par l'effet des causes que nous

venons d'indiquer, les espèces vivantes, dont les conditions d'existence étaient impérieuses, n'ont plus trouvé les moyens d'y satisfaire, elles ont cessé d'exister pour toujours; mais lorsque ne rencontrant plus ces conditions dans les lieux qu'elles habitaient primitivement, elles les ont retrouvées ailleurs, elles n'ont été détruites qu'en partie; tandis que les espèces robustes, surmontant les causes qui tendaient à les faire périr, se sont perpétuées d'âge en âge, en conservant leurs caractères et leurs habitudes.

Les espèces robustes se sont donc transmises jusqu'à nous, tandis que les espèces délicates n'ont point résisté aux conditions nouvelles, que les modifications du globe ont amenées successivement. Si parmi nos espèces fossiles, surtout parmi celles qui se trouvent dans les couches les plus anciennes des terrains secondaires, il en est dont on ne trouve plus de traces sur la terre, nous avons vu également que, depuis les temps historiques, certaines espèces avaient été détruites par l'effet des causes dont l'action ne se ralentit jamais, et dont l'activité, quoique moindre, exerce cependant encore une influence manifeste sur les êtres vivans. Ainsi, partout et jusque dans les plus petits détails, la nature, bien interrogée, nous apprend qu'à l'aide des causes les plus simples, elle produit les effets les plus surprenans, tout en conservant une harmonie admirable entre les choses créées.

Par suite de cette harmonie et des limites des
variations que la nature semble avoir imposées aux
espèces vivantes, il est difficile de supposer que les
races perdues aient pu être la souche de nos races
actuelles. Car, comment, si les espèces détruites
n'ont pu supporter le changement opéré dans la
température de la terre, celles qui en seraient
provenues et dont l'organisation a dû être analogue,
auraient-elles résisté à ce changement? Elles eussent
certainement succombé comme les premières, puisque les espèces, même celles que nous avons
soumises à tous nos caprices, varient dans des
limites extrêmement restreintes, et que les espèces
sauvages éprouvent encore moins de variations par
l'action des agens extérieurs. Il n'y a, en effet, dans
toute l'histoire des animaux, aucun fait reconnu
d'où l'on puisse induire, que des changemens quel-
conques dans le régime et la température aient
produit des variations sensibles dans les formes des
dents, le signe le plus profond, peut-être, que l
nature ait imprimé à ses ouvrages. Or, comment
supposer que les *Mastodontes*, avec leurs dents
tuberculeuses et mamelonnées, aient été la souche
d'où sont provenus nos Éléphans, et que les
Palæotherium, par une métamorphose que l'on ne
saurait comprendre, aient produit les Tapirs de
notre monde actuel? Si les espèces vivantes avaient
passé par degrés les unes aux autres, les fossiles
nous présenteraient quelque part des traces de

cette singulière généalogie. Ils se bornent cependant à nous dire, que si certaines espèces ont été détruites par l'effet des modifications que la surface du globe a éprouvées, d'autres, en résistant à toute l'influence de ces modifications, n'ont pas subi de changemens dans leurs caractères profonds et distinctifs.

Le fil de la nature serait-il enfin rompu, parce que les débris des corps organisés ne se pétrifieraient plus, et que dans les temps présens, la matière inorganique ne se substituerait plus à la matière organisée? Mais pour que la conclusion fût exacte, il faudrait que le fait sur lequel elle s'appuie le fût également. Or, des observations récentes ont démontré que des végétaux se sont entièrement silicifiés depuis les temps historiques, et nous le démontrerons également pour les coquilles qui, dans le sein des mers actuelles, se transforment en entier en carbonate calcaire, transformation tellement complète, que le nouveau carbonate, qui a remplacé celui qui composait la coquille, a pris une forme cristalline et une texture totalement différente. Comme des sables agglutinent ensuite ces coquilles pétrifiées, il se forme des grès coquillers qui, un peu plus étendus et avec une cause plus énergique, constitueraient bientôt des couches puissantes, analogues aux couches coquillières tertiaires.

La présence ou l'absence de la matière organique,

dans des corps ensevelis dans les entrailles de la terre, ne peut, pas plus que leur état de conservation, nous apprendre l'époque précise de leur dépôt. Cette présence ou cette absence dépendant uniquement des circonstances qui ont présidé à la production de ces mêmes dépôts ; car elles seules ont fait persister ou ont anéanti la matière organique, essentiellement destructible par elle-même, qu'elle soit soluble ou insoluble. Il est pourtant une circonstance où la perte et la conservation de la matière organique peut nous éclairer sur l'époque à laquelle des corps organisés ont été ensevelis ; c'est lorsque ces corps, fixés dans les mêmes gisemens, diffèrent cependant entr'eux sous le rapport de leur nature chimique. Et, par exemple, si des ossemens disséminés dans les mêmes cavités souterraines, mais dans des limons inégalement situés, présentent, les uns, une certaine proportion de matière organique, tandis que les autres n'en offrent aucune trace, il est assez probable alors qu'ils n'ont pas été déposés à la même époque, et que les uns sont plus anciens que les autres.

Quant aux autres causes de dérangement pour la surface du globe, comme les tremblemens de terre, les volcans, les éboulemens, les dépôts sous les eaux, les incrustations, elles n'ont jamais cessé d'agir ; mais leur activité diminue sans cesse, comme celle de toutes les causes perturbatrices. En examinant les effets qu'elles ont produits dans la

période géologique comme dans la période historique, on les voit tous rentrer dans des limites de
plus en plus restreintes, et encore leur action
a-t-elle été généralement bornée dans l'ancienne
période alluviale.

Trois causes principales ont donc modifié la surface du globe et ont anéanti un certain nombre des
êtres qui, dans le principe des choses, habitaient
cette même surface. La plus puissante de ces causes,
celle de l'abaissement de la température, paraît
avoir agi la première; c'est aussi celle dont les effets
ont été les plus étendus, puisque, d'une part, les
continens lui ont dû leur état solide, et que, postérieurement à cette solidification, tant d'animaux et
de plantes ont dû cesser d'exister, à mesure que la
température de la terre a diminué. La seconde, où
la retraite des mers a laissé également des traces
nombreuses de son action. Régulière dans ses
effets, elle n'a point produit, comme les inondations
et les débordemens, de ces dépôts hors de série,
qui, quoique assez généralement répandus, sont
loin de montrer l'uniformité et la constance des
dépôts laissés par les mers à mesure qu'elles se
retiraient de dessus nos continens; générale par
sa cause, mais partielle dans ses résultats, cette
dernière modification que le globe a éprouvée, a
produit des effets aussi inégaux qu'irréguliers,
comme ceux que nos inondations et nos débordemens actuels produisent encore.

Les autres causes qui peuvent avoir modifié la surface du globe, ont été tellement bornées dans leurs effets, qu'à peine ont-elles eu quelqu'influence sur les espèces disséminées sur cette même surface; aussi ces causes accessoires ne peuvent être assimilées à celles que nous venons de signaler, dont l'action successive et puissante s'est fait ressentir pendant toute la durée de la période géologique.

En résumé, les terrains normaux ou primitifs, antérieurs à l'existence des corps vivans, ont été les plus tourmentés et les plus bouleversés, par cela même qu'ils se sont consolidés par l'effet du pur refroidissement, et que leur retrait a été plus ou moins inégal. Leur exhaussement et leur bouleversement n'a été terminé que lorsqu'une partie des dépôts, postérieurs à l'apparition des corps vivans, a été opérée. Par suite de l'exhaussement qu'ont éprouvé les terrains primitifs, les dépôts secondaires et les fossiles qu'ils renferment ont été eux-mêmes redressés et ont atteint la grande hauteur à laquelle ils sont quelquefois parvenus. Mais cette élévation, comme celle des fossiles qu'ils renferment, ne saurait nous donner une idée exacte du niveau qu'avaient les mers dans les lieux où elles ont laissé des traces irrécusables de leur ancien séjour. Les dépôts tertiaires peuvent seuls fixer ce niveau; et d'après leur peu d'élévation au-dessus des mers actuelles, il ne devait pas être de beaucoup supérieur à celui qu'elles ont maintenant, en l'évaluant

même pour l'Océan. En effet, d'après la hauteur
où s'arrêtent les dépôts tertiaires, cette hauteur
devait être plus grande pour l'Océan que pour les
mers intérieures, puisque les dépôts abandonnés
par celles-ci sont à la fois les moins élevés, les
moins étendus, et ceux qui s'éloignent le moins
des mers dont ils sont les dernières relaissées.

Les phénomènes que nous présente la croûte
extérieure du globe, la seule portion de notre
planète qui nous soit connue, n'annonce donc pas
de violentes révolutions, à l'exception de la dernière
et grande inondation dont tous les peuples ont conservé le souvenir. Pour les expliquer et s'en rendre
raison, il n'est nullement nécessaire d'avoir recours
à des causes dont l'action aurait cessé pour toujours.
Ces phénomènes peuvent être saisis par l'analogie
et comparés à ceux qui ont encore lieu, dans les
temps présens, par la suite nécessaire des choses.

Les bouleversemens, les déchiremens et les affais-
semens si fréquens dans les terrains primitifs, sont
un résultat tout simple de l'inégalité du retrait
qu'ils ont éprouvé lors de leur consolidation. Le
redressement qu'ont subi certaines de leurs masses
a également exhaussé le niveau des terrains secondaires produits antérieurement à la séparation des
mers; redressement qui a porté des débris d'êtres
marins à des hauteurs que les mers n'ont jamais
atteint. Les terrains tertiaires déposés, lorsque déjà
les mers intérieures étaient séparées de l'Océan, et que

les terrains primitifs et secondaires étaient tout-à-fait consolidés, ne se montrent point bouleversés comme ces derniers. On ne les voit pas non plus fort élevés au-dessus du niveau des mers actuelles, parce qu'aucune cause perturbatrice n'est venue modifier le niveau auquel les dépôts qui les composent se sont arrêtés. La régularité de leurs couches, même de celles qui renferment le plus de débris de la vie, régularité qui se maintient malgré leur nombre et leur peu d'épaisseur, annonce également que ces derniers dépôts ont dû leur formation à des causes qui agissaient tranquillement et successivement.

Ainsi, tout bien considéré, les diverses modifications que le globe a éprouvées, l'ont amené à l'état stable auquel il est parvenu, et qui est le caractère le plus remarquable de l'époque actuelle. L'équilibre est résulté de ces modifications, et une harmonie admirable coordonne toutes les causes agissantes. En effet, malgré les produits variables de nos récoltes et le témoignage de nos sens, la température de la terre est dans un tel état de stabilité, que les années chaudes compensent les années froides ; en sorte qu'en prenant une moyenne de dix années, les extrèmes des variations ne dépassent pas 1 à 2° centigrades. Ainsi, chaque point de la surface terrestre a pris une température moyenne telle, qu'il y a maintenant équilibre entre les causes qui tendent à y accumuler le calorique et celles qui tendent à l'en priver ; ce qu'il gagne durant six mois de l'année, il le perd dans les six mois suivans; et en définitive, au bout d'une ou de plusieurs années, la température se retrouve la même. L'observation prouve donc que l'état de la température, sur la terre, est fixé depuis long-temps, et la théorie nous autorise à croire que cet état se conservera, tant qu'il ne surviendra pas de changement dans la marche actuelle de la nature.

Le même équilibre existe entre la quantité d'eau qui s'évapore et celle qui, retombant en pluie, alimente et entretient les sources; rapport tellement proportionné, que les années sèches compensent les années humides, de manière qu'en prenant toujours une moyenne de dix années, les deux nombres ne sont pas sensiblement différens. Il résulte de cette compensation ou de cet équilibre remarquable, que les sources déversent à peu près constamment la même quantité d'eau, lorsque rien ne vient en déranger le cours; et, fait non moins digne d'attention, celles dont la température est plus élevée que la température moyenne annuelle, conservent constamment la même chaleur au milieu des causes qui sembleraient devoir la modifier; preuve nouvelle que le globe possède, dans son intérieur, une chaleur propre, reste de celle qu'il a eue dans l'origine, et que sa croûte la plus extérieure a seule perdue. Il y a plus encore : le dépôt des matériaux solides semble lui-même assez en harmonie avec les causes qui entretiennent l'humidité si nécessaire à la végétation. Du moins les

roches granitiques et siliceuses sont plus abondantes dans les régions du nord et les contrées
montagneuses, tandis que les roches calcaires sont
plus fréquentes dans les plaines et les régions
méridionales, distribution qui était nécessaire pour
compenser l'inégalité d'eau qui tombe dans ces
diverses zones, et le plus ou le moins de besoin
d'humidité que les végétaux éprouvent dans des
régions de température inégale.

Si l'on voulait pousser ces recherches plus loin,
et étudier, sous le même point de vue, les lois de
la distribution des êtres vivans, on reconnaîtrait
facilement que les plantes et les animaux les plus
utiles à l'homme sont le plus généralement répandus, et peuvent, comme l'homme lui-même, supporter les températures les plus diverses, comme
les pressions barométriques les plus différentes;
ou, en d'autres termes, les profondeurs les plus
considérables comme les élévations les plus extrèmes. Si le monde n'a pas été livré au hasard,
de pareilles lois d'harmonie ne peuvent avoir été
produites par des causes irrégulières, qui n'auraient
point amené notre globe à l'état de stabilité qui
caractérise éminemment la période actuelle.

En un mot, la partie de l'écorce du globe qui
nous est connue, se compose essentiellement de
matériaux solidifiés par suite de l'abaissement de la
température de la terre, ou par un pur effet thermométrique. Ces matériaux, qui composent la plus
grande partie de l'écorce solide de notre planète,

n'ont pas une épaisseur aussi grande que celle qu'on pourrait leur supposer, car ils ne paraissent pas s'étendre au-delà de trente ou quarante lieues au-dessous de cette même surface, d'après les calculs approximatifs fournis par l'accroissement de la chaleur ; en sorte que l'intérieur de la terre jouit encore de la fluidité ignée, qui était générale dans la première période de sa formation.

Quant à la pellicule superficielle et incomplète qu'on nomme sol secondaire et tertiaire, elle se compose de sédimens où abondent les débris des corps organisés; les uns antérieurs à la séparation de l'Océan des mers intérieures, et les autres postérieurs à cette séparation. Ces derniers dépôts, nommés terrains tertiaires ou de sédiment supérieur, se distinguent entr'eux, suivant qu'ils ont été précipités avant la retraite des mers de dessus nos continens, ou après cette retraite. Ceux-ci, en général, les plus récens de tous, n'offrent plus de traces de produits de mer. Les uns semblent avoir été déposés tranquillement et en couches régulières, tandis que les plus modernes, produits par des inondations plus ou moins analogues à celles qui ont encore lieu dans l'époque actuelle, ont été disséminés sur la surface de nos continens, de la manière la plus inégale et la plus irrégulière. Aussi éprouve-t-on de grandes difficultés pour distinguer les terrains d'alluvion disséminés sur le sol le plus extérieur, antérieurement aux temps historiques, des terrains d'attérissement qui n'ont point cessé de se repro-

duire depuis ces mêmes temps historiques. En effet,
l'étude des terrains le plus récemment formés,
prouve, plus que toute autre observation, qu'il
n'existe point de limite tranchée entre la nature
ancienne et la nature actuelle, et que partout le
passé est lié au présent.

Les faits que nous venons d'indiquer et que de plus
habiles observateurs développeront avec les détails
que les progrès de la géologie positive rendent néces-
saires, suffiront probablement pour faire saisir tout
l'intérêt qu'offre l'étude des débris des divers animaux invertébrés ensevelis au milieu des dépôts
tertiaires, et particulièrement l'intérêt du travail
que nous soumettons au jugement des géologues et
des naturalistes. L'étude de ces débris est peut-être
plus importante encore, dans l'intérêt de la science,
que celle des animaux d'un ordre plus élevé, à cause
de la généralité de leur dispersion, qui les rend plus
propres à caractériser les diverses couches, l'époque
de leur formation, ainsi que les lois de la distribution des êtres qui ont jadis existé sur le globe.

Les idées que j'ai exposées et qui dérivent de
mes observations et de celles faites récemment par
MM. Laplace, Fourier, Cordier, Boué, Ferussac et
Constant-Prevost, ne sont pas encore généralement
adoptées, malgré l'autorité des noms que nous
venons de citer; elles paraissent cependant devoir
l'être, puisqu'elles s'accordent mieux avec les phénomènes qui n'ont jamais cessé de se produire et
la marche habituelle de la nature.

DES OSSEMENS HUMAINS

ET DES OBJETS

DE FABRICATION HUMAINE,

DÉCOUVERTS DANS DES COUCHES SOLIDES OU DANS DES TERRAINS D'ALLUVION,

ET SUR L'ÉPOQUE DE LEURS DÉPÔTS [1].

Il est d'une si haute importance pour la Géognosie de s'assurer si certaines espèces d'animaux ont réellement cessé d'exister depuis les temps historiques, qu'il est utile de rappeler dans quelles circonstances on a découvert, dans les entrailles de la terre, des ossemens humains ou des objets de fabrication humaine. Ces ossemens et les objets travaillés par les mains des hommes, n'ont été encore aperçus que dans des dépôts solides ou dans des terrains déplacés et transportés ; aussi

[1] Nous avons cru nécessaire d'entrer dans les détails qu'on va lire, pour mieux faire sentir combien les conséquences auxquelles nous sommes arrivés dans notre introduction sont fondées.

nous les indiquerons successivement en les classant d'après la nature et l'espèce de dépôts où ils sont ensevelis. Du reste, nous ne mentionnerons que les seuls ossemens humains sur lesquels il ne peut pas y avoir de discussions, et qui se rapportent incontestablement à des individus de notre espèce.

I. *Ossemens humains et objets de fabrication humaine observés dans des couches solides.*

Le fait le plus singulier, qui se rapporte à des empreintes d'hommes dans des couches solides, est celui rapporté par M. Schoolcraft, dans le cahier de décembre 1822, du Journal de physique. Ces empreintes signalent deux pieds humains parfaitement distincts, moulés en creux, empreintes telles, qu'elles auraient pu être produites par un homme debout. Elles se voient sur une roche calcaire très-dure qui borde les rives du Mississipi, en avant de la ville de S.ᵗ-Louis. Cette roche, disposée en bancs horizontaux, fait la base de toute la contrée et appartient, d'après M. Schoolcraft, aux terrains secondaires, ce qu'annoncent assez les Encrinites qu'elle renferme.

Les observateurs qui ont examiné l'échantillon que le R. F. Rappe a fait extraire et transporter à Harmony sur le Wabash, conviennent que les dimensions de ces empreintes, la forme du talon, celles des doigts et des muscles, ne laissent aucun doute sur la représentation de pieds humains, qui n'ont pu être ainsi figurés que par la pression de pieds nus sur une pierre, à moins que ce ne soit l'ouvrage d'un artiste du plus grand mérite. Cette dernière supposition paraît être peu vraisemblable; car ces empreintes ont été observées à l'époque la plus ancienne où les Européens ont pénétré dans le pays pour s'y établir; et, en outre, on cite plusieurs faits analogues recueillis : 1.° entre l'Atterage, Esopus et Kington, sur le Hudson; 2.° dans la cité même de Washington; et 3.° dans la ville d'Herculanum, comté de Jefferson, en Missoury. Dans ce dernier lieu les empreintes paraissent être celles de pieds avec des chaussures indiennes.

Ces faits remarquables, quoique ne pouvant pas suggérer d'idées nouvelles pour l'histoire naturelle des roches stratifiées, ainsi que le pense M. Schoolcraft, peuvent cependant faire présumer que, lors de l'abaissement des eaux de la mer, des roches aujourd'hui complétement solides, étaient, dans le premier moment, assez molles pour recevoir des empreintes, qu'elles ont conservées en durcissant. Dès-lors, il n'y a aucun rapport entre l'ancienneté de la roche du Mississipi et l'époque où elle a reçu l'impression des pieds d'homme que l'on observe sur sa surface. Cette époque peut même être postérieure au dernier abaissement des eaux, quel que soit l'âge des calcaires du Mississipi, à moins toutefois, qu'immédiatement au-dessus de ces empreintes, il n'existât des sédimens réguliers qui auraient été déposés postérieurement; observation qui ne paraît pas avoir été faite dans les lieux où on les a découvertes. Du reste, ainsi que le fait remarquer M. Constant-Prevost auquel nous empruntons ces détails, les formations anciennes sont loin d'avoir été recouvertes par les plus récentes dans tous les points où elles existent; dès-lors les empreintes de ces pieds humains ne peuvent être assimilées aux fossiles dont la présence dans les roches peut indiquer l'ancienneté relative de formation de celles-ci, et encore moins démontrer que l'homme existait à une époque antérieure à la formation de la roche où se trouve l'empreinte de ces pieds (1).

Nous devons rappeler que les empreintes que les animaux laissent en marchant sur les sables pulvérulens, sont beaucoup plus durables qu'on ne l'a supposé; certaines d'entr'elles sont assez persistantes pour nous faire concevoir comment les empreintes de pieds humains et de pattes de tortues se sont conservées sur des roches anciennes. Du moins, nous avons observé dans les environs de Bolenne (Vaucluse), sur les sables pulvérulens qui s'étendent de cette ville jusqu'à la montée de Sauma-Longa, des traces produites par des loups ou des renards qui les avaient traversés dans différentes

____

(1) Mémoires de la Société d'Histoire naturelle de Paris, tom. IV, pag. 285.

directions, et qui, malgré les vents et les pluies, étaient parfaitement nettes et distinctes. Il en est de même des traces que l'*Ateuchus semi-punctatus* produit sur les sables des bords de la Méditerranée, et qui, quoique faites par des insectes, n'en persistent pas moins long-temps. Or, si ces sables venaient à se solidifier en couches étendues, comme ils le font partiellement, nous aurions là des empreintes produites bien après le dépôts des matériaux où elles existeraient.

Quant aux ossemens humains observés au milieu des dépôts solides, on ne peut guère citer que ceux que l'on a découverts à la Guadeloupe, dans une roche formée de parcelles de madrépores rejetés par la mer et unies par un suc calcaire. Ces os humains, paraissant de notre époque, nous annoncent seulement qu'il se forme encore dans le sein de la mer, des dépôts solides qui, avec une cause plus active, constitueraient bientôt des couches aussi étendues que celles qui composent nos terrains tertiaires. Ces faits sont loin d'être les seuls qui prouvent que sur différens points du globe, il se forme encore des dépôts solides, dont l'étendue et la puissance sont proportionnés à l'activité de la cause qui les produit.

II. *Ossemens humains et débris de fabrication humaine, observés dans des terrains déplacés et transportés.*

Les débris de notre espèce ont été observés dans certains terrains déplacés, associés et confondus avec des mammifères terrestres d'espèces perdues, ou avec des mammifères dont les analogues ne vivent plus aujourd'hui dans les lieux où l'on découvre leurs débris. Mais, de ces faits incontestables, résulte-t-il la preuve physique que l'espèce humaine a été, pendant la période géologique antérieure à celle où nous vivons, contemporaine des animaux perdus; ou, en d'autres termes, et pour nous servir d'expressions plus conformes aux idées vulgaires, que l'on a enfin découvert de véritables débris d'hommes antédiluviens?

Cette question est si grave, et découle si naturellement des faits que nous allons rapporter, qu'il est nécessaire d'entrer dans quelques détails propres sinon à en donner la solution, du moins à faire saisir de quelle manière elle peut être résolue.

Les observations consignées dans cet ouvrage prouvent qu'il existe, dans les terrains tertiaires, ou les dépôts produits postérieurement à la séparation de l'Océan des mers intérieures, un grand nombre de races semblables aux nôtres, mêlées et confondues avec des espèces supposées perdues. Ce mélange a quelquefois lieu de manière que, dans une

même couche ou dans une même formation, on
découvre autant d'espèces détruites que de semblables à nos races actuelles. L'observation des terrains
tertiaires, surtout celle des dépôts déplacés et
transportés, postérieurement à la retraite des mers,
prouve encore qu'il est fort difficile de dire où
s'arrêtent les couches et les formations déplacées
dans l'ancienne période alluviale, et à quels caractères on peut les distinguer des plus anciens dépôts
d'attérissement qui ont eu lieu dans la période
alluviale actuelle ou depuis les temps historiques.
En effet, à quel caractère certain reconnaître le
diluvium et le distinguer de l'*alluvium* ou des terrains d'attérissement modernes, qui n'ont jamais
cessé de se produire, depuis qu'il a existé des eaux
courantes sur la surface du globe? Les trouvera-t-on
ces caractères dans la diversité de nature de ces
terrains, ou les dimensions des blocs de rochers
ou de cailloux roulés, qui leur sont mêlés? Mais
elle est la même. On ne peut pas davantage, pour
faire cette distinction, s'appuyer sur la manière
dont ces matériaux, transportés et déplacés, ont
été disséminés, ni dans la plus grande étendue et
la plus grande hauteur que les uns ou les autres
occupent; car, pour l'établir avec quelque certitude,
il faudrait pouvoir assigner des limites positives
aux deux ordres de dépôts déplacés; et c'est ce
que l'on ne peut faire, parce que de pareils
effets n'ont jamais cessé de s'opérer, les uns étant

liés aux autres par une chaîne non interrompue.

La différence des corps organisés que renferment ces deux ordres de terrains, ne peut enfin nous permettre d'établir de limites tranchées entr'eux, puisqu'il est de fait que des espèces vivantes ont été détruites depuis les temps historiques. Or, si des espèces ont cessé d'exister dans la période alluviale actuelle, comment dire que les dépôts où l'on découvre de ces espèces perdues, doivent nécessairement être considérés comme antérieurs à cette période et *antédiluviens?* Où donc trouver des caractères distinctifs, entre les dépôts qui auraient commencé à se produire pendant ces temps que l'on appelle (sans bien s'entendre peut-être) *l'époque actuelle*, et ceux qui seraient antérieurs à cette époque? Nulle part, parce qu'il est de fait que ces derniers terrains se lient les uns aux autres d'une manière non interrompue, et qu'ils prouvent, mieux que tout autre genre de formation, qu'il n'existe point de démarcation tranchée entre les divers terrains déplacés, qu'aucune couche régulière ne recouvre.

Les mêmes difficultés se présentent encore, lorsqu'on cherche à fixer l'âge relatif des dépôts solides et réguliers parfois stratifiés, produits après la retraite des mers, dépôts dont la plus grande partie est connue assez généralement sous les noms de troisième terrain d'eau douce, ou de terrain d'eau douce supérieur. En effet, comment fixer l'âge relatif de formations qui n'ont jamais cessé de s'opérer, et dont, même les plus anciennes, recèlent principalement, et l'on peut dire presque uniquement, des espèces semblables ou analogues aux races actuelles? Cette fixation ne peut être certaine, parce que leur position, la solidité des couches qui les composent, la nature et l'espèce des corps organisés qu'ils renferment, et enfin la pétrification de ces mêmes corps, ne peut rien nous apprendre pour une date qui nous serait absolument nécessaire; et, faute d'un chronomètre positif, on ne saurait raisonnablement fixer des limites là où il n'y en a point; la nature n'ayant jamais cessé de produire des dépôts partiels, comme le sont les terrains tertiaires dont le nom indique assez l'origine récente.

Or, si les doutes les plus graves existent sur des points aussi essentiels, comment distinguer ce qui est *antédiluvien* de ce qui est *postdiluvien*, ou ce qui est fossile de ce qui ne l'est point? Car, qu'on ne s'y méprenne point, l'altération ou la pétrification d'un corps organisé ne peut pas nous apprendre, d'une manière certaine et incontestable, si un corps organisé appartient à la période que l'on est convenu d'appeler *géologique*, pour la distinguer de celle à laquelle on a donné le nom d'*historique*, cette dernière se rapportant aux temps depuis lesquels l'homme s'est propagé sur la terre.

La pétrification ne peut nous l'apprendre,

puisque nous prouverons, par les faits les plus positifs, que la matière inorganique se substitue dans les temps présens à la matière organique, et que les coquilles vivantes se pétrifient dans le sein de la Méditerranée, de la même manière que les coquilles fossiles se sont pétrifiées dans le sein de l'ancienne mer; en sorte que si l'état pierreux est un caractère de l'état fossile, cet état n'a jamais cessé de se produire. Peron a également observé que des plantes et des arbres qui croissent sur les bords occidentaux de la Nouvelle-Hollande, s'y pétrifient d'une manière constante et continue. Ces végétaux y sont incrustés d'abord par une poussière calcaire d'une ténuité extrème, qui pénètre peu à peu les tissus, et les transforme en véritable pierre par une opération qui se continue tous les jours, et dont la cause, qui remonte sûrement très-loin, peut avoir produit des effets annalogues dans des temps reculés. Aussi, comme la pétrification n'est point un signe certain qu'un corps organisé ait été enseveli dans des couches solides ou dans des terrains déplacés antérieurement aux temps historiques, nous n'avons aucun moyen de le décider, si ce n'est pour ceux qui se trouvent dans des couches dont les dépôts ont eu lieu antérieurement à la séparation de l'Océan des mers intérieures.

La présence ou l'absence de la matière organique, ne peut également nous apprendre l'époque relative des différentes formations où existent des corps organisés. Elle ne peut nous fixer à cet égard, ainsi que nous l'avons déjà fait observer, parce que sa conservation ou sa destruction, soit totale, soit partielle, a plutôt dépendu des circonstances du gisement des corps organisés et de la nature des couches où ils ont été ensevelis, que de l'espace de temps qui s'est écoulé depuis l'époque où ces corps ont été enterrés.

En effet, les corps organisés enfouis dans les couches pierreuses, y ont rarement conservé leur têt et leur propre substance ; par conséquent ils ont perdu à peu près entièrement leur matière organique. On dirait qu'ils ont été comme dissous par le liquide dans lequel se sont précipités les bancs pierreux ; cependant cette dissolution s'est opérée avec une si grande régularité, que la substance pierreuse a pris et a conservé la forme et la disposition du corps organisé qu'elle a remplacé.

Dans les sables, les marnes et les argiles tertiaires, la dissolution du têt des animaux, et la destruction du tissu ligneux des végétaux ont été moins complètes. L'un et l'autre, au contraire, ont été assez généralement conservés, et, par suite, la matière organique, si ce n'est en totalité, du moins en partie. C'est surtout dans les marnes et les argiles, que les os et le têt des animaux, ainsi que le tissu ligneux des végétaux, ont été le moins altérés peut-être, parce que l'eau et l'air y pénètrent peu, et que les corps organisés y sont plus à l'abri de l'influence des agens extérieurs, ces roches offrant moins de vides et de cavités, que les bancs pierreux tertiaires les plus solides et les plus compactes.

Les mêmes circonstances se reproduisent dans les terrains secondaires, avec cette différence pourtant que les espèces fossiles de ces terrains renferment généralement moins de matière organique, que celles ensevelies dans les terrains tertiaires.

Quant aux os ou aux coquilles disséminés dans les matériaux déplacés, de quelque nature qu'ils soient, et lorsque ces matériaux ne sont recouverts par aucune couche régulière, ils conservent, en général, des traces de la matière organique. L'on en observe aussi souvent dans les limons, au milieu desquels ils se trouvent.

Si les parties solubles de la substance organisée se détruisent promptement, il paraît ne pas en être de même de celles qui ne sont point solubles. Aussi les agronomes ont-ils recommandé l'emploi des os comme engrais; et tout récemment, M. Rebay a fait remarquer que ce genre d'engrais conservait sa vertu fertilisante plus long-temps qu'aucun autre, et que c'était un de ses principaux avantages (1). Ce point de fait qui paraît constant, rend fort douteuse l'assertion des géologues, qui

____

(1) Annales de l'industrie française. Septemb. 1828, pag. 221.

ont prétendu que la terre d'un cimetière ne contenait pas plus de gélatine que celle d'un champ qui n'avait jamais été consacré à cet usage. Quoique la gélatine soit soluble, cette similitude mériterait d'être constatée avec plus de soin pour être admise; aussi ne peut-elle détruire les observations positives que nous venons de rapporter, d'où il résulte que la matière organisée a été détruite ou conservée, selon les circonstances de gisement des corps qui la renfermaient, et non d'après l'espace de temps depuis lequel ils sont ensevelis.

Si donc, d'après ce que nous avons déjà fait observer, l'on ne peut pas discerner les dépôts d'attérissement produits dans la période actuelle, des dépôts d'alluvion antérieurs à cette période, comment affirmer que des ossemens enterrés dans des matériaux déplacés et transportés, comme le sont ceux disséminés dans les brèches osseuses, ou les limons à ossemens, y ont été ensevelis antérieurement à la période historique, ou sont *antédiluviens?* Comme nous ne connaissons aucun moyen de faire cette distinction, lorsqu'il s'agit de formations aussi récentes, la découverte d'ossemens humains et d'objets de fabrication humaine, dans les mêmes limons et les mêmes brèches osseuses, qui recèlent des débris de mammifères d'espèces perdues ou d'espèces considérées jusqu'à présent comme antédiluviennes, prouve seulement que depuis les temps historiques, ou depuis l'apparition de l'homme sur la terre, certaines races d'animaux ont été entièrement détruites. Les causes qui auraient occasioné la perte de tant de races d'animaux, n'auraient donc jamais cessé leur action, et les générations éteintes se lieraient par une chaîne non interrompue, aux générations actuelles (1).

En effet, des causes semblables à celles qui agissent encore ont fort bien pu détruire certaines races d'animaux, surtout lorsque ces races avaient été soumises à des conditions d'existence extrêmement impérieuses. C'est ainsi que nous voyons, par suite de causes toutes simples et toutes naturelles, des espèces actuelles disparaître des lieux qu'elles occupaient primitivement ; d'autres, au contraire, aller se propager dans des lieux où elles ne vivaient pas dans le principe, et d'autres, enfin, cesser d'exister tout-à-fait.

Les faits de ce genre sont trop connus pour qu'il soit nécessaire de les signaler. Il nous suffira donc de rappeler que le Dronte n'a plus été aperçu depuis l'époque où il a été découvert ; que les Lions ont

---

(1) De jeunes et habiles géologues, MM. de Christol et Tournal, sont également arrivés à des conséquences qui confirment une partie des idées que nous venons d'exposer. Or, comme sans nous être entendus, nous sommes arrivés à envisager des faits analogues de la même manière, c'est un puissant témoignage en faveur de la vérité ; aussi l'invoquerons-nous avec autant de confiance que de plaisir.

entièrement disparu de la Grèce, comme l'Élan et l'Aurochs de la Germanie et les Cerfs du midi de la France; tandis que les Chevaux dont les débris fourmillent au milieu des terrains tertiaires, de concert avec les Bœufs, ont chassé d'une grande partie des savanes de l'Amérique, les Tapirs et les Cerfs qui les habitaient, et dont les races timides et craintives pourront finir par disparaître, comme ont disparu les Mastodontes, les Megatheriums, les Megalonyx et tant d'autres races aujourd'hui éteintes. Il n'y a que quelques siècles que la pêche des Baleines se faisait jusque dans le canal de la Manche, sur les côtes de l'Océan, aussi-bien que dans la Méditerranée; et aujourd'hui les navigateurs sont forcés d'aller chercher ces grands cétacés sur les côtes du Spitzberg et dans les mers glaciales. Ainsi, des causes du même genre, jointes à l'abaissement de la température de la surface de la terre, ont fort bien pu éloigner de nos contrées, ou les détruire, les Mastodontes, les Éléphans, les Rhinocéros, les Hippopotames, les Tapirs, les Palœotheriums, les Lophiodons, les Lions et les Hyènes qui les ont habités et auxquels ont succédé nos races actuelles. Ce qu'il y a du moins de certain, et la manière dont les espèces fossiles sont réparties en est une preuve irrécusable, c'est que le nombre des mammifères terrestres a été en raison inverse de celui des hommes sur tous les points qui ont été successivement habités.

Ces faits préliminaires établis, voyons si la présence des ossemens humains, dans les limons où existent des débris de mammifères terrestres d'espèces perdues ou considérées jusqu'à présent comme antédiluviennes, peut amener à d'autres conséquences.

Pour que l'on puisse asseoir son opinion à cet égard, qu'il nous soit permis d'entrer dans quelques détails. Lorsque nous visitâmes, pour la première fois, les cavernes à ossemens de Bize (Aude), nous y découvrîmes des ossemens humains fixés au rocher et à la voûte de ces cavernes, avec d'autres os et des coquilles de terre ; le tout était adhérent et lié ensemble par un ciment stalagmitique calcaire plus ou moins pierreux. Quoique ces ossemens fussent dans les mêmes concrétions calcaires et pierreuses que les os des différens mammifères auxquels ils étaient associés, je crus, à raison du petit nombre que j'en découvris et de leur état de conservation (ces os n'ayant perdu qu'en partie leur substance animale), qu'ils pouvaient y avoir été entraînés d'une manière accidentelle et n'être pas de la même date que les autres débris d'animaux, avec lesquels ils étaient mêlés. C'est ainsi que j'envisageai ces ossemens humains dans une notice sur les cavernes considérées en général, notice qui, depuis plus d'un an, se trouve entre les mains des rédacteurs des mémoires de la Société d'Histoire naturelle de Paris, où il doit être imprimé.

Depuis cette époque, M. Tournal, de Narbonne, dont le zèle égale les lumières, a découvert, dans les mêmes cavernes de Bize, d'autres ossemens humains, non-seulement dans les concrétions calcaires ou les brèches osseuses fixées au plafond ou aux parois de ces cavités; mais encore au milieu du limon noir qui se trouve le plus souvent au-dessus du limon rouge dans lequel existent également des ossemens. Avec ces ossemens, il a observé des dents humaines, des coquilles marines et terrestres de notre époque, ainsi que des fragmens de poteries. Les dents que nous avons comparées se rapportent aux premières molaires; comme celles des autres animaux qui leur sont mélangées, on sent aisément qu'elles conservent leur émail; mais ce qu'elles ont de particulier, c'est d'avoir leurs racines assez altérées pour happer fortement à la langue.

Les fragmens de poteries, confondus dans les mêmes limons où existent des ossemens humains et des débris de mammifères terrestres d'espèces perdues, n'annoncent point d'arts bien perfectionnés; car certains n'ont pas été cuits dans des fourneaux construits à cet effet. D'autres ont été fabriqués avec des argiles qui, préalablement, n'avaient pas été lavées, et d'autres, enfin, indiquent des poteries encore plus grossières. Parmi le nombre des fragmens recueillis par M. Tournal, quelques-uns sont recouverts, sur une de leurs faces, par une poussière noirâtre très-fine, comme si les vases dont ils proviennent avaient été exposés à l'action du feu et de la fumée. Ces poteries, toutes brisées et fracturées, sont réduites en éclats comme les ossemens avec lesquels elles sont confondues. Leurs angles, vifs et aigus, n'annoncent point qu'elles aient été roulées ni amenées de loin. La pureté de leurs contours est trop grande pour supposer que leurs fragmens aient été charriés et transportés par des eaux qui auraient long-temps exercé leur action sur la matière qui les compose. Cette action a été assez violente pour réduire ces poteries en éclats ; mais pas assez cependant pour en émousser les contours ni en arrondir les angles.

Les coquilles terrestres et marines que l'on voit mélangées aux ossemens et aux poteries, se rapportent toutes à des espèces semblables aux nôtres. Parmi les premières, les *Cyclostoma elegans*, *Bulimus decollatus* et les *Helix nemoralis* et *nitida*, sont les plus communes, comme dans les cavernes à ossemens de Lunel-Viel. Ces coquilles terrestres conservent encore en partie leurs couleurs, ainsi que les espèces marines qui leur sont associées, et parmi lesquelles nous signalerons le *Pecten jacobæus*, le *Mytilus edulis* et la *Natica mille-punctata* (1).

---

(1) Quoique Lamark cite cette Natice comme particulière à l'Océan indien et aux côtes de Madagascar, elle est cependant assez commune sur tout le littoral de la Méditerranée.

Les limons et les brèches osseuses, où l'on découvre ces coquilles, ces poteries et ces ossemens humains, recèlent encore des mammifères terrestres, qui paraissent perdus, et d'autres qui ne vivent plus aujourd'hui dans nos contrées. Parmi les races perdues, l'on peut signaler une espèce de Cerf, du sous-genre *Anoglochis*, qui, comme le Chevreuil, avait le premier andouiller éloigné de la couronne. Or, comme il existe dans les cavernes de Bize de ces *Anoglochis*, dont la taille surpassait celle du Cerf commun, et dont les bois élargis avaient un aplatissement marqué, on ne peut s'empêcher de les regarder comme détruits, puisque le Chevreuil est, dans la création actuelle, le seul Cerf dont le premier andouiller soit éloigné de la couronne, ou le seul Anoglochis vivant (1). Ce chevreuil, remarquable par la forme de son bois, sa taille et les différences qu'il présente avec toutes les espèces de

---

(1) Il serait préférable de donner le nom de *Capreolus* aux Cerfs dont le premier andouiller est éloigné de la couronne, et de réserver celui de *Cervus* aux Cerfs dont le premier andouiller est rapproché de la couronne, et que l'on a nommé *Catoglochis*. De cette manière, on n'introduirait pas de noms nouveaux dans la science, et l'on conserverait dans toute sa pureté la nomenclature binaire, introduite par Linnæus dans l'histoire naturelle ; nomenclature qui a tant contribué aux progrès de cette branche de nos connaissances. Si l'on adoptait ces principes, nous aurions dans les cavernes de Bize, les *Capreolus Tournalii* et *Leufroyi* et le *Cervus Reboulii*.

Cerfs connues, soit vivans, soit fossiles, a été nommé *Capreolus Tournalii* par M. de Christol. Cet habile naturaliste a voulu rappeler ainsi le nom du géologue auquel est due la découverte des cavernes de Bize. Avec ce grand *Capreolus* ou *Anoglochis*, l'on en découvre une autre espèce, ainsi qu'un Cerf proprement dit ; l'un et l'autre paraissent n'avoir point de représentant parmi nos races actuelles. M. de Christol leur a donné les noms de *Capreolus Leufroyi* et de *Cervus Reboulii*, espèces que nous décrirons dans le travail que nous préparons de concert avec M. Tournal, sur ces cavernes.

Enfin, avec ces Chevreuils et ces Cerfs d'espèces perdues, l'on découvre des ossemens d'Ours qui appartiennent à des races considérées jusqu'à présent comme antédiluviennes, puisqu'ils se rapportent à l'*Ursus Arctoïdeus* de M. Cuvier ; espèce que l'on n'a encore observée qu'à l'état fossile.

Parmi les mammifères terrestres, qui ne vivent plus dans nos contrées, et dont on observe les débris dans les cavernes de Bize, nous citerons spécialement l'Aurochs (*Bos urus*), autrefois commun dans les forêts de la Germanie, et qui s'est retiré peu à peu en Lithuanie, se trouvant aujourd'hui, en quelque sorte, concentré dans la forêt de Bialowicz, ainsi que l'a avancé le savant zoologue Bojanus (1).

______

(1) *De Uro nostrate ejusque selecto commentatio*, H. Bojanus. (*Nova acta phys. mod.*, *acad. nat. curios.*, tom. xiii, 2 part., pag. 411.)

Des faits du même genre avaient été observés il y a long-temps ; mais on ne paraît pas s'y être arrêté, malgré la confiance que méritait celui qui les avait recueillis. Ces faits se rapportent à l'observation de M. Schlotheim, qui a découvert des ossemens humains dans les brèches osseuses des rochers calcaires des environs de Kœstriz, ossemens humains mêlés à des os d'Éléphans de Rhinocéros, de Mégathériums, de Cerfs et de Chevreuils (1). Comme les limons et les brèches osseuses de Bize, les tufs osseux de Kœstriz recèlent une quantité considérable de coquilles d'eau douce et d'Hélicés analogues aux coquilles actuellement vivantes, ainsi que des empreintes de plantes indigènes (2).

Les brèches osseuses de Kœstriz, comme celles de Bize, ainsi que les limons à ossemens qui les accompagnent, recèlent donc des ossemens humains avec divers débris de mammifères terrestres d'espèces perdues ou d'espèces regardées comme antédiluviennes, ou enfin dont les analogues ne vivent

____

(1) Traité de Géognosie de M. d'Aubuisson, tom. II, p. 472, et Bibliothèque universelle, cahier de novembre 1820, pag. 175. — Voyez également nos Observations sur les ossemens humains des terrains secondaires, et en particulier sur ceux des cavernes de Durfort. Annales de la Société linnéenne de Paris. Année 1824, pag. 5.

(2) Donati, et après lui le professeur Germar de Halle, ont signalé des ossemens humains dans les brèches osseuses de Dalmatie. (Bulletin général des Sciences, tom. IX, pag. 22.)

plus aujourd'hui dans les lieux où leurs restes sont ensevelis. Cette circonstance remarquable empêche d'assimiler ces ossemens humains à ceux que nous avons signalés dans les cavernes de Durfort, et que l'on ne voit pas associés à d'autres mammifères. Les ossemens humains de Durfort, encroûtés par des stalagmites calcaires, ont bien perdu une partie de leur substance animale, mais rien n'annonce que leurs dépôts soient liés à la destruction de certains mammifères, et encore moins qu'ils aient été entraînés dans les cavités où ils existent, antérieurement à la période alluviale actuelle (1).

Quant aux os et aux ouvrages humains découverts au milieu du fameux dépôt de Canstadt, où l'on découvre tant d'ossemens de mammifères perdus, ou dont les analogues ne vivent plus aujourd'hui dans nos régions tempérées, ils pourraient bien annoncer, comme ceux de Bize et de Kœstriz, que depuis l'apparition de l'homme sur la terre, des espèces ont été entièrement détruites. A la vérité, le terrain où ces ossemens humains ont été trouvés mêlés à de nombreux débris de mammifères terrestres, a été, assure-t-on, remué sans précaution, et l'on n'a point tenu note des diverses hauteurs où chaque chose a été découverte; dès-lors si ce fait était isolé, on pourrait n'y avoir aucun égard, mais il a pris une toute autre importance depuis

____

(1) Voyez notre Mémoire déjà cité.

les observations de M. Tournal, qui en sont une complète confirmation.

Le fameux clou de cuivre grec ou romain, découvert à Nice, dans l'intérieur d'un calcaire qui fait partie des brèches osseuses, confirmerait peut-être également nos observations, si l'on avait mis plus d'attention aux diverses circonstances de son gisement. Toujours prouve-t-il que, depuis les temps historiques, des calcaires se sont solidifiés au point de permettre aux pholades de s'y loger, et d'égaler en dureté les roches calcaires les plus compactes (1).

La solidification de certaines couches et de certaines roches depuis les temps historiques, que tant de faits démontrent, serait encore plus certaine, si, comme l'a fait remarquer un observateur fort habile, il existait à Marseille, sous des couches solides de Poudingues, et sous un lit puissant d'argile, non-seulement des arbres passés à l'état charbonneux, et qui plongent par leurs racines dans un sol végétal; mais encore la trace de chemins et de sentiers qui sillonnaient cet ancien sol, sur lequel on aurait aussi trouvé des restes de constructions, du fer forgé, du verre et jusqu'à des médailles, que l'on aurait reconnus pour appartenir aux premiers temps de la fondation de Marseille (2). Ce fait nous a paru tellement extraordinaire, que

------

(1) Annales du Muséum, tom. XI, pag. 422.

(2) Voyez le N.° du mois de mai 1826, page 154 du journal

nous avons cherché à nous assurer de son exactitude dans le voyage que nous avons fait à Marseille,
vers la fin de 1828. Malheureusement les lieux où
cette découverte avait eu lieu, étaient comblés,
et nous avons pu seulement reconnaître les objets
que l'on nous a dit en avoir été retirés. Les fragmens d'arbres que l'on nous a assuré avoir été
extraits au-dessous des marnes argileuses, se rapportaient à de véritables lignites, et les fragmens
ferrugineux que l'on nous a présentés n'étaient
autre chose que des Pyrites ferrugineuses, ou du
fer sulfuré (1). Quant aux médailles, on n'a pu
nous en faire voir; en sorte que nous ne pouvons
que suspendre notre opinion sur le fait avancé par
M. Thoulouzan, fait qui ne peut être isolé, et que
cet observateur mettra sans doute à l'abri de toute
contestation.

En faisant donc abstraction de cette circonstance,

---

publié à Marseille sous le titre de l'*Ami du bien*, et la même
notice dans le bulletin général des sciences, tom. IX, pag. 265.

(1) Nous ferons remarquer que dans tout le midi de la France,
les lignites peu altérés abondent dans les marnes argileuses bleues
et vertes. Les lignites y sont parfois accompagés de fer sulfuré ; mais les argiles proprement dites y sont des plus rares,
et ne s'y trouvent jamais liées aux Poudingues tertiaires; points
de fait qui ne peuvent que jeter les plus grands doutes sur
l'observation que nous venons de rappeler, d'autant qu'il ne
parait pas exister de véritables argiles dans le sol tertiaire
supérieur de Marseille et de ses environs.

qu'au-dessous des couches de Poudingue et d'argile de Marseille, existaient des objets de construction et de fabrication humaine, les faits que nous avons rapportés n'en prouvent pas moins que depuis l'apparition de l'homme sur la terre ou depuis les temps historiques, des espèces animales, et particulièrement des mammifères terrestres, ont été complétement détruites, ou du moins ont cessé d'exister dans les parties connues du globe où l'on découvre aujourd'hui leurs débris.

S'il pouvait rester quelques doutes à cet égard, les faits que nous allons rapporter, et dont nous devons la connaissance à M. de Christol, sont bien propres à les dissiper. On sait que les cavernes de Lunel-Viel recèlent un grand nombre d'animaux, considérés jusqu'à présent comme antédiluviens ; mais l'on ignorait que les cavernes de Pondres et de Souvignargues, situées à deux lieues au nord-est des premières, et qui recèlent à peu près les mêmes espèces, présentassent en même temps des ossemens humains et des poteries confondus et mêlés à des débris de Rhinocéros, d'Ours, d'Hyènes et de plusieurs autres mammifères terrestres (1) ; et c'est ce qu'a prouvé M. de Christol.

---

(1) M. Delanoue vient également de découvrir des Poteries dans les cavernes à ossemens de Miremont, où il existe de nombreux débris d'Ours à front bombé. Ces poteries ont la plus grande ressemblance avec celles qu'on trouve, mais

Ces cavernes, ouvertes toutes deux dans le calcaire moellon, se trouvent, comme celles de Lunel-
Viel, à peu d'élévation au-dessus de la Méditerranée, puisque M. de Christol suppose que leur
niveau n'est supérieur à celui de la mer que d'environ 15 à 18 mètres. Celle de Pondres, qui n'est
qu'à une demi-lieue de la caverne de Souvignargues, est située sur le penchant d'une colline où le
calcaire moellon est exploité comme pierre de taille.
C'est en opérant cette exploitation que l'on a mis
à découvert un trou dont la hauteur est d'environ
trois mètres, sur un mètre de largeur, lequel trou
était tout-à-fait obstrué par des terres d'alluvion,
terres ou limons qui semblent cacher une caverne
plus ou moins spacieuse.

Cette cavité est donc entièrement comblée par
des limons d'alluvion analogues à ceux qui ont
rempli en partie les cavernes de Lunel-Viel, et
l'on ne peut y pénétrer qu'en les enlevant successivement. Cette circonstance est d'autant plus
remarquable, qu'elle annonce que la caverne de
Pondres a été comblée tout à la fois, et non à
plusieurs reprises, comme on peut le supposer

---

rarement dans des terrains d'attérissement, et qu'on rapporte, d'après la nature de leur pâte, leur couleur, leur forme,
aux temps antérieurs à l'introduction des arts romains dans les
Gaules. Bulletin des sciences naturelles; cahier de février 1829,
pag. 206.

pour les cavités dont l'accès est libre et facile.
Ces terres d'alluvion ou *diluvium* sont moins
rouges et moins tenaces que le limon pâteux inférieur de Lunel-Viel, et elles acquièrent parfois
la solidité du tuf. On y remarque quelques galets
de silex d'eau douce, de calcaire jurassique, avec
des fragmens anguleux et assez volumineux de
calcaire moellon.

Les ossemens y sont disséminés à toutes les
hauteurs, ils paraissent pourtant en plus grand
nombre dans les parties moyennes, que dans les
supérieures. Quoique ce fait soit assez général,
M. de Christol a pourtant découvert dans la partie
la plus supérieure du *diluvium*, c'est-à-dire,
immédiatement au-dessous de la voûte, et à une
profondeur de 10 à 12 centimètres au plus, un
cubitus d'Hyène, un canon d'Aurochs, plusieurs
os de Cerf, ainsi qu'un grand nombre de fragmens
osseux paraissant porter des marques de coups de
dents.

Le sol primitif de la caverne, celui que le *diluvium* est venu recouvrir, est formé par un ciment
sableux et tufacé, provenant peut-être de la décomposition du calcaire moellon. Ce ciment n'a pas plus
de 32 à 34 centimètres d'épaisseur; il est pétri de
débris d'ossemens et d'*Album-græcum* très brisé.
Au-dessus de cette couche de ciment et dans le
diluvium, les excrémens sont entiers et assez bien
conservés; plusieurs des boules qui les composent

adhèrent encore entr'elles et se montrent en connexion. Les ossemens y sont également plus entiers,
quoique certains paraissent rongés.

Des fragmens de poteries ont été également
découverts dans les parties les plus basses, comme
dans les plus supérieures du sol d'alluvion, dont
la plus grande épaisseur est d'environ 4 mètres.
Mais pour ne pas conserver le moindre doute à
cet égard, M. de Christol, en creusant lui-même
dans le limon, a recueilli tout-à-fait au fond de la
couche la plus inférieure, un fragment de poterie
qu'il a eu l'obligeance de nous montrer. Ce fragment adhérait au ciment placé au-dessus de la
roche qui forme le plancher de la caverne, et à
peine à 5 ou 6 centimètres au-dessus de ce plancher. M. Dumas de Sommières a également observé
une molaire que M. de Christol a reconnue pour
être humaine et provenir d'un sujet adulte, laquelle
a été trouvée dans le ciment où existent les os et
les excrémens brisés dont nous avons déjà parlé.
Enfin, dans diverses parties du limon, l'on a découvert d'autres os humains qui se rapportent à
des phalanges de la main, ainsi qu'un métatarsien,
qui signalent des hommes adultes et d'une haute
taille.

Des ossemens humains et des poteries sont donc
mêlés et confondus dans les cavernes de Pondres,
avec de nombreux débris de mammifères terrestres,
parmi lesquels on peut signaler, 1.º des Rhinocéros

plus rapprochés du *Rhinoceros minutus*, que des *Rhinoceros tichorhinus* et *leptorhinus*; 2.º des Sangliers; 3.º des Chevaux d'une race plus petite que les grands Chevaux des cavernes de Lunel-Viel; 3.º deux espèces de Bœufs, dont l'une est l'Aurochs; 4.º une espèce de Mouton; 4.º une seule espèce de Cerf, probablement un *Caloglochis*, de la taille de l'Elaphe; 5.º une espèce d'Ours; 6.º un Blaireau; 7.º l'*Hyæna spelæa*, espèce fossile qui se rapproche le plus de l'Hyène tachetée ou de l'Hyène du Cap; 8.º des Rongeurs de la taille du Lièvre et du Lapin. Ces débris de mammifères sont accompagnés des mêmes coquilles terrestres, qu'on leur voit associées dans les cavernes de Lunel-Viel, c'est-à-dire, avec les *Cyclostoma elegans*, *Bulimus decollatus*, et les *Helix rhodostoma* et *variabilis*.

La seconde caverne des environs de Sommières (Gard), celle de Souvignargues, a eu autrefois plusieurs ouvertures; il n'en existe plus aujourd'hui qu'une seule, les autres ayant été obstruées par des éboulemens. L'issue par laquelle on y pénètre, est un trou irrégulier, dont le grand diamètre n'a guère plus de 5o centimètres. Il faut donc se résoudre à ramper péniblement sur le ventre l'espace d'environ 6 mètres, après quoi l'on peut se tenir sur les genoux. Ce corridor, bordé des deux côtés par des cavités plus ou moins spacieuses et assez profondes, finit par s'élargir. En effet, au bout d'environ soixante pas, il s'agrandit brusquement, et plusieurs chambres assez grandes, revêtues de belles stalactites, s'offrent inopinément aux regards du curieux. Une couche épaisse d'un glacis stalagmitique y recouvre le *diluvium*, et comme elle est fort dure, on ne sait point encore s'il y existe des ossemens.

On s'est donc borné à fouiller les limons qui se trouvent à l'extrémité du corridor, au lieu même où la caverne s'élargit, ces limons étant tout-à-fait à nu. Le *diluvium* dont l'épaisseur, dans cette partie, est d'environ deux mètres, est rouge, tenace et en apparence argileux. Il renferme une grande quantité de coquilles terrestres, semblables à celles qui existent dans les cavernes de Pondres et de Lunel-Viel, et de plus quelques *Helix nemoralis* et *algira*. Au-dessous de ce lit horizontal de limon à coquilles de terre, l'on observe d'abord une couche de gravier d'environ soixante-dix centimètres d'épaisseur, couche qui est mêlée au limon rouge. Le gravier diminue peu à peu, et à mesure qu'il s'efface, les ossemens commencent à se montrer. C'est dans cette couche que M. de Christol a reconnu plusieurs molaires de Bœuf et de Cerf, une phalange unguéale de Solipède, une molaire d'Ours et plusieurs ossemens humains, tels qu'une omoplate, un humérus, un radius, un péroné, un sacrum et deux vertèbres. Il est à remarquer qu'il n'existait pas au-dessous de ces ossemens vingt centimètres de *diluvium*, en sorte qu'ils étaient extrèmement rapprochés du rocher sur lequel les limons sont venus se déposer. Cette position était trop importante à fixer, pour ne point s'assurer si, par une circonstance quelconque, les différens lits de gravier n'auraient pas éprouvé quelque dérangement ; mais comme l'on s'est bien convaincu qu'il n'existait entr'eux aucune interruption, de même que dans le lit supérieur coquillier, ni aucune sorte d'éboulement, il a été difficile de ne pas en conclure que soit les os, soit les diverses sortes de graviers ou de limons, se trouvaient dans la position et la situation où ils avaient été placés primitivement.

Quant aux ossemens humains découverts par M. de Christol, dans les cavernes de Pondres et de Souvignargues, ils nous ont paru tout aussi altérés que les os d'Hyène et des autres mammifères terrestres qui les accompagnent, et que les débris de ces mêmes animaux observés par nous dans les cavernes de Lunel-Viel. Comme ces derniers ossemens, ils sont très-cassans, ils happent fortement à la langue et renferment peu de matière animale. Comparés à plusieurs squelettes, ces ossemens ont paru provenir de plusieurs individus. Les uns, ainsi que nous l'a fait remarquer notre ami M. Dubrueil, professeur d'anatomie à la Faculté de médecine de Montpellier, provenaient d'un homme d'une haute taille, et les autres d'un sujet adulte, mais très-grêle et d'une petite stature, probablement d'une femme. En effet, le radius de ce dernier individu, plus court et moins fort que celui d'un jeune homme, dont les épiphyses n'étaient pas encore soudées, n'offrait cependant aucun intervalle entre la diaphyse et l'épiphyse.

Il était intéressant de soumettre les os humains des cavernes de Pondres et de Bize, à un examen plus exact, afin de s'assurer s'ils renfermaient une plus grande quantité de matière organique, que les autres ossemens observés dans des cavités souterraines. Pour y parvenir, et de concert avec M Balard, préparateur de chimie à la Faculté des Sciences de Montpellier, nous avons réduit ces os en poudre, et après les avoir fait fortement chauffer dans un tube de verre, dans lequel on avait placé du papier de tournesol rougi, nous avons vu ce papier ramené au bleu, à mesure que la calcination avait lieu. La côte humaine de la caverne de Pondres a manifesté de plus une odeur amoniacale et empyreumatique très-prononcée. Après la calcination, l'os pulvérisé a présenté une couleur d'un gris noirâtre. Il en a été de même d'un canon d'Aurochs, découvert à Pondres, dans les mêmes cavernes où existent les os humains ; seulement la couleur noire a été moins sensible chez ce dernier.

Les ossemens humains de Bize ont également présenté les mêmes phénomènes, pourtant avec cette particularité, que leur couleur a été plus intense après la calcination. Cette couleur n'a pas été aussi tranchée dans un maxillaire de Cerf d'espèce perdue , découvert dans les cavernes de Bize , avec le maxillaire humain soumis à la même épreuve.

Des ossemens liés à un limon rougeâtre endurci, et qui constituent des espèces de brèches osseuses adhérentes au rocher des cavernes de l'Hermite près de Bize , ont bien ramené au bleu le papier de tournesol rougi , mais ils ont dégagé des vapeurs d'acide hydro-cyanique. Ce sont de tous les os examinés , ceux qui ont le moins noirci pendant la calcination.

Ce qui nous a surpris, c'est que les os de la caverne de Lunel-Viel, qui présentaient le même degré d'altération , ont offert entr'eux quelque différence , sous le rapport de la couleur noire qu'ils ont acquise dans leur calcination. Tous, après avoir ramené au bleu le papier de tournesol rougi, et avoir développé une odeur ammoniacale et empyreumatique très-prononcée, ont paru, après leur calcination, avec des teintes assez diverses. Un humérus de Cerf des cavernes de Lunel-Viel est devenu, par la calcination, presqu'aussi noir qu'un maxillaire humain de Bize, tandis que des fragmens de canon et de fémur de Cerf de la première caverne sont restés d'un gris noirâtre assez faible, surtout les fragmens qui se rapportaient au fémur.

Les huit ossemens examinés n'ont donc présenté de différence que sous le rapport de la teinte noirâtre plus ou moins prononcée qu'ils ont prise après avoir été calcinés. Cette teinte n'a point paru en rapport avec l'ancienneté relative qu'on pouvait supposer à ces ossemens, à raison des circonstances de leurs gisemens ; et cependant la couleur noirâtre, manifestée par la calcination, paraît être le caractère le plus démonstratif de la matière organique.

En effet, les os humains de Bize et l'humérus de Cerf de Lunel-Viel sont, de tous les os examinés, ceux qui ont pris la teinte noire la plus foncée. Après eux, nous citerons, 1.º le maxillaire du *Capreolus Tournalii* de la caverne de Bize ; 2.º la côte humaine de Pondres ; 3.º les fragmens de métatarsien et de fémur de Cerf des cavernes de Lunel-Viel. Enfin, les deux os qui ont le moins changé de couleur, sont un fragment de canon d'Aurochs des cavernes de Pondres, et un fragment indéterminable des brèches osseuses, ou limons endurcis des cavernes de l'Hermite, près de Bize.

Tous ces ossemens renferment donc de la matière organique azotée, puisqu'on obtient, en les chauffant fortement, de l'huile empyreumatique, de l'ammoniaque, parfois même de l'acide hydro-cyanique, et toujours un dépôt de charbon qui leur communique une teinte noirâtre. Le peu de différence qui existe entre les nuances qu'ils prennent dans l'acte de leur calcination, semble même indiquer que cette matière animale carbonisable s'y trouve à peu près dans les mêmes proportions.

Du reste, y eût-il quelque différence à cet

égard, cette circonstance ne prouverait peut-être rien quant à l'objet qui nous occupe; car cette matière se décompose probablement d'autant plus difficilement, que le corps où elle existe en retient de plus faibles proportions; ce qui peut faire supposer qu'une petite différence dans les proportions de la matière carbonisable que renferment deux os, dépend plutôt de quelque circonstance particulière de gisement, comme par exemple d'avoir été plus à l'abri de l'action des agens extérieurs, que de l'époque de leurs dépôts. Ceci est d'autant plus admissible, que les dernières portions d'une combinaison sont celles qui se décomposent le plus difficilement, et qu'il existe des proportions différentes de matière carbonisable dans des ossemens ensevelis dans les mêmes localités, et qui, de la même date, ne devraient pas différer dans leur nature chimique.

Si cependant l'on pouvait, d'après les circonstances de gisement des ossemens examinés, se décider sur le plus ou le moins d'ancienneté des limons où ils étaient ensevelis, ce que nous sommes loin d'admettre, on serait tenté de considérer ceux des cavernes de Lunel-Viel et de l'Hermite, comme le plus anciennement déposés. Cependant les ossemens que l'on y a découverts noircissent, les uns presqu'autant que les os humains de Bize, et les autres dégagent des vapeurs d'acide hydrocyanique, quoiqu'ils prennent une teinte noirâtre moins foncée.

En résumé, l'analyse chimique ou la nature d'un corps organisé ne paraît pas pouvoir nous faire juger, par le genre d'altération que ce corps a subie, la date ou l'époque depuis laquelle ce corps est enseveli dans les entrailles de la terre; elle peut, tout au plus, nous faire mieux apprécier le degré ou le genre d'altération qu'il a éprouvée.

Nous avons soumis aux mêmes épreuves des ossemens humains ensevelis depuis des siècles dans des tombeaux. Ces ossemens, quoiqu'ayant perdu une grande partie de leur substance animale, en conservaient tous beaucoup plus que ceux qui existent dans les limons des cavernes à ossemens. Parmi ces ossemens humains, nous citerons un pariétal recueilli dans un sarcophage gaulois, situé dans la plaine et à une lieue de Lunel, vers la mer. Ce monument se composait d'une auge en calcaire moellon, qui avait 2 mètres de longueur, sur 1 mètre de largeur et 80 centimètres de profondeur. L'épaisseur des parois de la pierre calcaire qui formait ce sarcophage, était d'environ 2 décimètres, et il en était de même du couvercle dont la partie supérieure se trouvait disposée en carène. Les ossemens étaient placés, dans ce monument, sans être accompagnés de vases, de médailles ou d'inscriptions propres à en faire connaître la date précise; mais d'après sa forme et sa construction, on peut supposer que les os qui s'y trouvaient y avaient été déposés depuis quatorze ou quinze siècles au moins.

Ces os humains avaient acquis une assez grande solidité, et leur couleur, d'un blanc jaunâtre, était peu différente de celle des os ensevelis dans les cavernes; les cellules de leur tissu étaient vides, quoiqu'ils fussent plus solides que des os frais.

Les derniers ossemens que nous avons examinés avaient été retirés des tombeaux de l'ancienne Maguelone, et leur date pouvait remonter au 13.ᵉ ou 14.ᵉ siècle, ce qui leur donnerait une ancienneté de 4 ou 5 siècles. Ceux que nous avons observés se rapportaient à des os longs, qui conservaient et leur tissu compact et leur tissu spongieux; ceux-ci, plus fragiles que les premiers, avaient à peu près la même couleur, quoiqu'ils aient paru moins altérés. Ni les uns ni les autres ne happaient à la langue, comme les os humains des cavernes de Bize ou de Pondres.

Calcinés à la lampe de l'émailleur, dans des tubes fermés, ils ont dégagé des vapeurs ammoniacales et empyreumatiques plus abondantes que les os humains des cavernes de Bize. Aussi, ont-ils plus complètement ramené au bleu le papier de tournesol rougi, et leur couleur noirâtre a été beaucoup plus prononcée après leur calcination; mais beaucoup moindre cependant que celle qu'ont prise des os humains ensevelis il y a environ 80 ou 90 ans, dans des cimetières. Ceux-ci ont donné un véritable charbon animal, ce que n'ont point fait les os déterrés dans des sarcophages gaulois ou dans les tombeaux de l'ancienne Maguelone.

Ces expériences comparatives, tout en annonçant qu'il existe de grandes différences sous le rapport de la quantité de la substance animale qui existe dans les ossemens humains ensevelis depuis plusieurs siècles, et ceux retirés des limons à ossemens des cavernes, n'en prouvent pas moins cependant qu'une grande partie de la matière organique se détruit assez promptement. Il nous a du moins paru qu'il existait peut-être tout autant de différences entre les ossemens ensevelis depuis 14 ou 15 siècles, et les ossemens enterrés depuis seulement 80 ou 90 ans, qu'entre les premiers et ceux retirés des cavernes; car, avec M. Balard, nous n'avons pas pu évaluer la perte de la matière animale, à moins des trois quarts dans les os extraits des sarcophages gaulois, et même dans ceux retirés des tombeaux de Maguelone. Cette perte remarquable nous amènera à l'apprécier d'une manière plus positive, dans de nouvelles recherches que nous nous proposons de faire à cet égard, et qui sont commandées par l'intérêt d'un pareil sujet.

Les débris de poteries mêlés dans les cavernes de Bize, de Pondres et de Souvignargues, aux ossemens humains, ainsi qu'à ceux des mammifères terrestres, et que l'on ne peut s'empêcher de regarder comme de véritables équivalens géognostiques des ossemens humains , paraissent appartenir à l'enfance de l'art. Les terres qui les composent ne semblent pas avoir été lavées avant d'avoir été employées ; séchées et durcies au soleil ou au feu, elles n'ont pas du moins été cuites dans des fourneaux disposés à cet effet ; car leur seule surface extérieure a éprouvé l'action de la chaleur. Ces poteries pourraient bien, comme celles des cavernes de Miremont, que nous avons déjà citées, appartenir aux temps antérieurs à l'introduction des arts romains dans les Gaules. La nature de leur pâte, leur couleur, la grossièreté de leur fabrication et les autres circonstances que nous avons déjà rapportées, le font assez présumer ; c'est, du reste, ce que les antiquaires que nous avons consultés à cet égard paraissent en penser.

Quoi qu'il en soit, il semble résulter des faits que nous venons de rapporter, et de la réunion dans les mêmes limons des ossemens humains , des poteries et des débris de mammifères terrestres d'espèces perdues , ou d'espèces considérées jusqu'à présent comme antédiluviennes :

1.º Que depuis l'apparition de l'homme sur la terre, certaines espèces de Mammifères terrestres ont été complètement détruites, ou du moins ont cessé d'exister dans les différentes parties du globe qui ont été explorées jusqu'à présent ;

2.º Que les débris de notre espèce sont incontestablement mêlés, et se trouvent dans les mêmes circonstances géologiques que certaines espèces de mammifères terrestres, considérées jusqu'à présent comme antédiluviennes, telles que les Ours des cavernes de Miremont et de Bize, les Rhinocéros et les Hyènes des cavernes de Pondres et de Souvignargues.

Cette association et cette réunion d'ossemens humains avec des mammifères terrestres d'espèces perdues, prouve encore que l'on ne peut, par aucun caractère positif, distinguer les dépôts antédiluviens, du moins ceux qui ont été déposés après la séparation des mers, des dépôts postdiluviens, surtout lorsque les premiers se rapportent à des terrains déplacés, puisque les effets ont été les mêmes dans les deux périodes, ces effets ayant dépendu des mêmes causes ; et que dès-lors on ne peut discerner les corps organisés fossiles des dépôts les plus récens, de ceux qui ont été ensevelis dans les terrains d'attérissemens produits dans l'époque actuelle.

Cette association, qui certainement n'est point bornée à nos localités, jointe aux autres phénomènes que présentent les terrains tertiaires, annonce enfin que les temps géologiques se lient en quelque sorte et sans interruption aux temps historiques ; et peut-être ne démontrent-ils pas moins que les dépôts tertiaires produits après la retraite des mers dans leurs bassins respectifs, ont eu lieu à une époque peu éloignée de la période actuelle, puisqu'ils renferment un si grand nombre d'espèces semblables, ou du moins analogues à celles qui vivent encore.

Il se pourrait même, que les terrains produits après la retraite des mers dans leurs bassins respectifs, eussent été déposés depuis les temps historiques, lorsque nos continens avaient leur forme et leur configuration actuelles. On peut du moins le supposer, puisqu'il n'existe au-dessus des derniers terrains, que des dépôts lacustres et fluviatiles, tels que les travertins, les calcaires d'eau douce concrétionnés qui, formés en place, se montrent à peu près constamment dans le point le plus bas des vallées, souvent parallèlement aux rivières qui les traversent ou sur des plateaux couronnés par des cimes élevées; dépôts qui ne sont surmontés que par des terrains d'alluvion, lesquels ne diffèrent presque pas des matériaux, que les eaux actuelles entraînent constamment sur les parties les plus basses de nos continens.

Les temps géologiques se termineraient donc aux derniers dépôts marins tertiaires, nommés terrains marins supérieurs ou deuxième terrain marin, les plus récens des dépôts qui annoncent que les mers n'ont pas toujours occupé la même place. C'est en effet pendant cette période, où les mers avaient une plus grande étendue, que les grands phénomènes géologiques ont eu lieu; car celle qui a succédé s'est bornée à produire quelques dépôts partiels stratifiés, ou à opérer le déplacement de quelques matériaux entraînés par les eaux courantes, dont l'activité a été de moins en moins considérable, à mesure que leur action s'exerçait dans des temps plus éloignés de la retraite des mers.

Ces eaux, dont l'impétuosité est rendue sensible par la grande étendue occupée par les dépôts diluviens, auraient donc détruit les espèces ensevelies dans les terrains d'alluvion, soit que ces terrains aient couvert la surface la plus extérieure du globe, soit qu'ils aient comblé, en tout ou en partie, les fentes et les cavités de nos rochers. Dès-lors les ossemens humains découverts avec des mammifères terrestres, considérés jusqu'à présent, mais sans fondement, comme des espèces antédiluviennes, ne seraient point *fossiles* dans la véritable acception que l'on doit attacher à ce mot, puisqu'ils ne seraient pas contemporains des temps géologiques, qui s'arrêteraient aux derniers dépôts laissés par les mers, lorsqu'elles se sont retirées pour toujours de nos continens.

Mais comme plusieurs espèces animales, que l'on avait supposé caractériser l'ancien monde, se retrouvent dans les terrains d'alluvion postérieurs à la retraite des mers, il faut nécessairement que ces espèces aient été détruites depuis les temps historiques, ainsi que l'indique la position de leurs débris, ou leur mélange avec des ossemens humains, ou des objets de fabrication humaine. Dans cette dernière catégorie, seraient l'Ours à front bombé (*Ursus spelæus*) des cavernes de Miremont, l'Ours à front aplati (*Ursus artoïdeus*), ainsi que les

Cerfs d'espèces perdues des cavernes de Bize, et enfin le Rhinocéros (*Rhinoceros minutus ?*) et *l'Hyæna spelæa* des cavernes de Pondres et de Souvignargues ; tandis que dans la première catégorie, l'on devrait comprendre cette longue série d'animaux perdus, amoncelés dans les terrains d'alluvion, parmi lesquels se distinguent les *Mégathérium*, les *Mégalonyx*, les *Palæotheriums*, les *Lophiodons*, qui, malgré leurs différences avec nos espèces actuelles, n'annoncent point cependant un ordre de choses très-différent de celui que nous voyons établi.

Ainsi, depuis l'existence de l'homme, il paraît que des Rhinocéros, des Hyènes, des Ours et des Cerfs d'espèces inconnues dans la nature vivante, ont vécu dans nos contrées, et que leurs races ont été témoins de la dernière et grande inondation qui a fait périr des individus de notre espèce, et dispersé le *diluvium* sur une grande partie de la surface du globe.

La découverte d'ossemens humains dans des terrains déplacés et transportés, ne doit donc pas causer une grande surprise, puisque les terrains d'alluvion qu'aucune couche régulière ne recouvre, peuvent fort bien avoir été dispersés pendant la période actuelle ou depuis les temps historiques. Aussi cette découverte pouvait-elle en quelque sorte être prévue dans ces terrains, par les mêmes raisons qui font présumer que, quelque jour, des débris de notre espèce seront aperçus réunis à ceux des animaux détruits, sur les plateaux ou dans les grandes vallées du centre de l'Asie. En effet, les monumens, comme les traditions historiques et certains faits physiques, se réunissent pour nous apprendre, que le plateau ou le centre de l'Asie a été le berceau du genre humain et le premier lieu habité, par conséquent le point du globe où, plus qu'ailleurs, il est à supposer que l'on découvrira des débris de notre espèce mêlés à ces restes d'animaux inconnus, que les voyageurs semblent y avoir récemment aperçus. Si pendant long-temps on a voulu voir des ossemens humains partout et jusque dans les débris les plus disparates avec ceux de notre espèce, il ne faut pas non plus, par un excès contraire, ne pas les reconnaître lorsqu'on les aperçoit dans des circonstances géologiques qui exigent que l'on en fasse mention.

Mais la découverte d'ossemens humains dans des terrains d'alluvion, et leur association avec des espèces détruites, annonce-t-elle ou peut-elle faire supposer que l'on en observera également dans les bancs pierreux produits dans le bassin de l'ancienne mer, et par conséquent antérieurement à sa retraite? C'est ce que nous ne saurions admettre ; l'existence de l'homme, ou, en d'autres termes, son apparition sur la terre, annonce trop un état de stabilité dans la marche de la nature, et cette stabilité n'a eu lieu que lorsque les mers ont été retirées dans leurs bassins respectifs. En effet, les dépôts marins, même les plus récens, ont une trop grande étendue et une trop grande puissance, pour n'avoir pas modifié d'une manière remarquable, la surface la plus extérieure du globe ; et cependant de pareilles modifications ont dû cesser d'avoir lieu, une fois que la terre a été arrivée à l'état stable vers lequel elle a dû tendre dès l'époque où l'homme est venu l'habiter.

Des inondations passagères et même des inondations violentes ont bien encore pu opérer quelques changemens sur la surface de la terre ; mais ces changemens, légers en eux-mêmes et restreints dans leur étendue, sont loin d'avoir offert cette généralité qui n'appartient qu'aux dépôts marins, soit à ceux (les plus considérables de tous) déposés lorsque les mers n'étaient point encore séparées, soit aux plus récens, produits lorsque l'Océan était déjà distinct et séparé des mers intérieures. En un mot, l'homme peut et semble avoir été contemporain des modifications opérées sur la surface du globe, par les eaux courantes et stagnantes dont l'action a été toujours plus bornée que celle de l'eau des mers ; mais son apparition ne coïncide certainement pas avec l'époque où les mers, occupant une partie de nos continens aujourd'hui à sec, ont laissé des dépôts pierreux abondans, ainsi que de nombreux débris des êtres qu'elles avaient nourris dans leur sein, ni enfin avec la période pendant laquelle les mers ont modifié, par la grandeur et la puissance de leurs dépôts, ces mêmes continens, sur lesquels les eaux courantes devaient bientôt seules exercer leur action.

Nous terminerons ici ces réflexions; puissent-elles ouvrir un nouveau champ aux investigations des voyageurs, et appeler l'attention sur un objet qui a fait naître tant de doutes et divisé les meilleurs esprits.

TABLEAU des formations géologiques dans l'ordre de leur Superposition.
Dépôts produits dans la période géologique actuelle.

Dépôts stratifiés — 1. Calcaires madréporiques — 2. Calcaires sédimentaires ou tufs modernes.
Dépôts limoneux ou pulvérulens — 1. Atterrissemens marins — 2. Atterrissemens fluviatiles — 3. Atterrissemens lacustres.

I. Dépôts anormaux ou de sédiment paraissant antérieurs à la période géologique actuelle.
Dépôts de sédiment produits après la retraite des mers.
1. Dépôts d'alluvion limoneux et graveleux (Diluvium des plaines) — 2. Dépôts d'alluvion pierreux (Diluvium des montagnes).

Formation terrestre calcaire avec matières siliceuses — Calcaire trempé avec matières sédimentaires (Tuf ou Travertin).

II. Dépôts de sédiment produits avant la retraite des mers et postérieurement à la séparation de l'océan des mers intérieures.
Dépôts marins A. Des bassins océaniques.   B. Des bassins méditerranéens.

Grès marin supérieur — Grès sans coquilles — Sable marin — Marnes argileuses bleues ou grises.
Sable marin avec grès — Calcaire moellon glauconie verdâtre — Marnes bleues — Lignites marins.

Marnes fluviatiles — Gypse à ossemens — Calcaire fluviatile — Calcaire siliceux.
Calcaire fluviatile — Marnes à gypse — Calcaire siliceux — Grès à lignites fluviatiles, Mélasse.

Grès marin inférieur — Calcaire grossier, Glauconie grossière.

Grès tertiaire à lignites — Argile plastique lignite, Mélasse-Nagelfluhe.

III. Dépôts de sédiment produits avant la séparation de l'océan des mers intérieures.
3. Craie blanche avec silex pyromaque.
Craie grise ou craie tufau avec silex cornu.
Craie arénacée inférieure ou Craie endurcie (Chalk-Marle) — Argile de Wild (Wealden Clay).
Sable vert (Green-Sand) Grès secondaire à lignites — marne bleue (Blue-Marle)
Sable ferrugineux (Iron-Sand).

Dépôts jurassiques dans leur plus grande complication.
Oolite supérieure:
4. Calcaire marneux séparant le oolitique de la série oolitique.
3. Calcaire oolitique supérieur.
2. Calcaire sableux et marneux.
1. Calcaire marneux séparant l'oolite supérieure de l'oolite moyenne.

Oolite moyenne:
3. Calcaire oolite moyenne ou calcaire à coraux ou (Coral-rag).
2. Calcaire oolitique et quartzeux.
1. Argile et argyle séparant l'oolite moyenne de l'oolite inférieure.

Oolite inférieure:
3. Bancs nombreux de calcaire oolite subdivisés par des lits argileux renfermant le (Corn-brash) (Forest Marble).
Oolite schisteuse, ou schiste de Stonesfield ou d'Henton la grande oolite et oolite inférieur.
2. Calcaire siliceux et sableux subsistens en passant à l'oolite inférieure.
1. Grande portion argilo-calcaire de Bath et des marnes du lias constituant la base de l'entière série.

Grès blanc (Quadersandstein) — présumé quelquefois supérieur au tout (Grès de Königstein).

Calcaire conchylien supérieur marneux (Muschel-kalk) — Calcaire de Gottingue
Calcaire conchylien moyen avec (Encrinites Filiformis) (Muschel-kalk)
Calcaire conchylien inférieur très marneux (Margle Muschel-kalk)

Argile et grès bigarré saliféres avec marnes, gypse, gypse fibreux et sel gemme (Bunten-Sandstein)

Dépôts du calcaire alpin ou (Zechstein)
Calcaire magnésien (Magnesian Limestone) (Thiner-Kalk)
Calcaire Alpin proprement dit (Zechstein) paraît quelquefois intercalé au grès rouge (Rothliegende)
Schiste cuivreux marne bitumineux avec poissons et reptiles d'eau douce, Schiste de Mansfeld.

Dépôts houillers anciens.
Grès grisâtre (Grauliegende) Schiste Houiller (Kohlen-Schiefer)
Grès rouge (Grès rouge) (Rothes-liegende) avec porphyres
Terrains houillers proprement dit avec porphyres (Coal formation)

Syénite à zircons et granite dit de transition avec porphyres — Porphyre à cristaux de Quarz avec Diabase et Pyroxène.

Calcaire noir (Mountain limestone) ancien et trilobites avec Grauwacke et Quarz schisteux;
Grès rouge ancien avec houille (Old Red Sandstone)

Grauwacke — Grauwacke schisteuse ou psammite schistoïde micacé avec trilobites.
Calcaire — serpentine — Jaspe.
Schiste argileux dit de transition et schiste ardoise avec Ogygie et Calymène — Phyllade paillété avec trilobites alternant avec des granites.

Mica-schiste avec Grès et Grauwacke anthracigène — Calcaire grenu stéatiteux avec bancs subordonnés de serpentine, de Diabase, de Quarz compacte et de Gypse dit de transition.

Dépôts Normaux produits en place par refroidissement.
2e Système — Roches de Quarz ou Quarzites (Quarzels) — Euphotide dite primitive.
Schiste argileux dit primitif — Diabase schisteuse (Grünstein-Schiefer)
Ce second système primitif se lie plus ou moins avec le plus ancien système des terrains secondaires inférieurs.

1er Système Protogyne — Schiste micacé — Gneis — Granite — Gneis enveloppant des noyaux ou des masses de granite. C'est là où s'arrête la partie connue de l'écorce solide du globe, dont ce système compose presque la totalité.

Formation terrestre postérieure à la retraite des mers.

TERRAINS ANORMAUX.
TERRAINS NORMAUX.

Terrains tertiaires postérieurs à la retraite des mers et postérieurs à la séparation de l'océan des mers intérieures.
Terrains secondaires supérieurs.
Terrains secondaires moyens.
Terrains secondaires inférieurs dits de transition.
Terrains dits de transition ou primitifs.

Imp. Lith. de J. Arquier et Cie à Montpellier.

TABLEAU DES PÉRIODES D'ANIMALISATION ET DE VÉGÉTATION.

Tracé d'après l'ordre des formations géologiques.

Dépôts produits dans la période géologique actuelle —

Période d'animalisation	Période à Végétation
[illegible]	[illegible]

1° Dépôts de sédiment paraissant antérieurs à l'époque géologique actuelle.

Dépôts de sédiment produits après la retraite des mers

Dépôts d'alluvion	Dépôts d'alluvion
[illegible]	[illegible]

Dépôts lacustres et fluviatiles	Dépôts lacustres et fluviatiles
[illegible]	[illegible]

Dépôts de sédiment produits avant la retraite des mers et postérieurement à la séparation de l'océan des mers intérieures —

Dépôts Marins A Bassins Océaniques	Dépôts Marins B Bassins Méditerranéens	Dépôts marins supérieurs A Bassins océaniques	Dépôts marins supérieurs B Bassins Méditerranéens
[illegible]	[illegible]	[illegible]	[illegible]
Dépôts fluviatiles moyens	Dépôts fluviatiles moyens	Dépôts fluviatiles moyens	Dépôts fluviatiles moyens
[illegible]	[illegible]	[illegible]	[illegible]
Dépôts marins inférieurs		Dépôts marins inférieurs	
[illegible]		[illegible]	
Dépôts fluviatiles inférieurs		Dépôts fluviatiles inférieurs	
[illegible]		[illegible]	

SECONDE PÉRIODE D'ANIMALISATION.
PREMIÈRE PÉRIODE D'ANIMALISATION.

Craie Blanche	**Craie Blanche**
[illegible] … Reteporas. Astreunites — [illegible] Ostrea vesicularis, serrata. Terebratula defrancii plicatilis. — Various … Spatangus … Calfilus, Cuvieri. Ananchites ovata, pustulosa. Galerites vulgaris … Nucleolites … Millepores.	[illegible] … les Fucoïdes.
Craie Tufau et Craie chloritée	**Craie Tufau et Craie chloritée**
[illegible] … Terebratula … Ostrea … [illegible]	[illegible] … une Fucoïde … Fucus … Cystidées … Equisetes … [illegible]
Sables verts et ferrugineux	**Sables verts et ferrugineux**
[illegible] … Cidaris, Spatangus.	[illegible] … Cryptistes … Monocotes.
Dépôts jurassiques	**Dépôts jurassiques**
[illegible] … Megalosaurus … Ichthyosaurus … Plesiosaurus … Belemnites … Terebratula, Trigonia, Nautilus, Modiola, Ostracites … Pentacrinites … Plagiostoma … Gryphea … arcuata.	[illegible] … des Fucoïdes … Calamites … Fougères, Equisetes, Cycadées … Dolythia, Cupressites … Zamia … [illegible]
Grès Blanc (Quader-Sandstein)	**Grès Blanc (Quader-Sandstein)**
[illegible] … Muschel-Kalck … Aptychus, Belemnites … Nautilus … Ceritos.	[illegible] … Myllites … [illegible]
Calcaire conchylien (Muschel-Kalck)	**Calcaire conchylien (Muschel-Kalck)**
[illegible] … Ammonites, Nautilus, Terebratula, Gryphea, Myllites … Encrinites vulgaris, Pectinites filiformis … Entroques …	[illegible] … Pterophytes … Mantellia … des Fucoïdes.
Grès Bigarré (Bunter Sand Stein)	**Grès Bigarré (Bunter Sand Stein)**
[illegible] … Encrinites … Myllites ceratophylite spinatus.	[illegible] … Calamites … Pterophytes … Confervafianites … Cryphylium, Palæonia … Echinolachis … Dolytia, Cupressites … Fucoïdes.
Calcaire alpin et schiste cuivreux. Zech-stein.	**Calcaire alpin et schiste cuivreux. Zech-stein.**
[illegible] … Gryphea aculeata, Terebratula alata, lacunosa, trigonella, Ammonites … Nautilus … Pectinites … Calamites, Gryphites gigas, aculeata, arcuata, Myllites vestalis … Caryophyllia … Catipher … [illegible]	[illegible] … des Fucoïdes, ou des Myllites, ou des Vestalites.
Dépôts houillers anciens	**Dépôts houillers anciens**
Des poissons.	[illegible] … Calamites … Lepidodendron … Sigillaria … Equisetacées … Stigmaria … Fougères … [illegible]
Dépôts secondaires inférieurs ou terrains de transition	**Dépôts secondaires inférieurs ou terrains de transition**
Des poissons … les Trilobites … Calamene … spinulosus, Calmene, macrophtalma, Gorgona, Acaphes de Buckla, Caudatus, Asaphus, Cornelius … Terebratula, Orenisphales … Madrepores.	[illegible] … aux Fucoïdes.
Dépôts primordiaux ou terrains primitifs	**Dépôts primordiaux ou terrains primitifs**
[illegible] … de diet et de animaux.	[illegible] … de diet et de végétaux.

LIVRE PREMIER.

DES DIVERSES FORMATIONS GÉOLOGIQUES, COMPARÉES AUX DIFFÉRENTES PÉRIODES D'ANIMALISATION ET DE VÉGÉTATION.

CHAPITRE PREMIER.

DES DIVERS MATÉRIAUX SOLIDES QUI COMPOSENT LA PARTIE CONNUE DE L'ÉCORCE DE LA TERRE.

Les tableaux des formations géologiques, et des périodes d'animalisation et de végétation que nous venons de tracer, pouvant ne pas être complétement saisis, il est essentiel d'entrer dans quelques détails sur la manière dont semblent avoir été produits les matériaux solides qui composent la partie connue de l'écorce de notre planète.

Ces matériaux solides ont été formés : les uns, par refroidissement ou par suite de l'abaissement de la température de la terre ; et les autres, par précipitation, après avoir été tenus en suspension dans un liquide. Les premiers, les plus anciennement produits, considérés par nous comme les *seuls terrains* ou *dépôts normaux*, sont connus généralement sous le nom de *terrains primordiaux* ou *primitifs*, parce qu'en effet ils paraissent antérieurs à l'existence des corps vivans. Les seconds, ou les *terrains anormaux*, plus ou moins dérangés dans leur position première, ont été précipités après une suspension dans un liquide et par voie de sédiment ; de là le nom de *terrains de sédimens* qui a été donné à la plupart d'entr'eux. Si nous n'avons pas conservé aux couches les plus inférieures de cet ordre de dépôts, le nom particulier de *terrain de transition*, c'est parce que certaines de ces couches ont été produites de la même manière que les autres formations sédimentaires, et que les autres ne sont plus dans leur position normale. En effet, les roches cristallines des plus anciens dépôts anormaux qui recouvrent ou sont intercalés entre des couches à fossiles, semblent avoir été poussées au dehors lors de la solidification des terrains normaux, et par conséquent ne plus être dans la position qu'elles auraient occupée, si elles s'étaient refroidies en place. Dèslors elles doivent être comprises parmi les dépôts anormaux, d'autant qu'elles recouvrent des dépôts de sédiment qui offrent des débris de corps organisés, fait qui annonce que leur solidification a eu lieu postérieurement à l'existence des corps vivans.

Un motif non moins puissant nous a porté à ne

point conserver cette dénomination de terrains de transition, c'est l'embarras que l'on éprouve lorsqu'on veut assigner à ces terrains des caractères distinctifs : en adoptant, au contraire, pour les désigner, la dénomination de terrains secondaires inférieurs, on saisit de suite qu'ils forment la couche la plus ancienne des dépôts de sédiment, et qu'ils sont postérieurs à l'existence des corps vivans.

Les dépôts de sédiment, entre les couches desquels se trouvent parfois des roches cristallines, par suite des causes que nous avons indiquées, sont d'autant plus anciens, qu'ils se trouvent placés plus bas, les uns par rapport aux autres ; en sorte que leur ordre de superposition détermine assez bien leur âge relatif. Il en est tout le contraire des terrains normaux formés par refroidissement : les couches de ces terrains, les plus voisines de la surface, sont les plus anciennes, leur consolidation s'étant opérée de l'extérieur à l'intérieur.

Les terrains normaux ou primordiaux continuent à se produire, mais avec une extrême lenteur, par suite de l'abaissement progressif de la chaleur intérieure du globe. Quoique leur puissance ne soit pas fort considérable relativement au diamètre de la terre, ils sont cependant les seuls dont l'épaisseur s'étende à plusieurs lieues au-dessous du niveau des mers, et dont les masses les plus anciennes soient également parvenues à plus d'une lieue au-dessus de ce même niveau. Le restant des matériaux solides qui forment la croûte extérieure du globe, n'y compose qu'une pellicule incomplète et superficielle, nommée sol secondaire et tertiaire, pellicule disposée en revêtement sur le massif des terrains normaux.

Les dépôts primordiaux, généralement cristallins, offrent si peu de tranches de séparation, qu'il est difficile d'y établir plusieurs systêmes. Ce n'est aussi qu'en nous appuyant des observations de M. Hausmann que nous en avons admis deux principaux, dont le plus ancien se compose principalement de roches talqueuses, ainsi que de gneis et de granite. Ces dépôts ne sont compliqués que sous le rapport du nombre des espèces minérales qu'ils renferment. Cet excédant d'espèces semble remplacer pour eux les débris des corps organisés, d'autant plus abondans dans les terrains de sédiment, que ces terrains ont une date plus récente. La nature brute et la nature animée sont donc toujours en opposition, puisque le nombre des espèces inorganiques est d'autant plus considérable, que celui des espèces vivantes et détruites l'est moins; ce qui revient à dire, que les terrains normaux, dépourvus de débris et de corps organisés, offrent un plus grand nombre d'espèces minérales que les terrains de sédiment ou anormaux, où abondent, au contraire, des débris de la vie.

Les terrains anormaux, quoique très-superficiels, sont cependant les plus difficiles à classer avec netteté, à raison de leur complication, de leurs couches multipliées, de la nature diverse de leurs dépôts, et enfin à cause du grand nombre et de la diversité des corps organisés qu'ils recèlent. On peut cependant les diviser d'une manière assez naturelle, en les distinguant entr'eux, suivant qu'ils ont été déposés avant la séparation de l'Océan, des mers intérieures, ou après cette séparation.

Les premiers, plus anciens, comprennent la série des couches précipitées, depuis la craie inclusivement jusqu'aux roches cristallines, intercalées entre des couches sédimentaires à fossiles, c'est-à-dire, qu'ils embrassent les terrains secondaires et ceux dits de transition. Les seconds, ou les plus récens, réunissent l'entière série tertiaire, depuis l'argile plastique jusqu'aux formations lacustres (terrains d'eau douce supérieurs) produites après la retraite des mers de dessus nos continens, sorte de formation qui se continue encore de nos jours.

Les terrains anormaux de sédiment précipités avant la séparation de l'Océan, des mers intérieures, semblent composer trois systèmes principaux, que nous avons désignés sous les noms de *terrains secondaires supérieurs, moyens* et *inférieurs.*

Le troisième, ou le plus supérieur, est essentiellement formé par différentes espèces de craie liée en quelque sorte à des sables endurcis, de nuances diverses, qui surmontent des roches calcaires, auxquelles s'associent des bancs puissans de grès, le *quadersandstein* et le *grès bigarré.*

Le second, ou le dépôt houiller par excellence, est essentiellement caractérisé par les grès rouges et houillers, ainsi que par des porphyres liés avec le charbon de pierre. Des roches calcaires se montrent encore dans ce système; mais la magnésie, qui leur est assez souvent associée, leur donne des caractères particuliers, qui permettent de les distinguer des roches du même genre dont elles sont surmontées.

Enfin le premier système, ou le plus inférieur, se compose de roches cristallines associées ou intercalées entre des roches de sédiment qui présentent un petit nombre de débris de corps organisés.

Ces roches ne se trouvent au-dessus des couches qui renferment des corps organisés, que parce qu'elles ont été lancées et expulsées au dehors, à travers les fissures existantes dans les terrains secondaires. Ces granites, ces gneis, ces mica-schistes, dits de transition, ont été liquides comme ceux qui se trouvent dans leur position normale, et leur solidification a été également produite par refroidissement. Ils sont seulement d'une date plus récente que les roches normales qui composent la première partie solidifiée de la croûte du globe. Ces roches cristallines, ainsi déplacées par une sorte d'éjection, ne sont donc que des espèces d'accidens; comme elles ne sont point généralement répandues, on ne peut les séparer des roches sédimentaires entre lesquelles elles sont intercalées et comme associées. Elles ne peuvent donc constituer un ordre de terrain particulier.

Ce premier système anormal se compose encore de roches calcaires et de grès, dont les nuances plus sombres, l'aspect plus cristallin et les corps organisés qu'ils recèlent, font aisément reconnaître l'origine. C'est à ce système que l'on a donné particulièrement le nom de *terrains de transition* ou *intermédiaires*, afin d'indiquer que c'est à partir de ce dépôt que la vie a commencé à s'établir sur la terre, et que ces terrains ont été en quelque sorte le point de passage ou d'intermédiaire, entre ceux qui ne renferment pas de traces de débris de corps organisés et les dépôts où ces débris abondent.

Quant aux terrains anormaux tertiaires, leur division est plus naturelle encore, certains s'étant déposés postérieurement à la retraite des mers de dessus nos continens (ce sont les plus récens), et les autres antérieurement à cette retraite.

Ces derniers se composent, à partir du niveau le plus supérieur : 1.º de dépôts marins nommés deuxième terrain marin ou terrain marin supérieur; 2.º de dépôts fluviatiles, désignés sous le nom de deuxième terrain d'eau douce, ou terrain d'eau douce moyen ; 3.º d'autres dépôts marins ou premier terrain marin, dit également terrain marin inférieur; 4.º d'un autre dépôt fluviatile, considéré comme le premier terrain d'eau douce, ou l'inférieur.

Mais comme les terrains tertiaires n'ont point été déposés par des causes aussi générales que celles qui ont produit les terrains secondaires, et que d'ailleurs ils ont été précipités postérieurement à la séparation de l'Océan, des mers intérieures, leurs dépôts sont plus simples dans les bassins dépendans de ces mers intérieures, que dans ceux qui dépendent de l'Océan.

En effet, ainsi que l'on pourra en juger d'après nos tableaux, les terrains tertiaires ne sont composés que de deux ordres de dépôts dans les bassins méditerranéens, tandis qu'il y en a jusqu'à quatre dans les bassins océaniques. Si donc, d'un côté, l'examen des plus anciens dépôts de sédiment nous annonce que la terre, dont les trois quarts de la surface actuelle est occupée par les mers, l'était bien plus à cette époque, où la surface découverte de la terre ne formait que des îles ou archipels épars au milieu d'une vaste mer sans grands continens; de l'autre, l'on voit que dès que la craie a été déposée, les mers se sont séparées; de grands continens sont sortis du sein des eaux, par suite de cette retraite de l'Océan, et les mammifères terrestres ont pu vivre sur un sol naguère occupé par d'énormes reptiles ou des mammifères marins, non moins remarquables par leurs dimensions.

Cette séparation des mers, annoncée par la diversité que présentent les terrains tertiaires dans les bassins dépendans de l'Océan, de ceux liés aux mers intérieures, a été accompagnée par une modification dans les climats; la température de la terre n'étant plus aussi élevée, ni répandue aussi uniformément sur la surface du globe, que pendant le dépôt des terrains secondaires. Aussi, comme les climats ont commencé de plus en plus à s'établir, les animaux, comme les végétaux, ne présentent plus à cette époque le caractère d'uniformité qu'ils ont eu dans la plus ancienne période des dépôts secondaires.

Quant aux terrains tertiaires stratifiés, produits après la retraite des mers, ils sont des plus simples; bornés à des dépôts lacustres, opérés dans le sein des anciens lacs, ils sont très-rapprochés et comme liés à l'époque actuelle. Aussi, les corps organisés qu'ils recèlent sont-ils à peu près les mêmes que les nôtres, les dépôts calcaires et marneux qui les composent se continuant encore de nos jours.

Outre ces dépôts, formés les uns de masses cristallines, presque sans indice de séparation (les terrains normaux), ou de couches ou tranches distinctes et séparées (les terrains anormaux secondaires et tertiaires), la terre offre encore des matériaux déplacés, présentant plus ou moins de traces d'une violente trituration ou d'un frottement produit par un transport long et prolongé, matériaux que l'on a nommés indifféremment *terrains de transport, d'alluvion* ou *d'attérissement.* Ces matériaux, disséminés au milieu des autres terrains dans diverses époques, sont, les uns, réunis par un ciment, et les autres, disposés en fragmens isolés ou en cailloux roulés dans un limon qui ne s'est point solidifié. Ils ont donc éprouvé différentes modifications lors de leurs dépôts, dépôts qui n'ont point eu lieu à une seule et même époque.

Ces matériaux déplacés et charriés à une distance plus ou moins grande des lieux où gissaient les roches dont ils proviennent, ont été quelquefois recouverts, et ce sont les plus anciens, par des couches régulières, formées par voie de sédiment; c'est à ces seuls dépôts de transport que nous conserverons le nom de *terrains de transport*, tandis que les autres, produits dans l'ancienne période alluviale, qui ne sont surmontés par aucune couche régulière, ni par aucune sorte de dépôt stratifié, si ce n'est ceux qui ont pu se produire depuis les temps historiques, nous les désignerons sous le nom de *terrains d'alluvion*, réservant la dénomination de *terrains d'attérissement* pour ceux qui ont été déplacés pendant la période alluviale actuelle.

Enfin, il existe sur la terre des terrains purement accidentels, produits par les volcans; ce sont les *terrains pyrogènes ou pyroïdes* Ceux-ci, comme les formations alluviales, appartiennent à des époques très-diverses, quoique peut-être il n'y ait point de volcans qui aient complétement cessé leurs éruptions, antérieurement au dépôt des terrains

tertiaires ; la cessation des éruptions volcaniques
étant en quelque sorte liée à la retraite des mers,
ou plutôt à la séparation de l'Océan des mers
intérieures, aussi-bien qu'à l'abaissement de la
température de la terre, qui, en définitive, tend
à augmenter la partie solide de son écorce. Ce qu'il
y a de certain, c'est que des volcans, aujourd'hui
tout-à-fait éteints, n'ont cessé leur action qu'après
le dépôt non-seulement des terrains d'eau douce
moyens, mais encore des terrains marins supérieurs. Ainsi les volcans, comme les autres causes
perturbatrices, ont cessé tout-à-fait, ou ont ralenti
de plus en plus leur activité dans la période la
plus rapprochée de l'époque actuelle; comme leur
nombre semble diminuer dans les temps présens,
peut-être par suite de la solidification toujours
croissante de l'écorce du globe.

CHAPITRE II.

DES PÉRIODES D'ANIMALISATION.

Ces faits établis, il ne nous reste plus, pour donner à
nos tableaux toute l'utilité dont ils sont susceptibles,
qu'à faire saisir le rapport qui existe entre les différentes formations, et les débris des corps organisés
qu'elles recèlent.

En observant les débris des corps organisés, enfouis dans les couches du globe, on reconnaît facilement qu'ils y sont déposés par générations successives, les êtres les plus simples en organisation y étant ensevelis dans les couches les plus anciennes, et les plus compliqués dans les plus récentes.

On reconnaît encore que les débris d'un même ordre de dépôt ou d'une même formation, et à plus forte raison d'une même couche, ont entr'eux une somme particulière de ressemblance, et avec les dépôts supérieurs ou inférieurs, ou les autres formations, une somme générale de différence.

Cette dernière somme devient d'autant plus forte, ou les différences sont d'autant plus grandes, que les dépôts sont plus distincts ou plus éloignés dans le sens vertical.

Ainsi, les corps organisés qui ont successivement habité la terre, sont d'autant plus différens, à quelques exceptions près, de ceux vivans actuellement, que leurs débris se trouvent enfouis dans les couches les plus profondes, ou qu'ils ont vécu dans des temps plus éloignés de l'époque actuelle. Nous disons à quelques exceptions près; car les dépôts les plus récens offrent un certain nombre de genres perdus, confondus et disséminés avec des espèces semblables à nos races actuelles, et des genres perdus qui n'ont même aucun rapport avec les animaux de notre époque ; tels sont les *Megatherium*, les

Megalonyx, cet énorme *Pangolin*, de près de vingt-quatre pieds de longueur, découvert dans les sables des bords du Rhin, et tant d'autres que nous pourrions citer.

Mais ces genres perdus ne sont peut-être pas plus différens des nôtres, que ne le sont certaines des espèces qui habitent les continens les plus récens, avec celles qui existent dans les continens consi-dérés comme les plus anciens ou les premiers soli-difiés ; car la plus grande somme de différence paraît se rencontrer entre les espèces qui appar-tiennent à des continens des dates les plus opposées. Par suite de cette loi qui semble générale, un cer-tain nombre des genres de la Nouvelle-Hollande n'ont, non-seulement aucun représentant parmi ceux répandus dans l'ancien continent, mais ils s'en éloignent tout autant, si ce n'est davantage, que les genres fossiles les plus disparates s'éloignent de ceux qui appartiennent à la création actuelle.

Les être organisés s'étant succédé selon certaines lois, dont la plus certaine et la plus claire est celle d'avoir paru d'autant plus tard que leur organisa-tion était plus compliquée, ont donc également varié comme la nature des couches qui les recèlent ; dès-lors on peut distinguer dans les terrains à fos-siles, des périodes d'animalisation et de végétation, ou des dépôts d'animaux et de végétaux, dont l'ensemble diffère à des époques déterminées par leur organisation et leurs habitudes.

En étudiant les animaux fossiles dans l'ordre de leur création ou de leur distribution, qui indique leur formation successive, on croit reconnaître trois grandes périodes, pendant chacune desquelles les espèces ont été d'autant plus limitées dans leur organisation, qu'elles se rapportent à la plus ancienne de ces périodes.

La première, ou la plus ancienne, comprend l'espace de temps qui s'est écoulé depuis la précipitation des terrains secondaires inférieurs jusqu'au dépôt des terrains secondaires moyens.

Elle est presque uniquement caractérisée par des animaux invertébrés, dont les espèces sont d'autant plus différentes des nôtres, qu'elles appartiennent à des couches plus anciennes. Peut-être dès cette époque les vertébrés ont-ils commencé à paraître ; du moins a-t-on signalé des os et des squelettes de poissons, dans ces terrains nommés avant nous terrains de transition ; mais il s'en faut de beaucoup que l'on découvre sitôt des restes d'animaux vertébrés, vivant sur les terres sèches et respirant l'air en nature. Les insectes sont les seuls animaux de cette période qui, pour exister, ont eu besoin de continens mis à nu et de terres hors du sein des eaux ; car les mollusques, les crustacés et les zoophytes qui les accompagnent paraissent avoir vécu dans le sein des eaux.

La seconde période, qui comprend l'entière série des terrains secondaires, moyens et supérieurs, est

spécialement signalée par un grand nombre de
quadrupèdes ovipares qui ont pris tout leur développement dans l'étage le plus élevé de ces terrains,
c'est-à-dire, dans le dépôt jurassique. Le premier
des quadrupèdes ovipares, enseveli pendant cette
période, avec les schistes cuivreux bitumineux, est
un reptile de la famille des lézards, qui, comme les
grands monitors de la zone torride, paraît avoir
vécu dans l'eau douce: ce genre de station annonce
assez qu'il existait, à l'époque de son apparition,
des continens hors du sein des mers.

Plus tard, mais toujours dans la même période,
d'autres reptiles encore plus étranges, et de genres
tout-à-fait inconnus dans la nature vivante, ayant,
du moins certains, des dimensions très-considéra-
bles, ont paru sur la scène de l'ancien monde; tels
sont les *ichctyosaurus*, les *plesiosaurus*, les *megalosaurus*, les *pterodactyles*, des formations oolitiques
qu'ont accompagnés des crocodiles et des tortues
d'eau douce, et peut-être, mais pour la première fois,
quelques petits mammifères terrestres. Cette période, caractérisée par d'innombrables quadrupèdes
ovipares de toutes les tailles et de toutes les formes,
ne l'est pas moins par deux genres perdus de mollusques, les ammonites et les belemnites: genres
d'autant plus remarquables, qu'ayant persisté depuis les plus anciennes formations de ces terrains
jusqu'à la craie, couche la plus moderne des terrains
secondaires supérieurs, il n'en existe cependant plus

de traces dans les terrains tertiaires, immédiatement placés sur la craie.

La troisième période, la plus récente des trois, liée en quelque sorte à l'époque actuelle, abonde en débris de corps organisés, surtout dans les couches les plus supérieures; c'est dans cette période que se montrent, pour la première fois, en grand nombre, les mammifères terrestres, que des mammifères marins avaient déjà précédés. Ainsi, les causes de destruction des espèces qui ont jadis existé sur la terre, devenaient de moins en moins générales, puisque ces mammifères terrestres ont été détruits plus tard dans les bassins dépendans des mers intérieures, que dans ceux qui dépendent de l'Océan; d'où l'on peut raisonnablement conclure, que les mers intérieures doivent être rentrées dans leurs bassins actuels, à une époque plus rapprochée de la nôtre, que l'Océan; ce que confirment, du reste, les monumens historiques, et que la retraite des mers a été, en partie, la cause de la destruction de tant de races éteintes.

En effet, une fois que la retraite des mers a été opérée, les grands animaux, tels que les mammifères terrestres, n'ont plus été détruits que par des inondations plus ou moins considérables. On n'en voit plus de traces au milieu des couches stratifiées, mais uniquement dans les terrains d'alluvion, où leurs débris sont aussi nombreux que diversifiés.

Les animaux détruits pendant cette période, présentent, avec nos espèces actuelles, beaucoup plus
de différences (mais uniquement ceux dont l'organisation est la plus compliquée), que les végétaux
de cette même période n'en offrent avec ceux qui
couvrent maintenant la surface du globe. Cette
circonstance remarquable tient peut-être à ce que
les végétaux dont l'organisation est la plus compliquée, ont cependant des conditions d'existence
moins impérieuses à remplir, que les animaux qui
appartiennent à l'ordre le plus élevé. En effet, si
les dicotylédons ne paraissent point aux premières
époques où la végétation a commencé à s'établir
sur la terre, d'autres végétaux de dimensions remarquables, et dont certains appartiennent déjà
à une organisation assez avancée, y ont pourtant
prospéré et s'y sont maintenus, quoique les seuls
animaux invertébrés et à peine quelques poissons
aient pu soutenir la température élevée, que le
globe avait à la même époque.

Ainsi, dès la première apparition de la végétation sur la terre, les végétaux à respiration aérienne,
ou les plantes terrestres, ont pris un grand développement, tandis qu'à peine voit-on à la même époque
quelques traces d'animaux à respiration aérienne,
de l'organisation la plus simple, c'est-à-dire, des
insectes ; et encore y a - t - il du doute sur leur
gissement.

Dans la période la plus rapprochée de nous, le

nombre des végétaux qui n'ont point les mêmes caractères de simplicité, s'est de plus en plus étendu, et à tel point que, dès leur apparition, les dicotylédons ont été de beaucoup les plus nombreux, ayant acquis de suite une prédominance numérique sur les autres classes. Mais lorsqu'il existait, antérieurement à cette époque, des végétaux dont l'organisation est assez compliquée, tels que les phanérogames gymnospermes et les cycadées, les mammifères terrestres, ou les animaux dont l'organisation est la plus perfectionnée, ont à peine paru sur la scène de l'ancien monde, puisqu'on n'en a découvert qu'un seul genre et dans une seule localité. Cependant, comme les doutes les plus graves ont été élevés sur la véritable position de ce genre unique de mammifère terrestre, il est possible qu'il n'y ait point là d'exception à la tardive apparition des quadrupèdes à respiration aérienne.

Enfin, dans la dernière période la plus voisine de l'époque actuelle, les mammifères terrestres n'ont encore paru que fort tard, puisqu'il faut en chercher les premiers restes dans les formations fluviatiles des bassins océaniques, ou dans les couches les plus supérieures du calcaire moellon et des sables marins superposés le plus généralement à ce calcaire dans les bassins méditerranéens.

C'est seulement à partir de ces sables, que les débris des mammifères terrestres deviennent abondans dans les bassins méditerranéens; mais auparavant les végétaux dicotylédons y étaient en grand nombre, et la végétation présentait, dans son ensemble, les caractères de la végétation actuelle. En effet, comme celle qui couvre aujourd'hui la surface de la terre, elle se composait de végétaux très-nombreux, très-variés, analogues, quant aux familles et aux genres, à ceux qui existent ancore actuellement. Les mêmes circonstances ne se sont cependant reproduites, relativement aux mammifères terrestres, que beaucoup plus tard, c'est-à-dire, lors du dépôt des terrains d'alluvion, quoique les autres débris qui se rapportent, soit aux mammifères marins, soit aux animaux invertébrés, eussent bien antérieurement des caractères d'analogie et de ressemblance avec ceux que présentent nos espèces et nos races actuelles.

Les mammifères terrestres n'ayant donc paru avec abondance dans les bassins océaniques, que lors du dépôt des formations fluviatiles et d'alluvion, ou dans les sables marins et les terrains d'alluvion des bassins méditerranéens, touchent de bien près à l'époque actuelle. Ils en sont si rapprochés, que certains genres de cette classe paraissent avoir disparu de dessus la surface du globe, depuis les temps historiques, c'est-à-dire, depuis le moment où l'homme a paru sur la terre. Quoi qu'il en soit, cette période est la seule où les animaux vertébrés présentent un certain nombre d'espèces analogues ou même semblables aux nôtres , nombre d'autant plus considérable, que les débris de ces animaux sont ensevelis dans des couches plus récemment déposées.

En résumé, dans la première période, les animaux invertébrés sont singulièrement en excès sur les vertébrés , réduits à quelques vestiges de poissons ; il en est de même des espèces aquatiques , relativement aux terrestres bornées, à quelques insectes , les seuls animaux à respiration aérienne qui aient paru à cette époque. La seconde de ces périodes présente un plus grand nombre de vertébrés , mais principalement des reptiles aquatiques avec quelques espèces terrestres. Ainsi , à l'exception de ces derniers animaux à respiration aérienne et à sang froid , un genre de mammifère terrestre et quelques insectes sont les seuls êtres de cette période qui aient eu besoin de terres sèches pour exister.

Enfin , dans la dernière période, la plus récente des trois, les mammifères terrestres, avec les mollusques et les insectes qui vivent sur les terrains mis à nu , sont en proportion d'autant plus considérables, relativement aux espèces qui ont vécu dans le sein des eaux , que leurs débris se trouvent dans des couches plus récentes. En moindre nombre , dans les formations moyennes des terrains tertiaires , où ils ont seulement commencé à paraître , les mammifères terrestres deviennent ensuite , non-seulement en excès sur les espèces marines du même ordre d'animaux , mais ils finissent par composer, presque à eux seuls , la plus grande partie de la population qui a péri lors de la dispersion des terrains d'alluvion qui couronnent et terminent la série des dépôts tertiaires.

CHAPITRE III.

DES PÉRIODES DE VÉGÉTATION.

La végétation ne s'est pas établie non plus sur la terre, d'une manière instantanée ; elle a eu également ses périodes, qui coïncident assez bien avec celles que nous avons reconnues pour la création des animaux , en sorte que la nature a toujours procédé du simple au composé. En effet, la végétation antidiluvienne semble comprendre trois grandes périodes, que l'on ne doit, du reste, considérer que comme des abstractions, quoiqu'on puisse les comparer à ce qu'on a nommé région en géographie botanique.

Dans la première période ou la plus ancienne, les végétaux sont singulièrement en excès sur les animaux. Comme ceux-ci, ils présentent au plus haut degré les caractères de simplicité, dont la nature ne s'est point écartée à l'époque de la première apparition de la vie sur la terre. Les végétaux de cette période, dont les restes ont formé les couches de houille, sont tous remarquables, par leur peu de variété, par la simplicité de leur organisation, et par la grandeur de leurs dimensions.

Ces végétaux semblent se rapporter à deux classes principales du règne végétal; aux cryptogames vasculaires, tels que les fougères, les prêles, les lycopodes, et aux monocotylédones, qui n'y offrent, du reste, qu'un petit nombre de plantes, que l'on peut rapprocher des palmiers et des liliacées arborescentes. Les végétaux, que l'on peut classer dans ces différentes familles, diffèrent, pour la plupart, des espèces, et même souvent des genres actuellement existans par plusieurs points de leur organisation, et surtout par leur taille gigantesque. Quant aux caractères essentiels de cette première végétation, ils paraissent être dans la prédominance numérique des cryptogames vasculaires et le grand développement de ces végétaux.

Les végétaux de cette première période, qui embrasse nos terrains secondaires inférieurs et moyens, offrent tous un développement, une grandeur, une force de végétation bien supérieure à ceux qu'ils acquièrent dans nos climats, et même à ceux dont jouissent ces mêmes familles dans les régions équatoriales; circonstances qui, réunies, annoncent que les végétaux des terrains houillers ont dû croître sous un climat à la fois beaucoup plus chaud et plus humide que les régions équinoxiales de l'ancien et du nouveau continent. Ainsi, tout s'accorde pour nous dire, que la température de la surface de la terre a été autrefois plus élevée qu'elle ne l'est aujourd'hui.

La seconde période de végétation, qui comprend l'entière série de nos terrains secondaires supérieurs, dont la craie fait partie, est encore signalée par un assez grand nombre de cryptogames vasculaires. D'abord, en égalité numérique avec les phanérogames gymnospermes, représentées par les conifères et les monocotylédones, dans les couches les plus anciennes de ces terrains, telles que les grès bigarrés, on voit peu à peu les premières familles devenir plus nombreuses et s'étendre davantage, surtout les cycadées, tandis que les cryptogames vasculaires diminuent de plus en plus, ainsi que les monocotylédones. C'est surtout dans les couches supérieures au calcaire conchylien (*muschelkalk*) que ce changement dans la végétation est le plus sensible. Cette période végétale diffère essentiellement de la première, en ce que les cryptogames vasculaires diminuent de plus en plus, à mesure que les couches où elles sont ensevelies s'éloignent davantage des terrains secondaires inférieurs, et, enfin, parce que ces végétaux n'y ont jamais acquis un aussi grand développement, que dans la période où ils ont composé presque à eux seuls la plus grande partie de la végétation.

M. Adolphe Brongniart, qui s'est occupé avec tant de succès de la botanique anti-diluvienne, a fait paraître, pendant la publication de notre travail, un mémoire du plus haut intérêt, sur la nature de la végétation qui couvrait la surface de la terre aux diverses époques de la formation de son écorce. Dans ce mémoire, il considère la végétation de l'ancien monde, comme composant quatre périodes distinctes; tandis que, dans ce travail, la seconde et la troisième période étant réunies en une seule, nous nous sommes bornés à la circonscrire en trois, et non en quatre périodes. Nous avons adopté cette marche, non dans la pensée d'avoir mieux fait ; mais uniquement pour que les élèves de notre académie, auxquels cet ouvrage est spécialement destiné, y retrouvent les divisions que nous avions adoptées dans les cours des années précédentes (1).

Du reste, la flore de la seconde et de la troisième période, admise par M. Adolphe Brongniart, ne diffèrent guère entr'elles que par la présence des cycadées, qui commencent à paraître pour la première fois dans les dépôts secondaires supérieurs au

---

(1) L'important travail de M. Adolphe Brongniart, inséré dans les Annales des Sciences naturelles, tom. 15, cahier de novembre 1828, ne nous est, du reste, parvenu qu'à la fin de janvier 1829, époque à laquelle notre travail était déjà à l'impression.

calcaire conchylien (*muschelkalk*), et qui ne paraissent point exister dans les couches du grès bigarré, formation qui constitue à elle seule la seconde période de végétation du savant auteur que nous venons de citer. Quant aux soixante-dix plantes que l'on découvre dans les terrains déposés, depuis le grès bigarré jusqu'à la craie inclusivement, elles n'appartiennent encore, comme celles de la seconde période de M. Brongniart, qu'à trois des grandes classes du règne végétal, et de plus elles sont les mêmes dans l'une et l'autre période de cet habile botaniste.

Ces motifs sont peut-être suffisans pour réunir ces deux périodes en une seule, d'autant plus qu'elles coïncident mieux avec la distribution des formations que nous avons adoptées. On observera peut-être que, si les classes restent les mêmes dans ces deux périodes, il n'en est pas de même des espèces, des genres et des familles qui sont différentes. Ainsi, les cycadées paraissent pour la première fois dans les couches supérieures au calcaire conchylien (*muschelkalk*), et persistent à quelques modifications près dans leurs formes jusqu'à la craie, en sorte qu'elles donnent à cette végétation un caractère particulier.

Il semble cependant, malgré ces faits, que lorsqu'on classe la végétation ou la population de l'ancien monde, de manière à les grouper, non par des caractères de détail, mais par des caractères pris dans l'ordre le plus élevé, c'est-à-dire, les classes, on doit s'attacher à ceux fournis par l'ensemble de la végétation et de la population, et ne point avoir égard à ceux tirés des familles, des genres, et encore moins des espèces; car autrement il faudrait faire autant de groupes qu'il y a de formations, et même de couches, du moins pour les animaux, dont les espèces les plus compliquées, sous le rapport de leur organisation, ont paru si tard, tout en se développant dès leur apparition avec une activité remarquable. Ainsi, comme les classes des végétaux restent les mêmes dans la deuxième et troisième période, admises par M. Brongniart, nous avons cru pouvoir, comme dans nos cours, réunir ces deux périodes en une seule. Du reste, les dicotylédones y sont extrêmement rares, si toutefois elles existent avant la plus récente des périodes de végétation.

La troisième période, la plus rapprochée de l'époque actuelle, comprend l'entière série des terrains tertiaires, c'est-à-dire, de ceux qui ont été déposés après la craie, et que l'on a nommés également terrains de sédiment supérieur. Cette période est essentiellement caractérisée par la présence des dicotylédons, qui, dès leur apparition, acquièrent sur les autres végétaux une prédominance numérique remarquable. La proportion des diverses classes de végétaux paraît y avoir été à peu près la même que sur la surface actuelle du globe. Or, comme les plantes de cette époque diffèrent peu de celles qui croissent dans les lieux où on les découvre à l'état fossile, cette végétation n'annonce point, comme les espèces animales qui les accompagnent, que les climats fussent alors fort différens des nôtres.

Cette analogie, entre la végétation détruite et la végétation actuelle, est surtout frappante, lorsqu'on observe les restes de la première, dans les couches les plus récentes des formations tertiaires. Il en est à peu près de même dans les couches inférieures, où, à l'exception de quelques familles propres actuellement aux pays chauds, tout est conforme à notre végétation.

Du reste, abstraction faite de ce déplacement de climat qu'annoncent également les débris de mammifères terrestres, que l'on découvre à cette époque, la totalité de la végétation de cette période, prise dans son ensemble, se composait, comme celle qui couvre aujourd'hui la surface de la terre, de végétaux très-nombreux, très-variés, analogues, quant aux familles et aux genres, à ceux qui existent encore actuellement. Ces végétaux, considérés relativement aux grandes classes qu'ils comprennent, se trouvaient, dans des rapports numériques, à peu près les mêmes que de nos jours ; c'est-à-dire, que les dicotylédons étaient au moins de quatre ou cinq fois plus nombreux que les monocotylédons, et que l'on n'y trouve plus que quelques traces de fougères, d'equisetacées et de mousses, et que les agames n'y sont représentées que par diverses espèces de plantes marines.

En résumé, la première période de la végétation est essentiellement caractérisée par la prédominance numérique des cryptogames vasculaires, et le grand développement que ces plantes y ont pris. La flore de cette période se rapproche de la végétation des petites îles, situées entre les tropiques et loin des continens.

La seconde de ces périodes, dans laquelle les cryptogames vasculaires sont d'abord en égalité numérique avec les phanérogames gymnospermes, finit par la prédominance de ces dernières et l'apparition des cycadées. Elle se distingue aussi dans toutes les époques, par le moindre développement des cryptogames. Enfin, la flore de cette période offre quelques-uns des caractères de la végétation des grandes îles et des côtes.

La troisième période, la plus récente des trois, offre, pour la première fois, des végétaux de toutes les classes actuellement existantes, parmi lesquelles, comme à l'époque actuelle, les dicotylédones sont de beaucoup les plus nombreuses; puis les monocotylédones, les phanérogames gymnospermes, et en dernier rang les cryptogames et les agames. La flore de cette période est analogue à la végétation des continens tempérés, et surtout des grandes forêts de l'Europe et du nord de l'Amérique.

Telle a été la marche de la végétation sur la terre, que nous avons tracée d'après les observations de M. Adolphe Brongniart, sauf la légère modification que nous nous sommes permise; d'où il résulte que cette végétation est devenue de plus en plus variée. D'abord limitée à deux classes principales, plus tard elle en présente trois, puis enfin cinq; en sorte que, dans le règne végétal comme dans le règne animal, les êtres, que tout nous porte à considérer comme les plus simples, ont été produits les premiers.

Ce n'est, en effet, que dans les temps géologiques les plus rapprochés de l'époque actuelle, qu'ont paru les végétaux et les animaux, dont l'organisation plus compliquée annonce l'état d'équilibre et de durée vers lequel tout a tendu dès le principe des choses. Les diverses formations qui appartiennent à ces périodes, ne renferment pas toujours un nombre égal de végétaux et d'animaux; ces deux genres de débris étant assez irrégulièrement disséminés dans les entrailles de la terre. Ainsi les houilles, la formation la plus essentiellement végétale, offrent peu de débris d'animaux, tandis que les sables marins et le calcaire moellon, où fourmillent des restes d'animaux de toutes les classes, présentent à peine quelques traces de végétaux. D'un autre côté, des formations intermédiaires entre les deux que nous venons de signaler, montrent peu d'indices de débris de la vie. Les dépôts jurassiques et fluviatiles tertiaires sembleraient, **en** effet, les seules formations où l'on observe **un** nombre à peu près égal de plantes et d'animaux; car, en général, ces deux classes d'êtres ne se sont point succédé dans des rapports égaux, ni proportionnés entr'eux, comme on aurait pu le supposer *à priori.*

Les tableaux comparatifs des périodes d'animalisation et de végétation que nous avons tracés, prouvent encore que les animaux ont paru sur la scène de l'ancien monde, en même temps que les végétaux, mais presqu'uniquement des espèces aquatiques. A part quelques insectes signalés dans les terrains secondaires inférieurs, les autres débris d'animaux se rapportent à des espèces qui paraissent avoir vécu dans des eaux analogues à celles qui composent nos mers actuelles. Les deux natures nous apprennent donc qu'à l'apparition des êtres vivans, la surface du globe était couverte d'une masse d'eau encore plus étendue que celle qui recouvre aujourd'hui cette même surface; masse d'eau qui a diminué sans cesse, mais par degrés, dans la période géologique qui a précédé l'époque actuelle.

LIVRE II.

DES ESPÈCES FOSSILES, DES DÉPÔTS MARINS TERTIAIRES, SABLONNEUX, CALCAIRES ET MARNEUX.

CHAPITRE PREMIER.

DE LA DISTRIBUTION DES ESPÈCES FOSSILES DANS LES DIVERS BASSINS TERTIAIRES.

La connaissance des lois de la distribution géographique des êtres organisés sur le globe, est de la plus haute importance, pour reconnaître si les êtres vivans ont été disséminés sur la surface de la terre, comme par groupes, ou formant des centres de création ; ou si, placés d'abord sur un seul et même point, ils se sont répandus et éloignés plus ou moins du lieu qu'ils occupaient primitivement. En étudiant les lois de cette distribution, soit chez les êtres vivans, soit chez les êtres détruits, il est difficile de ne pas supposer qu'il n'y ait eu plusieurs centres de création, et que si les êtres organisés se sont plus ou moins écartés de leur position première, ils ont irradié, non d'un centre commun, mais de plusieurs centres dont ils se sont éloignés dans des degrés differens, selon les conditions d'existence auxquelles ils avaient été soumis. Les espèces robustes qui pouvaient le plus résister à des températures opposées, et à l'impression de toutes les causes qui en étaient la suite, sont probablement celles que nous voyons aujourd'hui les plus éloignées de leur point de départ, tandis que les espèces délicates se sont, au contraire, maintenues à peu de distance du lieu où elles avaient été placées dans l'origine.

Ces centres de création paraissent plus sensibles relativement aux animaux qu'aux végétaux ; car à l'époque où les climats n'étaient point encore différenciés, la terre semble avoir été, en grande partie, couverte par les mêmes genres de végétaux ; tandis qu'elle n'était peut-être pas généralement habitée par les mêmes genres d'animaux, quoiqu'il soit vrai pour ceux-ci, comme pour les végétaux, que les espèces identiques sont plus généralement répandues en raison directe de l'ancienneté des couches où on les rencontre.

Les lois de la distribution des espèces vivantes conduisent donc à admettre, que, par rapport à elles, l'homme peut être excepté, il y a eu plusieurs centres de création dont elles se sont plus ou moins écartées, suivant les conditions d'existence qui leur avaient été imposées. Les lois relatives à la dispersion des espèces détruites ou fossiles, conduisent également à la même conséquence, avec cette différence pourtant, qu'il a existé une époque où les mêmes genres de végétaux, si ce n'est les mêmes genres d'animaux, existaient sur toute la surface de la terre. Cette époque, qui se rapporte à celle du dépôt du terrain houiller inférieur, avait probablement cela de particulier, de présenter une température à peu près uniforme, les climats n'étant point encore bien distingués entr'eux.

Depuis ce dépôt, remarquable par son uniformité, la terre a tendu vers un état stable; les climats ont commencé à s'établir, en conservant entr'eux les mêmes rapports qu'on leur voit aujourd'hui, et les espèces, soit animales, soit végétales, ont été de plus en plus bornées aux limites d'habitation fixées pour chacune d'elles.

Mais à mesure que les climats ne restaient plus les mêmes, que des zones de température diverse s'établissaient, et que les nouvelles espèces étaient fixées dans des zones favorables à leur conservation, les mers se séparaient, et le grand Océan, avec les êtres innombrables qui l'habitent, s'éloignait de plus en plus de ces mers intérieures, avec lesquelles il ne conservait que des communications plus ou moins immédiates.

Ce sont ces lois générales de la distribution des

êtres organisés sur le globe, qui donnent un si haut degré d'intérêt à l'étude des fossiles; car sans eux on n'aurait jamais aperçu ces lois remarquables. Aussi avons-nous mis tous nos soins à la formation du catalogue des principales espèces d'animaux invertébrés des bassins tertiaires du midi de la France.

La principale difficulté que l'on éprouve, pour donner à ces catalogues une grande exactitude, c'est donc seulement de bien distinguer les espèces entr'elles, et cela sur des individus souvent incomplets; mais surtout de discerner les limites des variations de chacune de ces espèces. Cette détermination présente, en effet, une assez grande difficulté, surtout pour les coquilles, dont les variations sont quelquefois considérables d'un bassin à un autre, et particulièrement lorsque ces bassins sont séparés par une distance horizontale considérable. On les voit également varier, lorsqu'on les observe dans des couches de nature diverse, comme, par exemple, dans le calcaire moellon dur, et les marnes bleues qui lui sont généralement inférieures. Aussi, lorsque des différences existent entre des coquilles que l'on rencontre dans des couches opposées (telles, par exemple, que la *Panopæa faujasii*, le *Pectunculus pulvinatus* et la *Ranella marginata*, que l'on découvre aussi-bien dans les marnes bleues, que dans les sables marins et le calcaire moellon), et que ces différences ou variations ne portent pas

constamment sur les mêmes caractères , nous les
avons considérées comme purement accidentelles,
et ne pouvant constituer des distinctions propres
à faire établir des espèces. Nous avons été d'autant
plus réservés dans l'établissement des nouvelles
espèces, que les mollusques, esclaves en quelque
sorte des circonstances auxquelles ils sont soumis,
doivent par cela même beaucoup plus varier dans
leurs formes , et dans celles de leur squelette extérieur ou de leurs coquilles, que les autres animaux.

Quant aux coquilles dont nous ne possédons que
des moules, soit intérieurs , soit extérieurs , nous
nous sommes bornés à en indiquer le genre, lorsque
ces moules présentaient des caractères suffisans
pour le faire avec certitude. Rarement nous en
avons désigné les espèces, à moins que dans une
autre couche, nous n'ayons trouvé des moules intérieurs , encore enveloppés par le tèt qui n'ayant
point disparu, nous a permis de nous assurer de
leur détermination. Aussi , nous ne saurions trop
engager les géologues à recueillir de ces moules
intérieurs , dans les lieux où ils sont enveloppés
par le tèt , parce qu'alors ils peuvent servir à la
détermination de ceux où il n'en existe pas de
traces. Du reste , dans presque tous les bassins tertiaires du midi de la France , les coquilles ne conservent guère leur tèt que dans les marnes bleues
et jaunes ; ce tèt n'existe plus, lorsqu'elles ont été
saisies par les sables marins et le calcaire moellon.

On doit cependant en excepter les *Ostrea*, les *Pecten*, les *Anomia* et les *Balanus*, qui conservent à peu près constamment leur têt dans les diverses couches tertiaires. Il existe bien quelques localités, comme celle du plan d'Aren, près les Martigues, où les coquilles l'ont encore, quoiqu'elles se trouvent dans le calcaire moellon; mais ces coquilles, devenues plus pierreuses, ne conservent plus leur nature primitive. Aussi nos coquilles marines tertiaires n'offrent guère leur têt dans sa propre nature que dans les marnes; tandis que celui des coquilles terrestres et fluviatiles existe aussi-bien au milieu des couches compactes des dépôts d'eau douce inférieurs, que dans celles des dépôts supérieurs; quoique ceux-ci, généralement moins solides et moins pierreux, aient été formés après la retraite des mers de dessus nos continens.

La même circonspection qui nous a guidés dans la détermination de nos coquilles fossiles, nous a dirigés dans celle des insectes que nous avons découverts dans les dépôts d'eau douce supérieurs et inférieurs. Rarement nous avons voulu prononcer sur la détermination des espèces auxquelles on pouvait rapporter ces insectes fossiles; nous nous sommes contentés, en général, d'arriver jusqu'aux genres, lorsque nous avons cru qu'il n'était pas possible d'arriver au-delà avec les empreintes qui nous en restent. C'est à l'aide d'une comparaison attentive, et avec le secours des nombreuses collections d'insectes que l'on a réunis à Montpellier, et nous aidant pour les coléoptères, des lumières de M. Ivan, de Dignes, que nous avons reconnu, 1.º que les insectes des dépôts lacustres (terrains d'eau douce supérieurs) des environs de Montpellier, étaient analogues et peut-être identiques à ceux qui vivent encore dans nos contrées ; 2.º que les insectes des dépôts fluviatiles d'Aix (terrains d'eau douce moyens) étaient également analogues, et plusieurs tout-à-fait semblables aux espèces qui existent aujourd'hui dans ce bassin, et que le plus grand nombre se rapportait à des insectes des terrains secs et arides.

Nous avons également comparé les coquilles fossiles de nos bassins tertiaires, avec celles qui vivent dans la Méditerranée ; et nous avons reconnu qu'il en existait, parmi les premières, un plus grand nombre d'analogues à nos espèces actuelles, qu'on ne l'avait supposé avant nous. Aussi est-il probable que le nombre de ces espèces analogues augmentera considérablement, à mesure que celles de la Méditerranée seront mieux connues. Il en sera probablement de même des espèces fossiles des bassins tertiaires du midi de la France, que l'on trouvera à peu près toutes communes aux bassins méditerranéens, et particulièrement à ceux de l'Italie.

Notre travail, tout imparfait qu'il est par suite des données qui nous ont manqué pour le rendre plus complet, prouve déjà combien il y a d'analogie entre les espèces fossiles des bassins tertiaires du midi de la France, de l'Espagne et de l'Italie. Des travaux faits par des naturalistes placés auprès des grandes collections, rendront cette analogie plus frappante encore. Elle est cependant déjà assez sensible, pour faire juger que l'Océan devait être séparé des mers intérieures lorsque les dépôts tertiaires ont eu lieu, remarque la plus propre à faire avancer la géologie des terrains tertiaires.

Il est difficile, en effet, de ne point admettre que l'Océan et la Méditerranée étaient déjà séparés lorsque les terrains tertiaires ont été déposés, les bassins dépendans de ces deux mers différant autant par la nature des couches qui les composent, que par les espèces de fossiles qu'ils renferment; tandis que les bassins qui dépendent des mêmes mers ont entr'eux la plus grande analogie. Ce qui le prouve encore, c'est que les bassins qui, par suite de leur position, communiquaient avec des mers différentes, réunissent les conditions propres à chacun d'eux, de manière que l'on y observe des espèces fossiles des bassins méditerranéens et océaniques; les unes dans des proportions plus fortes que les autres, suivant les relations plus marquées que ces bassins ont eues avec telle ou telle mer. Les particularités que présentent les dépôts tertiaires de Bordeaux, de Vienne et de la Hongrie paraissent tenir à la réunion de ces circonstances.

On peut encore en trouver une sorte d'induc-
tion dans le grand nombre d'espèces identiques à
nos espèces actuelles, que présentent les divers
bassins tertiaires, et dans l'analogie que l'on remarque entre leurs stations et l'état actuel du sol
au-dessous duquel elles ont été ensevelies. Il est
remarquable que le plus grand nombre des insectes
fossiles du bassin d'Aix soient des espèces qui y
vivent encore, et qui préfèrent les terrains secs et
arides. Il est également singulier, si la manière dont
nous envisageons ces phénomènes n'est pas exacte,
qu'il en soit de même des plantes. Or, comme les
unes et les autres de ces espèces fossiles y sont en
assez grand nombre, qu'elles s'y trouvent souvent
dans un état d'intégrité parfait, et que les feuilles
des plantes y sont bien développées et comme étendues à plaisir, ne faut-il pas en conclure que ces
espèces doivent avoir vécu dans le lieu ou près du
lieu où l'on rencontre leurs débris? Si elles ont
vécu dans le bassin d'Aix ou près de ce bassin,
celui-ci devait avoir une température analogue à
celle qu'il a aujourd'hui, et ses bords, composés par
les collines secondaires, une constitution géographique peu différente de celle qu'ils ont actuellement (1). Si donc le bassin d'Aix était, à l'époque

---

(1) La grande quantité de *Palmacites lamanonis* que l'on
découvre dans le bassin d'Aix, ne peut prouver le contraire;
car on sait que le *Chamærops humilis*, dont cette espèce se
rapproche beaucoup, croît dans le midi de la France.

des dépôts tertiaires, arrangé à peu près de la même manière qu'il l'est de nos jours, les derniers temps géologiques ne seraient pas fort éloignés des temps actuels; dès-lors, n'est-il pas présumable que les mers étaient déjà séparées lorsqu'ils ont été produits?

On peut, à la vérité, induire des autres faits relatifs à la distribution des espèces fossiles, que la température de nos contrées devait être plus élevée à l'époque de leur destruction. Mais quoique nos contrées eussent à cette époque une température assez chaude, pour que des éléphans, des rhinocéros, des hippopotames, des lions et des tigres pussent y vivre, l'abaissement qu'elles ont éprouvé par suite du refroidissement de la surface du globe, n'annonce pas des révolutions violentes, ni des temps fort éloignés de l'époque géologique actuelle, lorsqu'ayant égard à cette diminution dans la température, on porte également son attention sur les autres faits et les autres circonstances qui les ont accompagnés. En effet, combien d'espèces ne se sont-elles pas éloignées des lieux qu'elles occupaient primitivement? combien d'autres ne sont-elles pas venues occuper des régions où elles ne vivaient pas d'abord, et cela par des causes toutes naturelles et toutes simples? Les lions habitaient autrefois en Grèce, comme les cerfs, les sangliers, nos forêts méridionales; cependant on n'y voit plus aujourd'hui leurs descendans, qui ont été se propager dans des lieux plus favorables à leur existence, de la même manière que certaines de nos espèces fossiles ont cessé d'exister dans les contrées où elles ne trouvaient plus, comme primitivement, les moyens de satisfaire aux conditions d'existence auxquelles elles avaient été soumises. Quant aux races tout-à-fait éteintes, elles ont été détruites, soit par suite de l'abaissement progressif dans la température de la surface du globe, soit par l'effet des inondations qui ont disséminé le *diluvium* sur une assez grande étendue de la partie la plus basse de la surface de la terre.

Les premières de ces espèces détruites montrent peu d'indices d'un transport violent et long-temps prolongé; elles semblent, au contraire, pour la plupart, avoir péri en place, et comme dans les lieux ou près des lieux qu'elles occupaient primitivement. Il en est souvent de même des espèces détruites par l'effet des anciennes inondations ; ce qui annonce avec d'autres faits, que les anciennes alluvions, comme les alluvions actuelles, ont agi, non d'une manière générale, mais d'une manière locale et partielle. Ainsi, les effets qu'elles ont produits, quoique sans doute beaucoup plus étendus que ceux qui ont lieu dans la période alluviale actuelle, rentrent cependant dans les limites des causes qui agissent maintenant. Les phénomènes géologiques bien examinés, ne sont donc pas si différens de ceux qui ont lieu sous nos yeux; et le merveilleux qu'on a voulu attacher aux premiers, disparaît lorsqu'on les compare avec l'ensemble des effets produits dans l'époque actuelle.

CHAPITRE II.

DE LA DISTINCTION DES ESPÈCES FOSSILES, EN IDENTIQUES, ANALOGUES ET PERDUES.

On a pu juger, d'après ce qui précède, que les espèces fossiles, comparées à nos espèces vivantes, pouvaient être distinguées en trois ordres principaux :

1.° En espèces *identiques*, ou semblables à nos espèces actuelles, et que l'on ne peut en séparer par aucun caractère appréciable;

2.° En espèces *analogues*, que l'on ne saurait distinguer d'une manière bien nette de nos espèces actuelles, quoiqu'elles offrent avec celles-ci des différences sensibles ; mais pas assez grandes pour en faire des espèces distinctes, et les considérer comme des espèces tout-à-fait perdues ; leurs différences restant dans les limites des variations qu'é-prouvent les espèces, par l'effet d'un changement dans la température, la nature, le volume, la pro-fondeur des eaux dans lesquelles elles ont vécu, et enfin par le croissement des races, ou par d'autres circonstances du même genre, dont l'influence est plus ou moins directe sur les variations des espèces ;

3.° En espèces *perdues* ou *détruites*, qui paraissant n'avoir plus de représentans parmi les espèces actuellement vivantes, semblent avoir tout-à-fait cessé d'exister.

On doit donc être très-réservé pour prononcer avec certitude, que tel genre ou telle espèce est totalement détruite, car nous sommes loin de connaître toutes les espèces vivantes. Aussi le nombre des espèces ou des genres considérés comme totalement perdus, diminue-t-il tous les jours, à mesure que l'on observe mieux les espèces actuelles, surtout lorsque ces espèces ou ces genres se rapportent aux terrains tertiaires, dont les dépôts ont été produits par des causes analogues à celles qui agissent encore, et qui ont eu lieu à une époque peu antérieure à la période géologique actuelle. Ainsi, le nombre des espèces identiques ou analogues tend à augmenter, tandis que celui des espèces supposées perdues ou détruites, diminue sans cesse à mesure que l'on connaît mieux les espèces vivantes.

Ce qu'il y a de singulier, c'est que la diversité de forme ou d'organisation des espèces fossiles, comparée à celle des espèces vivantes, n'est pas toujours en rapport, comme on l'avait admis dans le principe, avec l'ancienneté des couches où l'on découvre ces formes qui paraissent perdues. En effet, les dépôts tertiaires les plus récens, offrent un certain nombre de genres perdus, confondus et mêlés dans les mêmes couches avec des espèces que l'on ne saurait différencier de nos espèces actuelles; mais, fait remarquable, ces genres perdus se rapportent principalement aux animaux dont l'organisation est la plus compliquée, et l'on pourrait dire la plus parfaite, si chaque être vivant n'avait pas le même degré de perfection, relativement au but qu'il doit remplir. C'est du moins, parmi les mammifères terrestres ensevelis dans les dépôts tertiaires, que l'on trouve le plus de genres perdus ou de formes détruites; car il en existe bien peu parmi les animaux invertébrés des terrains tertiaires. Il en est de même des insectes fossiles, que nous avons signalés le premier dans les formations d'eau douce des bassins méditerranéens. Ces insectes ont tous des formes analogues à celles de nos espèces, et par conséquent on n'y reconnaît point de genres perdus.

Du reste, comme les mammifères terrestres ont paru très-tard sur la scène de l'ancien monde, les formes particulières et anomales que certains d'entr'eux présentaient, n'ont pu, par suite, être détruites que fort tard, c'est-à-dire, lors des dépôts tertiaires, seule époque antérieure à la période actuelle, où ils ont existé en grand nombre. Les animaux invertébrés, créés, au contraire, les premiers, ont éprouvé beaucoup plus de modifications par les changemens successifs que le globe a éprouvés, et bien des genres qui les composaient, ont été détruits par ces changemens, qui probablement ne pouvaient s'allier aux conditions d'existence auxquelles les espèces de ce genres avaient été soumis.

Aussi, comme le nombre des animaux invertébrés a été extrêmement considérable dans la période géologique ancienne, observe-t-on, qu'en prenant en masse les genres qui ont paru pendant cette période, leur nombre semble plus considérable que celui admis pour les genres actuellement vivans; le nombre des formes diverses était donc plus grand relativement aux animaux marins et invertébrés, dans les temps d'autrefois, que dans les temps actuels; puisque parmi eux il y a plus de genres perdus, c'est-à-dire, une plus grande diversité d'organisation dans les êtres détruits qui s'y rapportent, que dans ceux qui vivent encore, et chez lesquels il ne paraît pas exister de représentans des premiers.

Avant d'entrer dans les détails des faits qui annoncent que l'Océan et la Méditerranée étaient déjà séparés, lorsque les dépôts tertiaires ou de sédiment supérieur ont eu lieu, il nous paraît essentiel de faire quelques observations générales sur la manière dont les diverses espèces fossiles s'associent entr'elles dans les différens bassins tertiaires.

On sait que les mêmes espèces fossiles sont

d'autant plus généralement répandues, qu'elles appartiennent à des dépôts anciens ; et que les espèces
des terrains intermédiaires et secondaires ont également plus de constance dans leurs caractères et
leurs associations d'une localité à une autre, même
très-éloignées, que celles que l'on découvre dans
les terrains plus modernes, tels que le sont les dépôts
tertiaires, les plus récens de tous.

Quant aux mêmes espèces fossiles de ces derniers
dépôts, elles semblent d'autant plus nombreuses
dans des bassins différens, que ces bassins sont
moins distans les uns des autres ; qu'ils appartiennent aux mêmes mers ou à des mers différentes,
mais qui communiquaient ensemble lorsque ces
espèces ont été ensevelies.

Il est encore de fait que les espèces communes à
un même système de terrain, s'associent entr'elles
de différentes manières ; les unes, singulièrement
plus répandues que d'autres, sont en quelque sorte
générales, se trouvant dans presque tous les bassins
tertiaires, sans y être cependant toujours en excès
sur les autres espèces. Elles ont encore cela de
particulier, de se trouver non-seulement dans presque tous les bassins tertiaires, mais dans les couches
les plus diverses des formations de sédiment supérieur. Ces espèces générales, si l'on peut s'exprimer
ainsi, parmi lesquelles nous signalerons spécialement les espèces que nous avons déjà nommées, sont
presque toujours des espèces perdues, quoiqu'elles

paraissent avoir été les plus abondantes à l'époque des dépôts tertiaires (1). Elles sont souvent caractéristiques, de telle ou telle couche, dans un bassin déterminé; tandis que, dans un autre, leurs individus, plus rares, ne servent qu'à fixer l'époque à laquelle a eu lieu le dépôt des couches où elles se trouvent.

Quant aux espèces caractéristiques d'une même nature de couche, on les voit varier d'un bassin à un autre, sans que les distances semblent y avoir quelque influence; car souvent la caractéristique d'une couche d'un bassin, n'est plus la même que celle d'un bassin contigu au premier. *L'Ostrea undata*, par exemple, carastéristique des sables marins du bassin de Montpellier, ne l'est déjà plus dans certains bassins qui en sont très-rapprochés, comme dans ceux qui en sont à une grande distance, quoiqu'elle soit généralement répandue. D'un autre côté, le *Pectunculus pulvinatus* et la *Ranella marginata*, sont tellement abondans dans les marnes bleues de Banyuls dels Aspre, de Millas, de Neffiach (Pyrénées-Orientales), et de Bolenne (Vaucluse), qu'elles sont réellement carastéristiques dans ces divers bassins, séparés par une distance horizontale d'environ cinquante lieues; tandis que ces espèces

---

(1) Il paraît, en effet, que les espèces les plus répandues dans l'époque géologique ancienne, sont aussi celles dont les races ont été plus complètement éteintes.

se trouvent à peine dans les autres bassins intermédiaires entre les deux premiers.

Il y a donc, dans les associations, des espèces fossiles, 1.º des espèces *rares* et par conséquent particulières à un petit nombre de bassins tertiaires; 2.º d'autres universellement répandues, et que l'on pourrait nommer *générales*, à raison du grand espace sur lequel elles ont été disséminées ; 3.º enfin, certaines qui ne se montrent qu'avec un grand nombre d'individus, et qu'à cause de cette fréquence, on peut considérer comme des espèces *communes* et *caractéristiques*. Quoiqu'abondantes en individus dans un bassin déterminé, ces espèces n'existent pas pour cela dans tous, même dans ceux qui sont contigus aux bassins où elles abondent, en sorte qu'elles sont purement caractéristiques des différentes couches d'une formation, tandis que les espèces générales le sont des formations elles-mêmes. Ainsi, les espèces *générales* caractérisent l'ensemble d'une formation, comme les espèces *communes* et *caractéristiques*, telle espèce de couche, non dans l'universalité des bassins tertiaires, mais dans certains de ces bassins. Les unes sont les plus répandues, et les autres offrent le plus d'individus réunis sur un même point.

On est surpris d'observer dans des bassins rapprochés et même contigus, des espèces fossiles totalement différentes, et de voir disparaître les espèces qui étaient les plus communes dans un des bassins.

Pour se rendre raison de ce fait singulier et remarquable, il faut, comme dans tous les phénomènes géologiques, considérer ce qui se passe maintenant. En parcourant les côtes de la Méditerranée, à diverses époques de l'année, on est frappé de la différence d'aspect que présentent ces côtes, au moins relativement aux productions marines qui y sont rejetées suivant les diverses saisons. A telle époque de l'année, une espèce est répandue sur la côte avec une profusion extraordinaire, tandis que, quelques mois après, on n'en trouve plus que des individus épars; la première y étant remplacée par une autre qui s'y montre avec une égale abondance. Ce qu'on a remarqué une fois se succède avec une telle régularité, qu'il est sensible que si un ciment pierreux venait réunir et solidifier ces divers produits marins, ainsi que les sables avec lesquels ils sont rejetés, on aurait, non-seulement dans des bassins différens, mais dans les mêmes bassins, des fossiles tout-à-fait dissemblables, selon l'époque de l'année où leur solidification aurait eu lieu.

Il y a plus encore: lorsqu'on parcourt les côtes de la Méditerranée ou de l'Océan, pendant une distance horizontale seulement de quelques lieues, on voit les espèces abondantes sur telle partie de ces côtes, disparaître peu à peu, et être successivement remplacées par de nouvelles espèces toutes aussi abondantes que l'étaient les premières; substitution qui explique assez bien comment les espèces fossiles ne sont plus les mêmes dans des bassins rapprochés et même dans des bassins contigus.

Ces faits, que nous pourrions étendre, s'il en était nécessaire, annoncent assez que les divers modes d'association des espèces fossiles rentrent dans les lois de distribution des espèces vivantes. Dans la période géologique ancienne, comme dans les temps présens, certaines espèces étaient donc restreintes à des localités très-bornées; d'autres, sans avoir toujours eu un grand nombre d'individus, s'étaient considérablement étendues, et il en existait enfin certaines, qui, très-abondantes dans les principaux lieux qu'elles avaient choisis pour leur séjour, ne l'étaient pas également dans tous ceux où leurs espèces s'étaient propagées.

C'est par suite des combinaisons diverses qui ont eu lieu dans leurs associations et à raison de leurs divers modes d'habitation, que lorsqu'on passe d'un bassin tertiaire à un autre, un certain nombre des espèces du premier de ces bassins persiste encore, quoiqu'associées à des espèces différentes; mais à mesure que l'on change de bassin, les premières disparaissent peu à peu pour être remplacées par d'autres, lesquelles se combinent à leur tour avec de nouvelles espèces que l'on n'avait point aperçues dans le premier bassin parcouru. Il arrive pourtant que les mêmes espèces associées dans un bassin se remontrent plus tard dans un autre, qui en est souvent à de grandes distances; en sorte que les mêmes circonstances d'association se reproduisent indépendamment des distances, pourvu que les bassins, ainsi séparés par de grands intervalles, dépendent des mêmes mers. Cette conformité dans les espèces associées est d'autant plus remarquable, qu'en général, on remarque que les espèces ne sont point partout associées de la même manière.

Certains genres ont cela de particulier, de se trouver dans toutes les couches des terrains tertiaires, et de n'éprouver de modifications que dans leurs espèces. Tels sont par exemple les genres *Ostrea* et *Balanus*, que l'on observe aussi-bien dans les couches pierreuses que dans les dépôts marneux et sableux, et qui n'offrent de différence que relativement à leurs espèces. Ces deux genres conservent toujours leur têt, quelle que soit la diversité de nature des couches où on les rencontre, comme les diverses espèces d'*Ostrea* qui se trouvent dans les terrains secondaires. Le second de ces genres, les *Balanus* recouvrent souvent les ossemens des mammifères terrestres ensevelis dans les dépôts marins tertiaires, ce qui indique que ces ossemens ont séjourné quelque temps dans le bassin de l'ancienne mer, après avoir été séparés des squelettes auxquels ils avaient appartenu, et par conséquent dépouillés des chairs et des tégumens qui les recouvraient.

Il est enfin certains modes d'association qui semblent avoir une assez grande constance, et dont il est difficile de se rendre raison, tel est celui de l'association des plantes fossiles avec les poissons ; mode d'autant plus singulier, que les plantes qui accompagnent les poissons sont à peu près toutes terrestres. A la vérité, les poissons réunis dans les bassins tertiaires du midi de la France, aux plantes fossiles, sont principalement des espèces des eaux douces, circonstance qui annonce qu'il existait des terres sèches près du lieu de leurs dépôts. Comme avec ces poissons fluviatiles, on en découvre de marins (de même que dans les autres dépôts des eaux douces, produits avant la retraite des mers, où il existe presque toujours des fossiles marins), leurs débris et ceux des plantes qui les accompagnent y ont probablement été entraînés par les eaux courantes dont les marnes ne sont que les dépôts.

Mais comment se fait-il que dans les formations d'eau douce des bassins méridionaux, où l'on découvre des végétaux fossiles, on y observe également des poissons, et quelquefois même en grande quantité, comme par exemple dans le bassin d'Aix (Bouches-du-Rhône)? Comment se fait-il encore que, lorsque les plantes disparaissent, les poissons cessent en même temps? Cette association a lieu de telle manière, que les végétaux et les poissons se trouvent bien dans le même genre de formation, mais rarement dans les mêmes couches. En général, les végétaux sont disséminés dans des couches marneuses, supérieures à celles qui renferment les poissons; aussi, lorsqu'on n'est pas

arrivé jusqu'à ces couches, on n'en découvre point
de traces. Cela explique comment tant de poissons
échappent à toute investigation.

Il paraît encore, que lorsque les plantes sont
abondantes dans des bassins tertiaires, le nombre
des poissons diminue, et *vice versâ*; c'est du moins
ce que l'on observe dans les bassins de Manosque
(Basses-Alpes), d'Arnissan (Aude), et d'Aix (Bouches-du-Rhône). Dans ce dernier, le nombre des
poissons est plus considérable que celui des végétaux, tandis qu'il en est tout le contraire dans les
deux premiers. A la vérité, on n'est peut-être pas
arrivé aussi bas dans ceux-ci, faute d'intérêt pour
leur exploitation.

Les insectes fossiles pourraient bien avoir également quelques rapports d'association avec les
poissons et les plantes. On le soupçonnerait, du
moins d'après le bassin d'Aix, où leurs débris se
trouvent en grande quantité, dans des couches très-
rapprochées ou dans les mêmes couches, où l'on
découvre les premiers de ces débris. Comme nous
n'avons point encore découvert d'insectes fossiles
dans les autres bassins où existent des poissons et
des végétaux, nous ignorons si cette association est
réellement générale. Nous le savons d'autant moins,
que comme les insectes sont, pour la plupart, dans
des couches inférieures à celles qui renferment les
plantes et les poissons, on n'est peut-être pas arrivé
dans les autres bassins jusqu'aux marnes insectifères.

Mais il reste toujours à expliquer la cause qui a déterminé l'association constante des poissons et des plantes fossiles, cause qu'il est difficile d'assigner, faute de données pour le faire avec quelque certitude. On pourrait seulement observer, que ces corps organisés ont exigé, pour leur conservation, telle nature de couches, et que lorsqu'elle ne s'est pas rencontrée dans les lieux où leurs débris étaient entraînés, ils ont entièrement disparu ; tandis qu'au contraire, lorsque des dépôts vaseux, comme les couches marneuses des terrains d'Aix, les ont enveloppés, ces débris n'ont pas été altérés. Ainsi les traces de leur ancienne existence ont été simultanément conservées ou détruites à la fois ; en sorte que les plantes se trouvent dans les lieux où se montrent les poissons, comme ceux-ci disparaissent, lorsque les végétaux viennent à cesser.

CHAPITRE III.

DE LA DISTINCTION DES ESPÈCES FOSSILES, RELATIVEMENT A LEURS STATIONS PRÉSUMÉES.

Dans le travail que nous soumettons au jugement des géologues, nous n'avons point séparé les coquilles fossiles qui semblent avoir appartenu à des espèces marines, de celles qui ont vécu dans les eaux douces ou sur les terres sèches, plaçant les genres, non d'après les stations qu'il est à supposer qu'ils ont eues, mais d'après les terrains où on les rencontre. Nous avons adopté cette marche, à cause de l'incertitude qui règne dans les caractères propres à faire reconnaître, si telle ou telle espèce a vécu dans le bassin des mers ou dans les eaux douces, surtout lorsqu'il s'agit de les démêler dans les espèces fossiles, presque toujours plus ou moins altérées.

Cette distinction offre d'ailleurs de sérieuses difficultés, puisqu'un assez grand nombre de mollusques quittent, pendant un certain temps de l'année, le bassin des mers, pour s'étendre dans les étangs qui les bordent ou les fleuves qui y portent le tribut de leurs eaux. Ces espèces, que nous avons nommées *intermédiaires*, s'éloignent d'autant plus du bassin des mers, que les étangs et les fleuves vers lesquels ils remontent, conservent un degré de salure plus considérable et un plus grand volume d'eau ; car le volume des eaux a peut-être une influence tout aussi grande sur les modifications qu'éprouvent les coquilles, que les divers degrés de salure de ces mêmes eaux. Du moins les mollusques qui habitent la haute mer, semblent peu l'abandonner ; leurs coquilles y prennent aussi un têt plus solide, plus épais, plus brillant, caractères qui distinguent principalement les coquilles marines. De même, les coquilles fluviatiles qui habitent les grands fleuves sont aussi celles dont le têt est le plus solide et le plus épais ; quelquefois même ce têt a un éclat nacré, comme celui des coquilles le plus décidément marines. En général, il en est des premières comme des coquilles marines qui se maintiennent dans la haute mer. Ce sont les espèces fluviatiles qui vivent dans les grands fleuves, qui acquièrent les plus grandes dimensions, surtout quand au plus grand volume d'eau dans lequel elles vivent, se joint l'influence d'une température élevée.

On pourrait croire également, qu'il doit exister une assez grande différence entre le têt des coquilles des mollusques qui respirent l'air en nature, et celui des espèces qui respirent l'air en dissolution dans les eaux. On pourrait également supposer que l'organisation de ces espèces doit être essentiellement différente, si l'on ne voyait un assez grand nombre de *Turbo*, de *Patella*, de *Mytilus*, de *Petricola*, de *Venerupis*, de *Gastrochæna*, vivre alternativement dans les eaux ou sur des rochers mis à nu et tout-à-fait à sec.

Ainsi, puisque les mêmes espèces peuvent vivre alternativement dans les eaux douces ou salées, comme d'autres hors et dans le sein des eaux, il est difficile, pour ne pas dire impossible, de juger d'une manière certaine du genre des stations des mollusques par leur organisation, et encore moins d'apprécier, d'après leurs coquilles, si ces mollusques

ont vécu ou non dans des eaux salées ou dans des
eaux douces. Ce sont donc des distinctions tout-
à-fait de convention, que celles qu'on a voulu établir
entre quelques *Turbo* et certaines espèces de *Paludines*, entre les *Ampullaires* et les *Natices* (1), entre
les *Potamides* et les *Cerites*, comme entre les
Neritines et les *Nerites ;* car les Nerites peuvent tout
aussi-bien se trouver dans les fleuves, que les Neritines dans le bassin des mers. Ces distinctions n'étant
nullement fondées sur la nature des choses et sur
des différences réelles, on a appelé *Ampullaire* ou
Natice, *Potamide* ou *Cerite* des espèces fossiles,
suivant que l'on désirait que les terrains où l'on
trouvait ces espèces, appartinssent aux terrains
marins ou aux terrains d'eau douce.

Ces distinctions, lorsqu'elles ne sont pas réelles,
doivent d'autant plus disparaître, qu'il est aujour-
d'hui bien démontré (du moins croyons-nous que

------

(1) M. de Blainville a fait remarquer que l'animal des Ampullaires est si voisin de celui des Paludines, qu'il serait difficile
de trouver entre ces deux animaux des différences suffisantes
pour les séparer en deux genres, c'est-à-dire, des différences
telles, qu'il s'ensuivit aussi des différences dans les mœurs des
animaux. D'après le même observateur, les *Natices* sont un
genre tellement voisin des *Ampullaires*, que quelques excellens
conchyliologistes, comme Muller, ont désigné de véritables
Ampullaires sous le nom de *Natices*. Aussi, ajoute-t-il, qu'il est
certaines coquilles fossiles dont on fait des Ampullaires ou des
Natices, selon que l'on désire que le terrain où on les trouve
soit marin ou d'eau douce.

nos travaux ont mis ce point de fait hors de contestation), que les terrains marins tertiaires renferment
une grande quantité de coquilles terrestres et des
eaux douces, comme les dépôts fluviatiles, un certain nombre de coquilles marines, du moins ceux
qui ont précédé la retraite des mers de dessus nos
continens. Ainsi, les *Helix*, les *Cyclostomes*, les
Paludines, les *Lymnées* et les *Planorbes* se trouvent
tout aussi-bien dans les terrains marins, que les
Modioles, les *Huîtres*, et d'autres produits de mer
dans les dépôts d'eau douce. On remarque cependant que les espèces terrestres et fluviatiles sont plus
abondantes au milieu des dépôts marins, que les
espèces marines au milieu des dépôts des eaux
douces; il est facile d'en saisir la raison d'après nos
observations antérieures à celles qui font l'objet
de ce mémoire.

Mais s'il existe certaines espèces fluviatiles qui
arrivent jusqu'à l'embouchure des fleuves dont les
eaux se mêlent à celles des mers, espèces qui par
conséquent vivent alternativement dans les eaux
douces et salées; en existe-t-il également de terrestres qui habitent des lieux souvent inondés par
des eaux salées, ou sur un sol habituellement
imprégné d'une certaine quantité de sels?

Les genres terrestres, tels que les *Helices*, les
Auricules, les *Cyclostomes* et les *Bulimes*, ont
généralement des stations moins diversifiées que les
espèces fluviatiles; cependant elles le sont encore

assez pour y remarquer quelques différences. Parmi les espèces de ces genres, le plus grand nombre vit sur des terres sèches, où le sol n'est imprégné d'aucune sorte de salure; d'un autre côte, certaines espèces n'abandonnent jamais les plages salées, telles sont les *Helix*, *albella* (*carocolla*, Lamarck), *maritima*, *conoidea* et *Bulimus ventricosus* de Draparnaud. Les *Cyclostoma truncatulum*, *acutum* (*paludina*, Lamarck), *Auricula myosotis*, décrits comme des espèces terrestres et des terrains non salés, vivent pourtant, ou dans des eaux salées, ou dans des terrains à demi inondés par des eaux saumâtres, ou enfin dans des lieux tout-à-fait à sec. Or, si la salure d'un terrain ou des eaux doit faire considérer les espèces qui y vivent, comme des espèces marines, ces dernières mériteraient d'autant plus ce nom, qu'on les voit parfois mêlées à des *Mytilus*, des *Cardium*, des *Turbo*, des *Rissoa*, genres que l'on regarde bien comme marins, quoiqu'ils puissent vivre alternativement dans les eaux douces et salées, et même certaines espèces tout-à-fait hors d'une eau quelconque.

Ces faits doivent nous rendre très-réservés pour décider, d'après le têt souvent incomplet des coquilles fossiles, si les espèces auxquelles elles se rapportent ont vécu ou non dans des eaux douces ou salées ? Ce point de fait n'est pas, du reste, d'une grande conséquence, si l'on admet avec nous, que les dépôts tertiaires, soit marins, soit fluviatiles, ont été déposés dans le bassin de l'ancienne mer, à l'exception des terrains d'eau douce supérieurs, le plus généralement lacustres et du *diluvium*, dont la formation ou la dispersion ont eu lieu postérieurement à la retraite des mers de dessus nos continens, et qui continuent encore à se produire.

On doit, ce semble, le supposer ainsi, puisque les formations fluviatiles sont non-seulement souvent mêlées de la manière la plus confuse avec les formations marines ; mais percées en place par des coquilles marines perforantes, circonstance qui n'aurait pas eu lieu, si leurs couches avaient été constamment dans des eaux douces ; et qui, si elle avait été produite par un retour des mers sur nos continens, serait accompagnée par quelque trace d'ancienne surface continentale au contact des formations marines et fluviatiles. Or, comme on n'y observe rien de semblable, faut-il bien admettre que ces dépôts fluviatiles, répandus avec plus ou moins d'abondance au milieu des formations marines, selon la disposition des divers bassins tertiaires, ne sont que les restes des limons que les fleuves apportaient dans le bassin de l'ancienne mer. Ces dépôts sont sans doute bien abondans auprès de ceux qui se produisent dans le sein de nos mers ; mais ne perdons pas de vue, que ces faits ne sont pas les seuls qui annoncent, que les eaux courantes étaient autrefois plus abondantes sur la surface de la terre, et que leur action était également plus énergique et plus puissante.

Les eaux courantes ont donc entraîné dans le bassin de l'ancienne mer , non-seulement les sédimens et les animaux qu'elles avaient nourris, ou les êtres dont elles avaient enlevé les débris aux terres sèches sur lesquelles ils avaient vécu ; mais encore les corps organisés marins qu'elles avaient détachés des formations préexistantes. Lorsque ceux-ci se montrent brisés, triturés et disséminés irrégulièrement dans les couches qui les recèlent , et qu'au contraire les coquilles fluviatiles et terrestres , quoique plus minces et plus délicates , s'y montrent généralement intactes et répandues d'une manière uniforme, c'est que les premières ont dû subir un transport plus long-temps prolongé , que les dernières plus rapprochées des lieux où elles vivaient primitivement.

Aussi ne doit-on pas être étonné d'observer, au milieu des couches tertiaires les plus récentes, des fossiles qui appartiennent aux dépôts les plus anciens de ce système de formation, et même des fossiles de la craie ou des grès verts , puisque dans certaines localités les sables marins tertiaires paraissent avoir été formés ou rejetés sur les anciens rivages, aux dépens des grès verts, que les eaux des mers attaquaient avec autant de puissance que d'énergie. On pourrait également y rencontrer des fossiles de terrains plus anciens, que la craie et le grès vert, puisque les eaux courantes qui exerçaient leur action sur le globe et se rendaient dans le bassin de l'ancienne mer, ont bien pu les détacher de ces terrains, comme elles l'ont fait pour ceux que nous venons de signaler.

Ce mélange de coquilles marines et fluviatiles n'est pas plus restreint au point de contact de ces terrains, que l'alternance des couches d'eau douce et marines. Il a lieu, au contraire, dans toutes sortes de circonstances et de positions de ces mêmes terrains; aussi, peut-on le considérer comme un fait général dans les formations tertiaires déposées avant la retraite des mers de dessus nos continens, retraite qui semble avoir eu lieu, non comme l'a supposé M. Constant Prevost, après le dépôt du calcaire grossier, mais après celui des sables marins qui surmontent ordinairement le calcaire moellon ou second calcaire tertiaire. Ainsi, pour expliquer les alternatives des couches marines et d'eau douce, il n'est nullement nécessaire d'avoir recours à des déplacemens successifs des eaux des mers, déplacemens que l'on voudrait rendre aussi nombreux que les couches où l'on observe de pareils mélanges.

Les dépôts tertiaires distinctement stratifiés, paraissent donc avoir été précipités antérieurement a la retraite des mers de dessus nos continens. L'horizontalité à peu près constante de leurs couches, et l'alternance de leurs couches les plus diverses, à en juger d'après les espèces fossiles qu'elles renferment, annoncent également qu'ils ont été produits dans le sein du même liquide, par des causes qui n'avaient rien de bien violent ni d'irrégulier. Comme les dépôts tertiaires des bassins océaniques et méditerranéens, diffèrent entr'eux, non-seulement par la nature de leurs couches, mais encore par l'espèce de fossiles qu'ils renferment; les mers intérieures et l'Océan, devaient être déjà séparés à l'époque de leurs dépôts, et avoir eu alors leur place actuelle; d'un autre côté, les continens devaient présenter une configuration à peu près semblable à celle qu'ils ont aujourd'hui.

Si nous différons avec M. Constant Prevost, dont personne n'apprécie mieux que nous les excellens travaux, sur l'époque à laquelle il faut rapporter la retraite des mers de dessus nos continens, c'est une suite de la diversité que présentent les dépôts tertiaires dans les bassins océaniques et méditerranéens; différence à laquelle on ne paraît pas avoir fait attention avant nos observations sur le second calcaire marin tertiaire. Aussi, comme les remarques de M. Constant Prevost ont eu essentiellement en vue les bassins océaniques, et particulièrement ceux de Londres et de Paris, où le second dépôt tertiaire a si peu de développement, ce judicieux géologue a pu penser qu'ils n'étaient que les détritus des terrains marins inférieurs, détritus déposés après les formations d'eau douce moyenne, et par les mêmes eaux courantes qui avaient laissé précipiter les derniers limons.

Mais si ce géologue avait parcouru les bassins tertiaires du midi de la France, de l'Espagne et de l'Italie, il y aurait certainement remarqué que ce ne sont plus, comme dans les bassins océaniques, les depôts marins inférieurs qui y sont développés, mais bien les supérieurs. Pour s'en convaincre, on n'a qu'à considérer la différence de position qu'occupent les bancs pierreux marins dans les deux bassins.

Les calcaires marins pierreux et tertiaires des bassins océaniques, sont, en général, inférieurs au gypse à ossemens, tandis que ceux des bassins méditerranéens (et il en est probablement de même de ceux dépendans des autres mers intérieures) sont pour la plupart, non-seulement supérieurs aux gypses, mais encore aux marnes bleues sub-appennines. Les uns et les autres sont aussi distincts par leur position géologique que par les fossiles qu'ils renferment; point de fait sur lequel nous avons insisté dans nos travaux sur le calcaire moellon.

Ainsi, en partant de ce fait positif, que le second calcaire tertiaire, ou le calcaire moellon des bassins méditerranéens, est plus récent que le calcaire grossier, ou le premier calcaire tertiaire des bassins océaniques, puisque le premier se trouve constamment supérieur à des marnes qui, dans les bassins océaniques et particulièrement dans celui de Paris, sont elles-mêmes au-dessus du calcaire grossier, il en résulte que si l'on établit deux séries parallèles représentant les couches des bassins océaniques et méditerranéens; et, partant du terme commun A, ou des marnes argileuses bleues, on aura dans le bassin de Paris, ou les bassins océaniques, A marnes bleues, A′ sables marins supérieurs; tandis que dans les bassins méditerranéens, on aura A marne bleue, A′ calcaire moellon, A″ sables marins; série qui ayant pour son dernier terme , ou son terme supérieur, un étage plus élevé, indique par conséquent que les sables des terrains méditerranéens ont été déposés postérieurement aux sables du bassin parisien, et que ce dernier bassin, comme ceux dépendans de l'Océan, manque totalement, ou presque totalement des calcaires marins pierreux qui surmontent les marnes bleues.

Mais, tandis que le second calcaire tertiaire manque dans la plupart des bassins océaniques, et particulièrement dans celui de Paris, le premier, ou celui qui est inférieur au gypse à ossemens , semble ne pas avoir été déposé dans les bassins du midi de la France. En effet, la plupart de ceux que l'on y observe, et nous pourrions dire presque tous, appartiennent au second calcaire marin tertiaire ou au calcaire moellon. C'est avec ce calcaire que sont bâties la plupart des villes du midi de la France (1),

____

(1) Il en est probablement de même des villes de l'Italie et de l'Espagne, et sur tout le littoral de la Méditerranée.

parmi lesquelles il nous suffira de citer Marseille, Nismes, Montpellier, Beziers, Narbonne, et qu'ont été construits les monumens les plus remarquables, soit antiques, soit modernes, tels que l'arc de triomphe d'Orange, le Pont du Gard, une certaine partie des Arènes de Nismes, le Pont du S.¹-Esprit, et le bel aqueduc du Peyrou, près de Montpellier. Ce banc pierreux est tellement nécessaire pour les constructions, que lorsqu'il manque ou qu'il reste sableux, comme dans les environs de Perpignan, on est forcé de bâtir les maisons et même les monumens avec de la brique.

Si, dans notre mémoire sur les terrains tertiaires du midi de la France, nous avons admis l'existence du premier calcaire tertiaire, ou du calcaire grossier dans les bassins méditerranéens, c'est que nous avons été trompés par la présence des grains verts, dans les couches inférieures du second calcaire tertiaire. Mais depuis que nous avons reconnu que les grains verts existaient aussi-bien dans les sables marins tertiaires, que dans des couches secondaires, nous avons senti que nous avions donné à leur présence une importance géologique qu'ils n'ont réellement pas.

D'après ces faits combinés aux observations de M. Constant-Prévost, il paraîtrait que non-seulement les mers étaient déjà séparées lors du dépôt des terrains tertiaires; mais encore que l'Océan est rentré plus tôt que la Méditerannée dans ses limites actuelles, point de fait qui résulte aussi-bien de la

comparaison géologique des bassins tertiaires méditerranéens et océaniques, que des monumens historiques. Ainsi se lient encore les derniers temps
géologiques aux temps historiques; car la période
qui se rapporte aux dépôts tertiaires, n'est probablement pas fort éloignée des temps actuels, comme
on le présume, d'après les nombreuses espèces
analogues qui existent dans les couches tertiaires
récentes, ce que prouveront assez les tableaux joints
à ce mémoire.

En résumé, il paraît résulter de l'ensemble des
faits consignés dans ce mémoire, et des observations que nous avons déjà faites dans nos divers
travaux, sur le second calcaire tertiaire:

1.º Qu'au moins à partir du lias, les climats déjà
différenciés, il existait sur la terre diverses zones
habitées par des animaux particuliers, et couvertes
de végétaux auxquels la température de ces zones
convenait;

2.º Que lorsqu'il n'y a pas eu transport des animaux et des végétaux d'une zone dans une autre,
leurs débris se trouvent encore dans les lieux
qu'occupaient les êtres dont ils rappellent l'existence; mais que lorsqu'il y a eu déplacement, il y
a eu mélange de corps organisés d'une zone avec
ceux d'une autre zone;

3.º Que les dépôts tertiaires produits dans le
bassin de l'ancienne mer, à l'exception du *diluvium*
et des terrains d'eau douce supérieurs formés après

la retraite des mers, sont d'autant plus anciens, que les bassins où on les observe, sont plus éloignés des mers actuelles, et d'autant plus récens qu'ils en sont plus rapprochés;

4.° Que les dépôts tertiaires des bassins dépendans de l'Océan, semblent plus anciens que les mêmes genres de dépôts des bassins littoraux de la Méditerranée, puisque le second calcaire tertiaire est presque le seul qui ait une grande étendue dans les bassins méditerranéens, tandis que le premier occupe à peu près entièrement les bassins océaniques;

5.° Que les dépôts tertiaires ont été produits par des causes analogues à celles qui agissent encore, mais avec une moindre énergie, et que le grand nombre d'espèces semblables aux nôtres qu'ils renferment, indique que leurs dépôts n'ont pas de beaucoup précédé la période actuelle.

CHAPITRE IV.

DES DIVERSES LOCALITÉS OÙ L'ON DÉCOUVRE LES ESPÈCES FOSSILES INDIQUÉES DANS LES TABLEAUX SUIVANS.

Il ne nous reste plus, maintenant, qu'à faire connaître les principaux bassins tertiaires, où l'on rencontre les espèces fossiles que nous allons indiquer dans les tableaux suivans. Le nombre des localités où nous avons recueilli des fossiles des terrains marins, est tellement considérable, que nous nous bornerons à en indiquer les plus remarquables. Ainsi, nous citerons les diverses localités des bassins de Perpignan, de Narbonne, de Béziers, de Montpellier, de Bolenne, des Martigues et d'Antibes. Nous voudrions bien également y joindre celles du bassin de Nice; mais outre que ce bassin n'appartient point à la France, nous n'oserions signaler les nombreuses espèces qui s'y trouvent, sur la foi d'autrui; jaloux de pouvoir être certain de la détermination des espèces que nous indiquons.

Les dépôts marins tertiaires des bassins méditerranéens, correspondant aux terrains marins supérieurs, ou deuxième terrain marin de la plupart des géologues, se composent essentiellement, dans le midi de la France, de quatre couches principales. Ces couches sont le plus ordinairement, en partant de la surface du sol, quoiqu'il y ait quelques exceptions à cet égard, soit par suite d'une superposition différente (Barris), soit par l'effet d'alternances fréquentes entre les différens systèmes de couches (Pézenas) :

1.° Des sables marins assez généralement jaunâtres ou blanchâtres, plus ou moins argileux, calcaires ou siliceux, suivant les diverses localités. Ces sables abondent en débris de mammifères terrestres et marins, de reptiles, de poissons mêlés avec quelques restes d'oiseaux et quelques bois fossiles, mais en général en petit nombre. Les coquilles n'y sont pas fort abondantes, excepté cependant les huîtres et les balanes; celles-ci sont à peu près les seules qui y présentent leur têt;

2.º De marnes calcaires jaunâtres en bancs peu puissans, lesquelles alternent parfois avec les bancs pierreux ordinairement inférieurs, comme aussi avec les sables marins et les marnes bleues. L'alternance des deux sortes de marnes, a principalement lieu dans les bassins où il n'existe pas de bancs pierreux. Ces marnes renferment généralement peu de corps organisés; lorsqu'elles en recèlent, c'est presque toujours des coquilles marines, fluviatiles et terrestres et quelques polypiers; les uns et les autres y conservent à peu près constamment leur têt. Les couches supérieures du calcaire moellon représentent quelquefois ces marnes qui alors manquent tout-à-fait, de même que les couches inférieures du calcaire moellon, lesquelles sont parfois les équivalens des marnes argileuses bleues. Alors ce calcaire pend une couleur bleuâtre et devient plus marneux, et les marnes qu'il a remplacées ont entièrement disparu;

3.º Des bancs pierreux calcaires qui composent le calcaire moellon ou second calcaire tertiaire, bancs pierreux que l'on exploite généralement dans le midi de la France, comme pierre à bâtir. Ces calcaires

se montrent en couches aussi puissantes qu'étendues ; d'après leur horizontalité, elles semblent
s'être déposées tranquillement et d'une manière
successive.

On peut en distinguer trois ordres, 1.º les bancs
supérieurs en couches horizontales et multipliées,
dont la dureté est peu considérable ;

2.º Les bancs moyens dont les couches plus épaisses
sont peu inclinées et tourmentées, comme le sont
quelquefois celles des assises supérieures. La dureté
des calcaires de ces bancs moyens est aussi beaucoup
plus grande, comme leur blancheur est également
plus marquée : aussi le calcaire qui les compose est-il
exploité avec avantage, comme pierres de taille. Le
calcaire de ces bancs moyens, souvent massif et
presque sans indice de stratification, est quelquefois formé par des boules globulaires en quelque
sorte concentriques, lesquelles sont noyées et liées
par une pâte également calcaire. Les cavernes à
ossemens de Lunel-Viel, sont ouvertes dans le
système de ces bancs moyens globulaires ;

3.º Les bancs inférieurs, le plus ordinairement
composés par un calcaire d'un gris bleuâtre, qui,
quoique massif, se laisse facilement diviser en
larges dalles ; on en fait usage dans le midi de la
France pour paver les appartemens. Le calcaire qui
appartient à ces bancs inférieurs, a moins de téna-
cité que celui des bancs supérieurs ; comme il ne
résiste pas à l'action des agens extérieurs, il est peu

employé dans les constructions des édifices, si ce
n'est dans leur intérieur.

Ces différens bancs passent les uns aux autres
d'une manière tout-à-fait insensible; par suite, les
supérieurs, généralement plus sablonneux, ne sont
parfois que des sables endurcis. Comme les inférieurs, ils représentent quelquefois les marnes
bleues dans les bassins où l'on n'en voit pas de
traces. Ils se chargent alors d'une quantité plus ou
moins considérable d'argile, et deviennent plus ou
moins marneux.

Les supérieurs alternent, dans certains bassins
tertiaires, avec les sables marins ou avec les marnes
jaunes; tandis que les inférieurs et plus rarement
les moyens, se montrent en couches alternatives
avec les marnes bleues, à l'exception pourtant des
marnes les plus compactes et les plus tenaces qui
se maintiennent constamment au-dessous des bancs
pierreux du seul dépôt marin tertiaire qui existe
dans le midi de la France.

Les bancs supérieurs et moyens sont généralement
les plus coquilliers; ils renferment indifféremment
des coquilles terrestres et marines. Les dernières y
sont singulièrement en excès, soit pour le nombre
des individus, soit pour celui des espèces. Les
coquilles y conservent rarement leur têt; nous ne
connaissons qu'une exception à ce fait, mais elle
est des plus remarquables. Elle nous est fournie
par le calcaire moellon dur du plan d'Aren, près

les Martigues. Ce calcaire appartient au système des bancs moyens, et repose immédiatement sur les marnes bleues peu développées auprès de l'étang de Berre. On y observe à peu près les mêmes espèces de coquilles que l'on trouve ordinairement dans ces marnes. En conservant et en enveloppant ces coquilles dans sa pâte, ce banc pierreux n'en a point fait disparaître le têt, qui seulement est devenu plus pierreux, en raison même de la diffé-rence de nature de la gangue qui le saisissait.

Avec ces coquilles, les bancs supérieurs et moyens offrent également des débris plus ou moins nom-breux de mammifères, de poissons, de crustacés, d'annélides et de zoophytes marins ; tous ces débris sont mêlés de la manière la plus confuse, et leur nombre est plus ou moins considérable, suivant les localités. Les débris de mammifères terrestres y sont des plus rares, et bornés à quelques os et à quelques dents isolés ; ils se rapportent principa-lement aux *Palæotherium* et aux *Lophiodon*.

Les bancs inférieurs contiennent généralement peu de coquilles ; l'on n'y observe guère que des zoophytes marins et des tiges dichotomes de quel-ques grands végétaux dicotylédons. S'ils renferment parfois des coquilles marines, ces coquilles se rap-portent aux genres *Pecten*, *Ostrea*, *Anomia* et *Pinna*, et point à des genres univalves, du moins reconnaissables ; car, dans certaines localités, les calcaires inférieurs offrent une assez grande quantité de coquilles marines, mais tellement brisées, qu'il est presqu'impossible d'en déterminer les fragmens. Ainsi que nous l'avons déjà fait observer, les bancs inférieurs du calcaire moellon prennent quelquefois la place des marnes bleues, et les remplacent totalement.

4.º De marnes argileuses bleues, connues assez généralement sous le nom de marnes bleues sub-apennines, à raison de ce qu'elles ont été premièrement reconnues aux pieds des Apennins. Ces marnes, plus ou moins chargées de carbonate calcaire, en contiennent toujours assez pour être fortement effervescentes. Ce caractère tranché empêche de les confondre avec les argiles plastiques, dont elles remplissent en partie les usages dans le midi de la France, où les dernières existent à peine. Elles servent, comme les argiles plastiques, à la fabrication des poteries, mais des poteries grossières; car la proportion de carbonate de chaux qu'elles retiennent est toujours assez considérable pour les rendre fusibles à une température même peu élevée.

Ces marnes varient beaucoup dans leur nature; elles sont plus ou moins calcaires, plus ou moins argileuses, ou plus ou moins sableuses, selon les localités; mais elles diffèrent peu sous le rapport de leurs nuances. En général, elles ne varient que du gris verdâtre ou bleuâtre, au bleu plus ou moins foncé. Les couches les plus inférieures sont celles dont la couleur bleue plus prononcée est aussi la plus intense; ce sont aussi celles où les coquilles marines sont le moins abondantes, mais les mieux caractérisées et les mieux conservées. Quoique les marnes bleues soient, parmi nos dépôts marins, les couches qui offrent le nombre le plus considérable d'espèces, soit de mollusques, soit d'annélides, elles renferment cependant fort peu de débris de mammifères terrestres et de reptiles. Jusqu'à présent nous n'y avons découvert qu'un bois de cerf, des os de tortue de terre et des vertèbres de crocodile. Quant aux poissons et aux mammifères marins, sans y être des plus rares, leurs débris y sont cependant peu abondans. Il en est de même des débris qui se rapportent à des zoophytes, dont le nombre n'y est jamais considérable.

Les corps organisés qui caractérisent essentiellement ces marnes, sont les coquilles marines, dont l'accumulation dans une même localité est souvent des plus remarquables. Ces coquilles y conservent, pour la plupart, leur têt presque sans altération, ce qui n'arrive guère dans les autres couches des dépôts marins, à l'exception cependant des marnes jaunes; tant les marnes paraissent favorables à la conservation du têt des coquilles. Cette conservation semble, du reste, avoir plutôt dépendu de la nature des couches où les corps étaient ensevelis, que de l'époque du dépôt de ces mêmes couches.

La puissance de ces marnes est souvent très-considérable dans les bassins enfoncés, ou dans les vallées surmontées par des collines tertiaires élevées. Dans d'autres localités, cette puissance est tellement réduite, que leurs couches ont à peine quelques mètres d'épaisseur. Alors elles se lient à des marnes encore plus argileuses, dont les nuances plus sombres signalent les dépôts de lignite marin, si considérables dans le midi de la France. Nous signalerons plus tard les espèces caractéristiques de ces dépôts, ce que, du reste, nous avons déjà fait en partie dans notre mémoire sur les terrains tertiaires du midi de la France.

Lorsque ces marnes bleues ne sont pas liées aux marnes brunes bitumineuses ou aux marnes à lignite, ce qui arrive souvent dans les bassins tertiaires du midi de la France et de l'Italie, elles reposent sur des formations d'eau douce plus ou moins puissantes, ou quelquefois même immédiatement sur des dépôts secondaires. Dans les bassins qui tiennent le milieu entre les bassins océaniques et méditerranéens, les marnes bleues reposent sur des formations d'eau douce, auxquelles succèdent les dépôts marins inférieurs. Enfin, dans certains bassins tertiaires, les marnes bleues recouvrent des lits plus ou moins puissans d'un terrain de transport, composé essentiellement de blocs roulés de roches primitives et de transition, disséminés dans des graviers ou dans des sables plus ou moins endurcis; mais jamais assez pour avoir lié en forme de poudingue les roches roulées que l'on y observe. Ce terrain de transport est lui-même superposé à des formations d'eau douce. Ces dernières, comme celles liées aux marnes bleues, paraissent avoir été déposées avant la retraite des mers de dessus nos continens; aussi les voit-on plus ou moins mélangées de débris de corps marins.

C'est à peu près à ces quatre systèmes de couches que se bornent les dépôts marins tertiaires du midi de la France, et l'on peut presque dire des bassins méditerranéens. A la vérité, certains bassins offrent des dépôts marins à lignite exploitable, sorte d'équivalens géognostiques des dépôts fluviatiles du même genre, qui font partie du système de l'argile plastique, inférieure au premier calcaire marin tertiaire. On peut du moins le présumer, à raison du grand nombre de coquilles fluviatiles qui leur sont constamment mêlées. Quant aux coquilles marines qui accompagnent les dépôts à lignite, exploités dans les bassins méditerranéens, elles sont, pour le plus grand nombre, semblables à celles du second terrain marin, quoiqu'il y en ait certaines de tout-à-fait particulières. Du reste, les bois fossiles en fragmens isolés existent à peu près dans toutes les couches sableuses et marneuses des dépôts marins supérieurs, et ils y sont parfois accompagnés par des coquilles fluviatiles du genre des *Melanopsis*.

Ainsi à part ces dépôts à lignite, les terrains marins supérieurs, les seuls qui existent dans les bassins méditerranéens, sont bornés à quatre principaux systèmes de couches.

Ces couches sont, à partir du sol, 1.º des sables marins le plus souvent jaunâtres ou blanchâtres, alternant assez généralement avec des bancs de grès plus ou moins puissans, et quelquefois avec des marnes marines jaunâtres, qui le plus ordinairement leur sont inférieures ;

2.º Des marnes calcaires jaunâtres peu épaisses au moins dans le plus grand nombre des localités ;

3.º De calcaires pierreux plus ou moins puissans ; mais presque toujours assez pour être l'objet d'exploitations régulières ;

4.º De marnes argileuses bleues ou verdâtres, plus ou moins chargées de carbonate calcaire ou de sable, et souvent en assez petite quantité, pour être exploitées comme terre à potier.

Les principales localités des terrains à fossiles du midi de la France, sont 1.º dans le bassin de Perpignan, celles de Banyuls dels Aspre et du Boulou, dans la vallée du Tech, aux pieds de la chaîne des Albères, dans les Pyrénées-Orientales (1). Les débris des corps organisés, parmi lesquels ceux qui se rapportent aux coquilles sont les plus abondans, s'y trouvent dans des marnes sableuses micacées, immédiatement recouvertes par le *diluvium* des

---

(1) Pour visiter ces localités, il faut se rendre au Boulou et non à Banyuls dels Aspre, comme en pourrait le supposer.

montagnes et des plaines qui s'y montrent réunis. Le premier occupant les parties les plus inférieures, et le second les plus supérieures. Les coquilles y sont en quantité immense, et comme accumulées sur des espaces peu étendus. Certaines s'y montrent entières, conservant même une partie de leurs couleurs; mais leur têt est devenu si fragile, qu'il faut beaucoup de dextérité pour les enlever sans les endommager. La plupart sont, au contraire, brisées ou fracturées, paraissant l'avoir été avant le moment de leurs dépôts. Toutes conservent leur têt: rarement ce têt est-il devenu plus solide et plus pierreux. Celui de la *Cyprina islandicoïdes* se montre cependant avec cette particularité, et de plus il est souvent percé par des coquilles perforantes, ce qui est arrivé également au têt du *Pecten laticostatus*. Comme on trouve à peu près les coquilles fossiles des bancs de Banyuls et du Boulou dans toute sorte d'états, elles semblent avoir été entraînées dans diverses époques de la vie des mollusques auxquels elles ont appartenu. En effet, tandis que certaines sont des individus naissans, d'autres, au contraire, sont tout-à-fait adultes, ce qu'indique assez leur grosseur et leur têt en partie érodé et exfolié, par des causes tout autres que celles qui ont agi postérieurement à leurs dépôts.

Ce que ces coquilles ont de remarquable relativement à leur position, c'est que certaines d'entr'elles paraissent restreintes à des portions de couches peu étendues, tandis que d'autres sont universellement répandues. Parmi les premières, nous pouvons citer les diverses espèces de *Pinna* et de *Modiola*; et parmi les secondes, celles des *Turitella*, *Pectunculus*, *Ostrea*, *Pecten*, *Cytherea*, *Venus*, ainsi qu'une foule d'autres genres que nous pourrions citer. Aucune de ces coquilles ne paraît avoir été roulée, quoique les petites espèces aient été refoulées avec une sorte de violence dans l'intérieur des grosses, qui en est souvent comme criblé.

Le banc coquillier de Banyuls, qui s'étend de l'ouest à l'est, pendant l'espace de deux ou trois lieues, et à travers duquel le Tech a creusé son lit, est composé, dans les lieux où il présente la coupe la plus considérable, de la manière suivante:

Ainsi, à partir de la surface du sol, on observe, 1.º le *diluvium* des plaines, composé d'un limon graveleux, d'un rouge brun, dans lequel sont disséminés de nombreux cailloux roulés, pugillaires, de roches primitives. Ce *diluvium*, dont l'épaisseur est de un à trois mètres, paraît bien distinct du *diluvium* des montagnes qu'il recouvre, et dont les bancs sont nettement séparés du limon supérieur.

2.º Le *diluvium* des montagnes, formé par un limon légèrement rougeâtre, plus graveleux que le premier, et dans lequel sont également disséminés des cailloux roulés de granite, de mica-schiste, de gneiss et de quarz. Ces cailloux roulés y ont cependant des dimensions plus considérables, que dans le *diluvium* des plaines; les plus petits ayant un volume égal à celui de la tête. La puissance de ce *diluvium* est de deux à trois mètres.

3.º Des sables siliceux jaunâtres, endurcis dans certaines parties, en couches assez épaisses, ayant de quatre à six mètres. La partie inférieure de ces sables offre déjà un certain nombre de coquilles, avec des bois ou lignites plus ou moins altérés et des cristaux de fer sulfuré.

4.º Des marnes argilo-sableuses tendres, d'un gris bleuâtre, renfermant beaucoup de mica, et alternant parfois avec les sables jaunâtres supérieurs. La puissance de ces marnes va jusqu'à six à huit mètres, partout elles sont chargées de coquilles marines. Ces coquilles sont quelquefois assez bien conservées, pour avoir leurs valves en connexion et des traces de leur ligament. Dans certaines parties, les coquilles forment dans ces marnes une sorte de banc particulier, dont la puissance ne dépasse guère celle d'un mètre, et dont la direction coïncide parfaitement avec le sens de l'ouverture de la vallée du Tech qui a lieu vers la Méditerranée.

5.º Des marnes argileuses bleuâtres, tenaces et comme compactes, surtout dans la partie la plus inférieure de leurs couches. Ces marnes sont peu coquillières, et le deviennent de moins en moins, à mesure que leurs couches sont plus profondes. Nous ignorons la puissance de ces marnes, faute de coupes propres à nous la faire connaître; nous ne savons pas davantage sur quelles roches elles reposent. D'après la composition de la chaîne des Albères, au pied de laquelle se trouve le banc de Banyuls dels Aspre, il est probable que ces marnes reposent immédiatement sur des Phyllades micacés dits de transition.

Les sables marins jaunâtres, comme les marnes argilo-sableuses, renferment également des débris de mammifères terrestres et marins, des reptiles de terre et des poissons de mer. Les genres reconnus jusqu'à présent appartiennent aux Mastodontes, aux Cerfs, aux Lamatins, aux Tortues de terre et aux Squales. Ces divers débris y sont peu abondans, surtout relativement à l'immense quantité de coquilles marines au milieu desquelles ils sont disséminés. Comme ces coquilles, ils sont peu altérés, étant seulement devenus plus solides et plus pierreux par suite de la perte de leur matière animale.

La seconde localité du bassin de Perpignan, où l'on découvre un grand nombre de coquilles fossiles, est celle des bancs de Millas et de Neffiach, situés dans la vallée de la Têt. Les coquilles y sont tout aussi abondantes qu'à Banyuls et au Boulou; mais leur solidité y est plus grande. On y découvre à peu près les mêmes espèces que dans la vallée du Tech; ce qui annonce que le dépôt des unes et des autres a eu lieu par l'effet de la retraite des mers, laquelle a dû s'effectuer simultanément dans l'une et dans l'autre vallée. Ces coquilles s'y trouvent non-seulement dans les marnes bleues, comme celles des bancs du Boulou et de Banyuls; mais on les voit également dans des bancs jaunâtres à demi pierreux et graveleux, qui, durcis dans certaines couches, composent en quelque sorte des couches pierreuses analogues au calcaire moellon. Comme, dans la vallée du Tech, le nombre des coquilles fossiles est ici si considérable, qu'il faut supposer que les courans de l'ancienne mer avaient principalement leur direction vers ces différens points, partie des anciens rivages, les premiers hors du sein des eaux.

Les bancs coquilliers de Millas et de Neffiach, situés sur la rive gauche de la Têt, déjà indiqués par Buffon, sont généralement peu élevés au-dessus de cette rivière. Ils forment la partie la plus inférieure des collines, dont la plus grande élévation est à peine de quarante mètres au-dessus du niveau actuel de la Têt; encore ne dépassent-ils guère le tiers de cette hauteur. Ces bancs sont infiniment riches, soit par le nombre des individus que l'on y observe, soit par celui des espèces; il est rare cependant d'y trouver les coquilles bien entières. Celles-ci paraissent avoir été brisées et fracturées avant d'avoir été déposées dans les couches marneuses qui les recèlent; peu montrent d'indices d'avoir été roulées.

Les collines tertiaires où se trouvent ces bancs coquilliers, s'éloignent peu des rives de la Têt, par suite du grand développement que prennent les formations anciennes sur lesquelles elles reposent. Elles ne s'élèvent guère d'une manière sensible au-dessus du niveau de cette rivière, que pendant un espace d'environ cinq ou six lieues, depuis les environs de Pezilla jusqu'au-delà d'Ille, où cessent les terrains tertiaires. Ces collines sont formées, à partir de la surface du sol, qui est recouverte par le *diluvium* des plaines, par un limon rougeâtre, dans lequel sont disséminés un grand nombre de cailloux roulés, pugillaires, qui appartiennent pour la plupart à des roches primitives et de transition. Ce *diluvium*, analogue au *diluvium* des plaines, est plus ou moins épais, suivant les points où on l'examine ; en général, il ne dépasse pas une puissance de un à deux mètres.

Au-dessous du *diluvium*, paraissent les sables marins jaunâtres, presque sans coquilles, dans lesquels nous ignorons s'il existe des débris de mammifères terrestres. Ces sables ont une puissance d'environ quinze mètres. A ces premières couches sableuses, en succèdent d'autres, dont l'épaisseur est moins considérable, celle-ci ne s'étendant pas au-delà de neuf mètres. Elles se distinguent des supérieures par leurs couleurs plus foncées, et les lits horizontaux des cailloux roulés que l'on y observe. Ces cailloux, roulés, analogues, par leur nature, à ceux qui se trouvent dans le *diluvium* supérieur, sont disposés par lits assez réguliers, qui se succèdent à plusieurs reprises dans ces couches sableuses. Des bancs pierreux, graveleux et à demi solidifiés sont placés au-dessous de ces sables, comme un vestige du deuxième calcaire marin tertiaire, ou calcaire moellon. Ils ont au plus un mètre à un mètre cinquante centimètres de puissance. Au-dessous de ces bancs pierreux, paraissent des couches puissantes de marnes argilo-sableuses, souvent endurcies et remplies de coquilles marines, dont le têt est, en général, conservé. Quelques espèces de ces coquilles, ne sont signalées que par des moules intérieurs. Cette première partie des couches marneuses a une puissance d'environ sept à huit mètres. La seconde partie est moins sableuse que la première. Ces marnes inférieures sont plus argileuses ; leurs couleurs bleues sont aussi plus prononcées. Leur épaisseur ne s'étend pas au-delà de quatre mètres. Tout ce système tertiaire repose sur un terrain de transport, composé de marnes sableuses, dans lesquelles sont disséminés de nombreux fragmens de roches primitives et de transition. Ces roches fragmentaires paraissent avoir été brisées et fracturées par l'effet d'un choc violent, mais elles ne semblent pas avoir été roulées, ni amenées de loin.

Le terrain de transport que nous venons de décrire, et qui, comme à Montpellier, supporte l'étage supérieur du dépôt marin tertiaire, repose immédiatement, soit sur des roches granitiques, soit

sur des phyllades micacés. Cette superposition immédiate prouve, avec les autres faits que nous
avons rapportés dans notre mémoire sur les Pyrénées orientales, que les terrains tertiaires sont
bornés dans ce département à l'étage supérieur du
dépôt marin. En effet, nous n'y connaissons aucune
trace des terrains d'eau douce inférieurs, ou des
dépôts fluviatiles.

Il existe également dans les vallées de la Têt et
du Tech, à peu de distance de la Méditerranée,
d'autres localités où l'on découvre des coquilles fossiles, et même en assez grande quantité. Comme
leurs espèces y sont peu variées, et presque réduites
à l'*Ostrea undata*, aux *Pecten benedictus* et *dubius*
ainsi qu'au *Pectunculus pulvinatus*, nous les pas-
serons sous silence. Nous nous bornerons donc à
mentionner celles de Villelongue-les-Monts et de
Truillas, toutes deux dans la vallée du Tech.

Il existe encore des bancs coquilliers dans la
troisième vallée des Pyrénées orientales, celle de
l'Agly, en sorte que les mers, en se retirant, ont
laissé des traces de leur ancien séjour dans les diverses vallées qu'elles ont abandonnées. Ce banc
coquillier offre les mêmes espèces que celles que
l'on observe dans les vallées du Tech et de la Têt.

Ce banc se trouve sur la rive gauche de l'Agly,
en face du village d'Espira : les coquilles sont
surtout abondantes près d'un champ qui appartient à M. Farines. Les eaux, en creusant le

ravin, y ont laissé à découvert une coupe d'environ sept à huit mètres, au bas de laquelle on aperçoit les marnes argileuses bleues coquillières. Ces marnes, recouvertes par des sables marneux, d'un blanc assez prononcé vers leur partie inférieure, deviennent jaunâtres dans la partie la plus supérieure de leurs couches. Les sables jaunâtres marins recèlent des lignites fibreux ; mais ils y sont peu abondans. Leur épaisseur est d'environ trois mètres. Des marnes calcareo-argileuses jaunâtres les surmontent, et les sables marins jaunâtres, qui apparaissent de nouveau, terminent la série des couches tertiaires. La puissance de ces deux couches est d'environ deux mètres. Enfin, le *diluvium* des plaines couronne tout cet escarpement ; il y est assez épais, ayant plus d'un mètre de puissance.

Les coquilles du banc d'Espira sont généralement mieux conservées que celles des marnes coquillières des vallées du Tech et de la Têt. Un assez grand nombre d'entr'elles offre encore une partie de leurs couleurs. Leur parfaite conservation paraît due à la couche des marnes supérieures, qui n'a pas donné un aussi libre passage aux eaux, que les sables qui surmontent les autres bancs. On peut d'autant plus le supposer, que les coquilles sont généralement mieux conservées dans les marnes, que dans les sables ou les bancs pierreux, présentant peu leur têt dans ces dernières couches.

Les principales localités du bassin de Narbonne,

où l'on découvre des dépôts marins et des produits de mer , sont :

1.° Les carrières de calcaire moellon, de Creyssels , exploitées à une demi-lieue à l'est de Narbonne. Les coquilles fossiles y sont assez abondantes ; on n'y trouve guère que leurs moules intérieurs. Les débris de poissons et de mammifères marins, au contraire , peu nombreux, sont devenus , surtout les derniers , plus pierreux , et comme convertis entièrement en carbonate calcaire.

2.° Le bassin de la Vernède, et particulièrement le lieu nommé en idiome languedocien , *Roco traoucado*, ou Roche percée. Cette localité offre à peu près les espèces des carrières de calcaire moellon des *Brégines* ou *Bergines* dans les environs de Béziers. On y observe de plus des bancs assez puissans d'*Ostrea crassissima*. Des coupes considérables permettent de reconnaître que le dépôt marin de la Vernède se compose des mêmes couches qu'ailleurs , c'est-à-dire, des sables marins jaunâtres micacés, alternant avec des grès calcaréoquarzeux, des marnes jaunes, des bancs puissans de calcaire moellon , et des marnes argileuses bleues. Quoique ces couches alternent ensemble, il est aisé de reconnaître à la Vernède , comme ailleurs, que le premier terme de la série , ou le plus inférieur , se compose des marnes bleues , analogues aux marnes bleues sub-apennines et viennoises.

Le bassin de Béziers, contrairement à celui de Narbonne, offre une plus grande quantité de dépôts marins, que de dépôts d'eau douce, peut-être par suite de la grande épaisseur des premiers, qui ne permet pas toujours de découvrir les seconds. Ainsi les formations d'eau douce ne se montrent à découvert dans la colline sur laquelle Béziers est bâti, qu'au niveau de la rivière de l'Orb, au-dessous du massif considérable de dépôt marin qui compose cette colline. Comme des coupes verticales aussi étendues sont infiniment rares dans les terrains tertiaires, soit dans les environs de Béziers, soit ailleurs, il n'est pas surprenant que les formations d'eau douce, inférieures aux dépôts marins, très-développés dans ce bassin, ne s'aperçoivent que rarement à l'extérieur.

Les carrières de calcaire moellon, exploitées aux Brégines ou Bergines, au sud-est, et à une grande demi-lieue de Béziers, sont celles qui fournissent le plus de fossiles, soit en mollusques, soit en crustacés, soit enfin en débris de mammifères marins. On peut encore signaler les environs de Montady, au sud-ouest de Béziers, et les marnes bleues qui se montrent à découvert sur les bords du canal du Languedoc, près de la montagne percée, et au nord du village de Cazouls-les-Béziers. Les coquilles fossiles sont assez abondantes dans cette dernière localité.

Le bassin tertiaire de Montpellier, qui, comme.

ceux que nous venons de signaler, s'écarte peu des bords de la Méditerranée, se maintenant, comme les précédens, parallèle à cette mer, est infiniment riche en fossiles. Il l'est d'autant plus, que le dépôt marin y est très-développé, surtout les sables qui ne se montrent point ailleurs avec la même étendue et la même puissance, si ce n'est à Barris près de Bolenne.

Les principales localités sont, pour les sables marins, les environs de la colline sur laquelle Montpellier est bâti, principalement les sablonnières des faubourgs S.¹-Dominique, Figuairolles, du Peyrou et de Boutonnet, ainsi que les alentours de la citadelle, surtout à l'est et au sud. C'est dans ces localités, toutes infiniment rapprochées, que l'on découvre une immense quantité de débris de mammifères terrestres et marins, mêlés et confondus avec quelques restes d'oiseaux, de poissons de mer, de reptiles de terre, de mer et d'eau douce, et des coquilles pour la plupart marines. Quant aux débris des crustacés et aux bois fossiles, ils n'y sont pas abondans. Les coquilles conservent peu leur têt dans ces sables; mais lorsqu'il existe, il est souvent spathifié.

Quant aux fossiles du calcaire moellon, c'est dans les carrières de S.¹-Geniez, de S.¹-Julien, de Vendargues, de Castries, de Boutonnet, de S.¹-Jean-de-Védas, de Pignan et de la Mosson, qu'ils sont les plus abondans. Les coquilles y sont singulièrement en excès sur les autres débris fossiles ; dans certaines localités, le second calcaire tertiaire en est presqu'entièrement composé. Ainsi, comme les débris de corps organisés marins abondent principalement dans ce calcaire, on y trouve peu de débris de mammifères terrestres. Jusqu'à présent, nous n'y avons observé que quelques dents isolées de *Palæotherium* et de *Lophiodon*. M. Faujas rapporte pourtant y avoir découvert un fragment de maxillaire du premier de ces quadrupèdes (1). Il paraît que les débris de mammifères terrestres sont moins rares dans le calcaire moellon des environs de Barcelone, que dans nos localités. Du moins M. Stadieu, directeur des postes de Narbonne, y a observé un certain nombre de dents de *Lophiodon*, de l'espèce moyenne d'Issel, avec différens débris osseux.

Les localités les plus remarquables des environs de Montpellier, où les fossiles abondent le plus dans les marnes bleues, sont celles de la Gaillarde et de Caunelles. Cette dernière était déjà fameuse du temps de Bruguière, qui y a indiqué un certain nombre de Cérites que nous signalons dans notre travail.

Le bassin tertiaire de Bolenne (Vaucluse) est également fort intéressant, sous le rapport des fossiles qu'on y observe. Le banc de marnes bleues de St-Yriex ou St-Yriès, si riche en coquilles, a été déjà signalé par M. de Lamark, qui l'a fait

____

(1) Annales du Muséum, tome XIV, pag. 382.

connaître, d'après les observations de Faujas. La colline de Barris, située à une petite lieue au nord de Bolenne, est également fort riche en fossiles, et d'autant plus que l'on y découvre les trois principales couches du dépôt marin supérieur, ou du deuxième terrain marin, c'est-à-dire, les sables marins, le calcaire moellon et les marnes bleues.

Cette localité est d'autant plus intéressante, que les sables marins qui s'y montrent inférieurs à des bancs pierreux marins tellement étendus, qu'ils y sont exploités, renferment cependant une assez grande quantité de débris de mammifères marins et terrestres. On y observe même les plus grandes espèces de mammifères, et par exemple, les Mastodontes. C'est peut-être le seul de nos bassins tertiaires où les polypiers pierreux fossiles soient abondans, surtout dans les couches endurcies des sables marins.

Le plan d'Aren près les Martigues (Bouches-du-Rhône), est encore une de nos localités où les coquilles fossiles sont les plus abondantes, surtout dans le calcaire moellon. C'est du moins la seule où nous connaissions les fossiles des marnes bleues réunis et comme refoulés dans ce banc pierreux; et, chose remarquable, tandis qu'ailleurs les coquilles n'y conservent plus en général aucune trace du têt; là, au contraire, leur têt, à peu près intact, est seulement devenu plus pierreux, étant tout-à-fait converti en carbonate calcaire.

Enfin, le dernier des bassins tertiaires que nous aurons à citer, en raison du grand nombre de corps organisés que l'on y rencontre, est celui d'Antibes, remarquable également par ses brèches osseuses. La localité la plus riche de ce bassin est celle de Vaugranier, à une lieue et demie à l'est d'Antibes. Les coquilles y sont surtout fort abondantes ; elles y conservent, en général, leur têt presque sans altération, si ce n'est dans ses couleurs. Un grand nombre d'espèces que l'on y rencontre, sont tout-à-fait semblables à nos espèces actuelles. Il paraît qu'il en est de même des coquilles que l'on trouve dans les marnes bleues des environs de Nice.

On découvre ces coquilles fossiles, soit à Vaugranier, soit à Biot, dans une marne argilo-sableuse, d'un gris bleuâtre, laquelle est surmontée par un banc peu développé de calcaire moellon, et par des sables marins jaunâtres. Ces sables sont recouverts, à leur tour, par des galets roulés et aplatis comme les galets que les mers actuelles rejettent sur leurs rivages. Dans la partie la plus supérieure de cette dernière couche, on observe un certain nombre de coquilles fossiles, et particulièrement le *Cerithium pictum* et la *Venericardia patula*.

La seconde localité du bassin d'Antibes, celle de Biot, est peu éloignée de la première. Dans l'une comme dans l'autre, les couches les plus supérieures du calcaire moellon renferment quelques cailloux semblables aux roches volcaniques environnantes. Quant aux galets aplatis, dont nous avons déjà parlé, et qui ont tous les caractères des galets de mer, ils se montrent adossés dans l'une et l'autre de ces localités, aux formations volcaniques. Ainsi, d'après ces faits, les éruptions de certains volcans, aujourd'hui éteints, auraient eu lieu, non-seulement postérieurement au dépôt des terrains d'eau douce moyens, mais encore pendant que le calcaire moellon était à l'état pâteux. Ces éruptions sous-marines ont dû se produire de cette manière, puisque les cailloux volcaniques se montrent au milieu de la pâte du calcaire moellon.

Ce rapprochement des roches volcaniques, des galets de mer, qui sont une des dernières relaissées de la Méditerranée, lorsqu'elle s'est retirée dans ses limites actuelles, et la liaison de ces roches avec le second calcaire tertiaire marin, prouve, avec tant d'autres faits, que la cessation des éruptions volcaniques est en quelque sorte liée à l'éloignement des mers, des parties de nos continens où les éruptions des anciens volcans avaient eu lieu. Les formations volcaniques de Biot, plus récentes que le dépôt du calcaire moellon, puisque les roches volcaniques se sont fait jour à travers ce calcaire, et les ont saisis dans leurs masses, doivent être considérées comme les plus modernes de celles qui ont cessé de se produire, les volcans dont elles proviennent ayant tout-à-fait terminé leurs éruptions. Ces formations seraient donc encore plus récentes que celles rejetées par les volcans éteints des environs de Montpellier, qui, comme nous l'avons fait observer, se sont fait jour à travers les dépôts fluviatiles ou les terrains tertiaires d'eau douce moyens, sorte de dépôts produits avant le second calcaire marin tertiaire. Ainsi, comme toutes les causes perturbatrices, les volcans ont tendu à diminuer, avant même que le globe fût parvenu à l'état de stabilité auquel il est arrivé maintenant.

Nous pourrions facilement étendre ces détails ; mais ceux que nous venons de donner suffiront, sans doute, pour se former une idée des principales localités à fossiles , des bassins tertiaires du midi de la France.

Il est cependant une dernière observation importante à faire : on a pu remarquer, d'après les faits déjà rapportés, que les espèces fossiles sont plutôt accumulées sur des espaces extrèmement resserrés, que disséminées d'une manière régulière. Si l'on a trouvé étonnant qu'un grand nombre d'espèces soient accumulées dans les cavernes ou les fentes des rochers, le fait que nous citons, étant général pour les espèces des terrains tertiaires, comme pour celles des terrains secondaires , doit paraître bien plus singulier, puisque les espèces entraînées dans des cavités souterraines, ont dû se conserver plus complétement que celles exposées à toute l'influence des agens extérieurs. Cet amoncèlement étant le même, quelle que soit la diversité de gisement des espèces fossiles, a dû aussi être produit par les mêmes causes.

Qu'il nous soit permis maintenant de témoigner notre gratitude à ceux qui nous ont donné les moyens d'augmenter le nombre des espèces fossiles que nous indiquons dans cet ouvrage. Nous nommerons d'abord, MM. Leufroy, de Christol, Philbert, qui non-seulement nous ont secondés dans nos recherches, mais qui nous ont encore communiqué les espèces qu'ils avaient eux-mêmes découvertes dans les environs de Montpellier. MM. Farines, Carcassonne, Textor et Rouhé en ont fait de même pour les espèces fossiles du bassin tertiaire de Perpignan. M. Tournal, connu avantageusement par ses travaux géologiques, nous a communiqué également celles du bassin de Narbonne, que ses recherches lui avaient fait découvrir, et cela, avec cette franchise qui caractérise les naturalistes. Enfin, si nous avons pu réunir un grand nombre d'espèces fossiles de la Provence, nous l'avons dû au zèle et à l'amitié de M. le marquis de Pareto, ainsi qu'à l'extrême complaisance de MM. Icard et Chansaud, d'Aix; Gaillard et Salamot, de Bolenne; Martin et Brusson, des Martigues. Heureux de pouvoir donner aux naturalistes que nous venons de signaler, un témoignage public de notre reconnaissance, et de faire sentir que notre travail leur doit une partie de l'intérêt qu'il peut présenter.

CHAPITRE V.

TABLEAU DES PRINCIPALES ESPÈCES DE MOLLUSQUES, D'ANNÉLIDES, DE CRUSTACÉS ET DE ZOOPHYTES DES DÉPÔTS MARINS TERTIAIRES DU MIDI DE LA FRANCE.

COQUILLES UNIVALVES.

Lenticulites complanata. De France. C. M. a. I. B. (1).

Nummulites lævigata ? Lamark. Nous rapportons avec doute notre espèce fossile, qui varie dans ses dimensions, depuis la grosseur du doigt, à celle d'une lentille, à l'espèce décrite par Lamark sous le même nom. C. I. B. P.

Vaginella depressa. Basterot. M. a. B.

Bulla. Une espèce assez rapprochée de la *Bulla*

---

(1) Les espèces fossiles que nous allons indiquer, se trouvent dans quatre couches différentes des terrains tertiaires, que nous signalerons de la manière suivante : S. servira à désigner les Sables marins ; M. c., les Marnes calcaires jaunâtres ; C., le Calcaire moellon ; et M. a., les Marnes argileuses bleues.

Comme nous comparerons nos espèces méridionales avec celles des autres bassins où l'on rencontre également les mêmes espèces, la lettre I. signalera celui d'Italie, comme les lettres B., P. et A., ceux de Bordeaux, de Paris et d'Angleterre.

ampulla de Lamark , dont elle peut être considérée comme l'analogue. M. a. I.

Bulla. Très-voisine de la *Bulla striata* de Lamark, an *Bulla striata?* Brochi. M. a. I. B.

Bulla. Fort rapprochée de la *Bulla hydatis* de Lamark. M. a. I.

Bulla truncatula. Brochi. Basterot. M. a. I. B.

Helix. Des moules seulement, mais pas assez bien conservés pour être déterminables. Ces *Helix* paraissent avoir appartenu à des espèces différentes, et de taille diverse. On les rencontre principalement dans les calcaires moellons des environs d'Aix (Bouches du Rhône) , et de Barcelone (Espagne). Ces *Helix* sont généralement accompagnées par plusieurs espèces de *Cyclostoma* , parmi lesquelles il en existe une espèce qui paraît nouvelle. Ces fossiles terrestres sont beaucoup plus rares dans les sables marins , ordinairement supérieurs au calcaire moellon. S. C.

Parmi ces Helix , il est cependant une espèce qui conserve parfois son têt , et que nous signalerons sous le nom d'*Helix Aquensis*, se trouvant en grande quantité dans le bassin tertiaire d'Aix.

Cette espèce, de la taille de l'*Helix pomatia*, mais à tours de spire moins élevés , peut être caractérisée par la phrase suivante : *Testâ orbiculato-convexâ , perforatâ , transversim eleganter striata. Anfractibus quatuor vel quinis primis angustis , ultimo maximo rotundato. Aperturâ mediocri , labro simplici supernè acuto. Umbilico profundè excavato semi-circulato. Spirà parùm exsertâ.* S. C.

Il existe donc au moins trois espèces d'Hélices dans nos terrains marins ; mais la difficulté est de les caractériser , faute d'en trouver des individus entiers.

D'autres *Helix* conservant leur têt, mais en grande partie brisé, et de la taille des *Helix aspersa* et *vermiculata.* M. c.

Planorbis sub-ovatus. Deshayes. M. c. P.

Planorbis minutus. Faujas de S.ᵗ-Fond. M. a.

Lymnæus. Plusieurs espèces conservant leur têt, fort rapprochées des *Lymnæus auricularius* et *ovatus.* M. c.

Auricula pisum Nobis. (*Voluta pisum.* Brocchi.) M. a. I.

Auricula. Une espèce très - voisine du *Voluta myotis* de Brocchi. Tab. XV , fig. 9. Cette espèce est encore assez rapprochée, par sa forme, de l'*Auricula conovuliformis* de M. Deshayes, et de l'*Auricula marginata* de M. Defrance; mais elle en diffère essentiellement par les replis ou bourrelets saillans de sa columelle. M. a. I.

Auricula myosotis. Draparnaud. M. a. I.

Une autre espèce qui paraît être l'*Auricula ovata* de Lamark , soit d'après la description de cet auteur , soit d'après la figure qu'en a publiée M. Deshayes. M. c. P.

Tornatella fasciata. Lamark. Cette espèce fossile

paraît tout-à-fait analogue à l'espèce vivante. M. c.
M. a.

Tornatella alligata. Deshayes. M. a. P.

Tornatella inflata. Ferrussac. Basterot. M. a. B. P.

Cyclostoma. Des moules seulement ; plusieurs
espèces ; une très-rapprochée du *Cyclostoma sulcatum* de Draparnaud , et une autre du *Cyclostoma
elegans* du même auteur; enfin, une troisième, beaucoup plus grande qui paraît constituer une espèce
très-rapprochée , à la taille près , du *Cyclostoma
ferruginea* de Lamark , ainsi que la description et
la figure que nous en donnons pourront le faire juger.
— *Testá ventricoso-conica , apice obtusá , striis
transversis prominulis cincta ; anfractibus sex ,
senis, convexis, suturis excavatis, labro subreflexo.
Longitudo , 0,020. S. C.*

Paludina Desmarestii. Deshayes. M. c. P.

Paludina Brardii. (Brard , 4.ᵐᵉ mémoire). M. a.

Paludina pyramidalis. Deshayes. M. c. P.

Paludina conica. Deshayes. Cette espèce a les
plus grands rapports avec la *Paludina impura ,*
dont elle diffère cependant par sa forme conique,
et moins ventrue , et parce que son dernier tour
ne forme pas la moitié de la hauteur totale de la
coquille. M. c. P.

Paludina achatina Draparnaud. C. I.

Paludina pusilla. Deshayes. *Id.* Basterot. M. c. B. P.

Ampullaria minuta Nobis. *Testá ventricoso-glo-
bosá, minutá, umbilicatá, tenui, lœvi; anfractibus*

lævibus, ultimo maximo ; spirâ exsertâ brevi ; aperturâ magnâ ovali, paululùm reflexâ. — Longitudo, 0,ᵐ007. M. c.

Ampullaria Faujasii. M. a.

Melanopsis lævigata. Lamark. M. a.

Melanopsis. Une assez grande espèce, également lisse, et qui paraît totalement différente de l'espèce précédente. Elle abonde dans les dépôts de lignite marin. Nous la désignerons sous le nom de *Melanopsis deperdita.* M. a.

Melania ventricosa. Faujas de S.ᵗ-Fond. M. a.

Melania pyramidata. Faujas de S.ᵗ-Fond. M. a.

Nerita Plutonis. Basterot. M. a. B.

Natica. Les moules des espèces de ce genre sont très-abondans dans le calcaire moellon. Ils y signalent de nombreuses espèces, et certaines de grande taille; mais ces moules ne sont pas assez complets pour oser les rapporter à des espèces bien déterminées. S. C.

D'autres espèces se présentent avec leur têt, et celles-ci se trouvent à peu près uniquement dans les marnes argileuses bleues.

Natica epiglotina. Brongniart. C. M. a. I.

Natica, très-rapprochée de la *Natica patula* de Sowerby. M. a. I. A.

Natica cruentata antiqua. Cette espèce paraît l'analogue de la *Natica cruentata* de Lamark ? M. a. I.

Natica voisine de la *Natica vitellus,* de Lamark. M. a. I.

Une autre espèce que nous avons vue dans la

collection de M. Martin des Martigues , et qui est
bien distincte par la forme avancée de sa bouche.
On pourrait l'appeler , à raison de ce caractère ,
Natica buccata.

Natica très-rapprochée de la *Natica Guilleminii*
de Payraudeau. Cette espèce fossile qui paraît tout-
à-fait l'analogue de l'espèce vivante , se trouve à
Vaugranier , près Antibes. C. M. a.

Natica olla Nobis. Celle-ci paraît l'analogue d'une
espèce nouvelle de la Méditerranée , que nous décrirons sous le même nom , et qui est commune sur
nos côtes , depuis Marseille jusqu'à Port Vendres.
Elle est rapprochée de la *Natica labellata* de
Lamark, ainsi que de la *Natica glaucina* de Basterot.
Mais elle diffère de ces deux espèces par les caractères suivans : 1.e de la *Natica labellata* , parce
qu'au lieu d'avoir six ou sept tours de spire , elle
n'en a guère plus de quatre ; 2.° de la *Natica glaucina* , en ce qu'elle est constamment plus grande ,
et le bourrelet qui couvre son ombilic beaucoup
plus saillant, plus relevé, plus large , et quelquefois
tellement étendu , qu'il est peu distant du bord
extérieur de la coquille.

*Testá sub-orbiculari ; convexo-depressá , conve-
xiusculá, glabrá fulvá, subtùs, læviter planá, spirá
rectá convexiusculá. Labii callo albido , crasso
maximo , umbilicum, ferè omninò latente. Diam.*
o,^mo18 à o,^mo3o. Cette espèce fossile ne diffère
guère de l'espèce vivante, que nous décrirons sous

le même nom, qu'en ce que le col de la lèvre cache presque entièrement l'ombilic. M. a. I.

Natica helicina. Brocchi. M. a. I.

Delphinula. Des moules nombreux qui signalent plusieurs espèces et certaines d'une grande taille. S. C.

Delphinula solaris. (*Trochus solaris.* Brocchi.) Cette espèce conservant son têt, se trouve uniquement dans les marnes argileuses bleues inférieures au calcaire moellon. M. a. I.

Turbo. Des moules nombreux dans le calcaire moellon et dans les marnes bleues; certains annoncent des espèces d'une taille plus grande que le *Turbo rugosus*, et d'autres d'une dimension peu supérieure au *Turbo littoreus.* S. C. M. a. I.

Turbo rugosus. Brocchi. On trouve avec ces *Turbo* de nombreux opercules qui signalent également des espèces très-différentes. M. a. I.

Turbo tuberculatus Nobis. Cette espèce, assez rapprochée du *Turbo rugosus*, en diffère cependant, ainsi que la description suivante pourra en faire juger.

Testâ orbiculato sub conoideâ imperforatâ scabrâ; tuberculis latis flexuosis transversim dispositis; spinis acutis brevibus supernè armatis; nodis rotundatis elevatis in serie transversali confertis; collumellâ callosâ expansâ obliquâ, versus nodos quinque serratos; aperturâ semiovali; spirâ brevi apice retusâ. Diam. 0,045 à 0,057.

Cette espèce diffère donc du *Turbo rugosus* par

la moindre élévation de sa spire , la disposition de ses nœuds granuleux placés transversalement vers la partie supérieure et en dehors de la columelle ; nœuds granuleux qui n'existent pas dans le *Turbo rugosus.* M. a.

Les opercules des *Turbo* ayant généralement une grande solidité, se sont conservés en grand nombre au milieu des couches, des marnes argileuses et sableuses bleuâtres.

Monodonta , très-rapprochée de la *Monodonta Conturii* de Payrandeau. S. C.

Trochus. Des moules nombreux ; certains annoncent des espèces plus grandes que le *Trochus imperialis*, et d'autres de la taille du *Trochus conulus.* S. C. M. a.

Trochus cingulatus. Brocchi. M. a. I.

Trochus striatus. Brocchi. M. a. I.

Trochus magus. Lamark. Notre fossile paraît l'analogue de cette espèce vivante. M. a.

Trochus conulus. Lamark. C'est encore une espèce analogue. M. a.

Trochus Matonii. Payrandeau. C'est encore une analogue, tant le nombre de nos espèces fossiles, semblables à celles qui vivent dans la Méditerranée, est considérable. C. M. a.

Trochus , très-rapproché du *Trochus moniliferus* de Lamark. C. M. a.

Trochus patulus. Brocchi Basterot. M. a. B. I.

Trochus agglutinans. Brocchi. M. a. I.

Trochus granulatus. Nobis. Testá orbiculatá sub conicá perforatá , granulis rotundatis elevatis in serie transversali super omnes anfractus eleganter dispositis. Ultimo anfractu maximo , cum granulis rotundatis distinctioribus octo-seriatim transversa-liter confertis. Spirá acutá , aperturá ovali transver-sali que. Diam. 0,'"012.

Cette espèce est remarquable à raison des points élevés et granuleux qui sont disposés avec beau-coup de symétrie sur tous les tours de la spire. Ils s'y trouvent en série transversale, laquelle forme jusqu'à huit cordons dans le dernier tour. M. a.

Phasianella pulla. Payrandeau. Cette espèce fossile est l'analogue de l'espèce vivante. M. a.

Phasianella lævis. Nobis. Testá oblongo-conicá lævi ; ultimo anfractu maximo , primis minoribus ; aperturá ovali integrá. Longit. 0,'"007. M. a.

Solarium sulcatum. Lamark. M. a. P.

Solarium, très-rapproché du *Solarium lævigatum* de Lamark. M. a.

Scalaria Textorii. Nobis. Nous avons consacré cette espèce décrite par Brocchi, sous le nom de *Turbo pseudo-scalaris* à M. Textor, capitaine dans le 43.ᵉ régiment, qui l'a trouvée, le premier, dans les marnes argileuses de Banyuls dels Aspre. Cette espèce est voisine de la *Scalaria multilamella* de Basterot. C. M. a. I.

Scalaria cancellata. Nobis. (*Turbo cancellatus.* Brocchi.) Cette espèce fait le passage des *Turbo* aux Scalaires. Sa forme est allongée et subturriculée, comme dans les Scalaires ; mais ses tours sont moins convexes , et ses côtes longitudinales moins élevées et moins tranchantes que dans la plupart des espèces de ce genre. Brocchi avait déjà fait la même remarque. M. a. I.

Turitella. Des moules nombreux, de taille très-différente , et qui annoncent un grand nombre d'espèces que l'on ne peut déterminer , faute d'en avoir des individus complets. Ce genre devait être très-nombreux dans les terrains tertiaires du Midi de la France, à en juger par les moules nombreux qu'on y découvre, et les individus qui conservent leur têt. Nos sables marins offrent, ainsi que les grès qui les accompagnent, des turitelles conservant leur têt. J'en ai observé d'accollés à des plastrons de *Trionyx.*

Turitella rotifera. Lamark. J'ai vu dans le calcaire moellon du Plan d'Aren, des fragmens qui signalent une autre espèce très-rapprochée de celle-ci, mais cependant différente. Faute d'individus complets, nous n'osons la décrire. Il existe également dans le même calcaire, une autre espèce qui est treillisée comme la *Pyrula clathrata*, et qui, à cause de cette particularité, pourrait être désignée sous le nom de *Turitella clathrata.* S. M. c. C. M. a.

Turitella terebralis. Lamarck. C. M. a. B. I.

Turitella terebra. Lamark. Brocchi. Celle-ci semble

plutôt que la précédente, l'analogue de l'espèce vivante. C. M. a. I.

Turitella turris. Basterot. C. M. a. I.

Turitella tricarinata Nobis. (*Turbo tricarinatus.* Brocchi.) M. a. I.

Turitella spirita. (*Turbo spiratus.* Brocchi.) C. I.

Turitella varricosa Nobis. (*Turbo varricosus.* Brocchi.) M. a. I.

Turitella cathedralis. Brongniart. M. a. I.

Turitella cochleata (*Turbo cochleatus.* Brocchi). M. a. I.

Turitella Archimedis. Brongniart. M. a. I.

Turitella serrata Nobis. (*Trochus serratus.* Brocchi.) M. a. I.

Turitella marginalis. (*Turbo marginalis* Brocchi.) M. a. I.

Turitella muricata Nobis. (*Turbo muricatus.* Brocchi.) M. a. I.

Turitella imbricataria? Lamark. C. M. a. P.

Turitella duplicata Nobis. (*Turbo duplicatus* Brocchi.) M. a. I.

Turitella perforata? Lamark. M. a. P.

Turitella acutangula Nobis. (*Turbo acutangulus* Brocchi.) M. a. I.

Turitella triplicata. (*Turbo triplicatus.* Brocchi) C. M. a. I.

Turitella vermicularis. Al. Brongniart. C. M. a. I.

Turitella fuscata. Lamark. M. a. Cette espèce paraît du moins l'analogue de l'espèce vivante commune dans la Méditerranée et l'Océan.

Turitella proto. Basterot. C. M. a. B. I.

Turitella replicata Nobis. (*Turbo replicatus.* Brocchi.) M. a. I.

Turitella multisulcata. Lamark. C. M. a. P.

Turitella bis-cingulata. Lamark. C. M. a. B.

Turitella quadriplicata. Basterot. M. a. B.

Outre ces différentes espèces, les marnes argileuses de Millas nous ont offert des fragmens qui en signalent de la plus grande taille; et les calcaires moellons du Plan d'Aren, d'autres espèces qui mériteraient d'être décrites, si l'on en obtenait des individus entiers. L'une de ces turitelles pourrait, à cause de la largeur des tours de sa spire, prendre le nom de *Turitella lata;* et l'autre, en raison d'une sorte de couronne qui borde le dernier des tours de la spire, devrait être appelé *Turitella corona.* C. M. a. B.

Cerithium Basteroti; Nobis. Cette espèce est assez voisine du *Cerithium lapidum* de Lamark, et il serait facile de les confondre, si on ne les comparait pas avec attention. Notre Cerite se distingue surtout par ses trois rangées de tubercules saillans, disposés transversalement à chaque tour de spire, et que l'on pourrait tout aussi-bien décrire comme des côtes saillantes. Ces tubercules sont un peu plus saillans vers la partie supérieure des tours.

Testá turritá conicá; anfractibus convexis obtusis; tuberculis numerosis, elevatis triseriatis, transver-

sim que dispositis ; aperturâ ovali - irregulari ; labro prominente ; columellâ deflexâ ; canali contorto. Long. 0^m,027 à 0^m,030. M. c.

Cerithium marginatum. Bruguière. C. M. a. I. (*Murex margaritaceus.* Brocchi. *Cerithium margaritaceum.* Brongniart.) Les individus que nous avons reçus de Saucatz, près de Bordeaux, sous le nom de *Murex margaritaceus*, Brocchi, sont généralement plus petits que les nôtres.

Cerithium prismasticum. Brongniart. M. a. I.

Cerithium cinctum. Basterot. (Non *Cerithium cinctum.* Bruguière.) M. a. B.

Cerithium cinctum. Bruguière. (*Cerithium lemniscatum.* Brongniart.) M. a. I.

Cerithium pictum. Basterot. M. a. B. I.

Cerithium sulcatum. Bruguière. *Cerithium plicatum.* Basterot.) M. a. B. I.

Cerithium doliolum. Nobis (*Murex doliolum.* Brocchi.) M. a. I.

Cerithium plicatum. Bruguière , non Basterot. Cette espèce semble peu éloignée du *Cerithium inconstans* de Basterot. Elle est cependant constamment plus grande, avec des bourrelets plus saillans et moins nombreux. M. a. B.

Cerithium papaveraceum. Basterot. M. a. B.

Cerithium subgranosum. Lamark. M. a. P.

Cerithium tuberculosum? Lamark. M. a. P.

Cerithium umbilicatum. Lamark. M. a. P.

Cerithium Castellini. Brongniart. M. a. I.

Cerithium lima. Bruguière. (*Murex scaber.* Brocchi.) M. a. I.

Cerithium lemniscatum. Basterot. Cette espèce, très-rapprochée du *Cerithium cinctum* de Bruguière, en diffère cependant en ce que les trois rangées de tubercules qui existent sur chacun des tours de la spire sont tout-à-fait inégaux; tandis qu'ils sont presque semblables dans le *Cerithium cinctum.* Les tubercules du dernier tour sont élevés, saillans et presque épineux, dans le *Cerithium lemniscatum*, ce qui n'a pas lieu pour le *Cerithium cinctum.*

Cerithium mutabile. Lamark. M. a. P.

Cerithium bicarinatum. Lamark. M. a. P.

Cerithium turbinatum. Nobis. (*Murex turbinatus.* Brocchi.) M. a. I.

Cerithium vulgatum antiquum. Cette espèce, fort rapprochée du *Cerithium vulgatum*, est cependant plus ventrue et plus raccourcie; les tubercules qui la recouvrent de toutes parts sont également plus saillans et plus marqués. M. a. I.

Cerithium multisulcatum. Brongniart. M. a. I.

Cerithium calcaratum. Brongniart. M. a. I.

Cerithium multigranulatum Nobis. Testâ turritâ conicâ, basi ventricosâ, transversim tenuissimè striatâ. Tuberculis nodisque in serie transversali super omnes anfractus dispositis, sed magis numerosis in ultimo anfractu; aliis eminentioribus. Canali brevi; columellâ expansâ crassâ. Longit. o,"'o54.

., Cette espèce a quelques rapports avec le *Cerithium multisulcatum* de Brongniart; mais au lieu des sillons nombreux qui caractérisent cette dernière, la nôtre offre des tubercules granuleux saillans et en fort grand nombre , surtout sur le dernier tour. M. a.

Cerithium baccatum. Brongniart. M. a. I.

Cerithium ampullosum? Brongniart. Nous rapportons à cette espèce une grande Cerite du Plan d'Aups (Provence) , qui diffère de celle figurée par M. Brongniart, non-seulement par sa taille qui est beaucoup plus considérable, mais par le nombre des tubercules disposés transversalement sur chacun de ses tours. Ces tubercules d'ailleurs plus épais dans notre espèce, sont uniquement au nombre de trois rangées , et chacun d'eux est fort nettement séparé de celui qui le précède comme de celui qui le suit. L'espèce du Plan d'Aups, serait-elle nouvelle ; c'est ce que nous n'oserions décider avec les individus incomplets que nous avons sous les yeux. M. a. I.

Cerithium. Outre les espèces de *Cerithium* qui conservent leur têt , il en existe un fort grand nombre dans les sables marins et les marnes jaunes et le calcaire moellon, dont les espèces ne peuvent être déterminées, les moules seuls s'étant conservés. S. M. c. C. M. a.

Pleurotoma turricula. Nobis. (Murex turricula. Brocchi.) M. a. I.

Pleurotoma dimidiata Nobis. (*Murex dimidiatus,* Brocchi.) M. a. I.

Pleurotoma muricata Nobis. Testá ovali turritá; anfractibus primis concavis transversim eleganter striatis, supernè granulis vel tuberculis elevatis ornatis uná serie dispositis. Ultimo anfractu maximo convexo ad basim tuberculis majoribus uná serie positis distinctè separatis. Supernè lineis elevatis transversalibus ferè granulosis eleganter ornatis, caudá mediá. Longit 0,^m027 à 0,^m030.

Cette espèce très-distincte à raison de la disposition de ses tours et des tubercules dont elle est ornée, paraît différer de toutes les espèces décrites jusqu'à présent. Nous ne voyons pas dans nos espèces vivantes, de quelle espèce on pourrait la rapprocher. M. a. I.

Pleurotoma subulata Nobis. (*Murex subulatus.* Brocchi.) Cette jolie espèce de *Pleurotoma* est très-distincte par sa forme grêle et allongée, les stries profondes qui sillonnent son dernier tour, ainsi que par la forme comprimée de sa bouche ou de sa lèvre qui est dentée dans son intérieur. M. a. I.

Pleurotoma Farinensis Nobis. Nous dédions cette espèce, qui est assez rapprochée cependant de la *Pleurotoma dentata* de Lamark, à M. Farines, de Perpignan.

Testá fusiformi elongatá; striis sinuosis transversis, elevatis, creberrimis ferè granulosis; anfractubus medio carinato nodosis, ultimo maximo sed

gracile. Apertura simplici, trigoná magná. Longit.
o,^mo5o à o,^mo55.

Cette espèce diffère essentiellement du *Pleurotoma dentata* de Lamark, à raison de sa forme
plus allongée et du peu de renflement de son
dernier tour. Les stries transverses sont ici très-
élevées et comme granuleuses, tandis qu'elles sont
peu marquées dans la *Pleurotoma dentata*. M. a.

Pleurotoma harpula Nobis. (*Murex harpula.*
Brocchi.) M. a. I.

*Pleurotoma clathrata Nobis. Testá fusiformi
turritá ; costis longitudinalibus elevatis ; striis transversis decussatis ; interstiis profundis ; spirá brevi ;
aperturá angustá marginatá que. Longit.* o,^moo9.
M. a.

Pleurotoma pannus. Basterot. M. a. B.

Fusus lignarius. Payrandeau. Notre espèce fossile
paraît l'analogue de l'espèce vivante décrite par
Payrandeau, et qui est assez commune dans la
Méditerranée. M. a. I.

Fusus sub-carinatus. Brongniart. I.

Fusus subulatus Nobis. (*Murex subulatus.*
Brocchi.) M. a. I.

Fusus, une espèce entre le *Fusus Syracusanus*
de Lamark, et une autre espèce de la même taille
qui se trouve dans la Méditerranée et qui ne paraît
pas décrite. M. a.

Fusus polygonus. Brongniart. M. a. I.

Fusus rugosus. Lamark. Notre espèce est plus

courte, plus élargie, plus bombée que celle qui se trouve à Grignon. Les sillons transversaux sont moins sensibles et moins apparens, et les côtes longitudinales plus saillantes et plus relevées. Peut-être la nôtre est-elle différente. M. a. P.

Fusus longirostris Nobis. (*Murex longiroster.* Brocchi.) M. a. I.

Cancellaria clathrata. Lamark. M. a. P.

Pyrula. Un grand nombre d'espèces dont il ne reste plus que des moules intérieurs. Un de ces moules paraît très-rapproché de la *Pyrula nexilis* de Lamark, et un autre de la *Pyrula bezoar* du même auteur. S. M. c. C. M. a.

Pyrula transversalis Nobis. Espèce nouvelle, remarquable par ses stries transverses élevées, et l'unique rangée de tubercules qui existent à sa base.

Testa paululùm ficoidea vel ampullacea; striis transversis elevatis impressis una serie tuberculorum, ad basim eleganter ornatis; spira brevi convexâ centro mucronata. Aperturâ lævi magna ovali que. Longit. 0,^{m}040 à 0,^{m}050. *Lat.* 0,^{m}035 à 0,^{m}039. M. a.

Pyrula ficoides. Lamark. C'est encore une analogue d'une espèce vivante. M. a. I.

Pyrula clathrata. Lamark. M. a. I.

Ranella marginata. Brongniart. (*Buccinum marginatum.* Brocchi.) Dans le jeune âge, cette espèce offre plusieurs tubercules élevés, placés à la base de chacun des tours, ainsi que l'indique la figure de Brocchi, et de plus deux rangées de tubercules aigus dans le dernier tour. On pourrait facilement faire une espèce des individus jeunes, si l'on n'en observait pas un grand nombre, de manière à suivre les différens passages de la coquille jusqu'au moment où elle devient tout-à-fait lisse. M. a. C. m. B. I.

Ranella ranina analogue. Lamark. M. a.

Murex. Des moules nombreux qui signalent un certain nombre d'espèces de ce genre, la plupart sont indéterminables; un seul se rapproche assez du *murex angularis* de Lamark. C. M. a.

Murex brandaris. Lamark. Brocchi. M. a. I.

Murex anguliferus. Lamark. Notre espèce fossile paraît l'analogue de l'espèce vivante décrite par Lamark. M. a. I.

Murex motacilla. Lamark. C'est tout-à-fait l'analogue de l'espèce vivante. M. a. I.

Murex craticulatus. Brocchi. M. a. I.

Murex très-voisin du *Murex trunculus.* M. a. I.

Murex intermedius. Brocchi. M. a. I.

Murex calcitrapoides. Lamark. M. a. P.

Murex Blainvilii. Payrandeau. M. a. Cette espèce fossile est tellement voisine de l'espèce vivante commune dans la Méditerranée, que nous ne saurions l'en distinguer.

Murex cornutus. Lamark. Notre espèce fossile paraît l'analogue de l'espèce vivante décrite sous le même nom. M. a. I.

Murex haustellum. Lamark. Notre espèce fossile est semblable à l'espèce vivante. M. a.

Murex brevispina. Lamark. C'est encore une espèce fossile analogue à une vivante. M. a I.

Murex tenuispina. Lamark (analogue). M. a. B. I.

Murex crassispina. Lamark. C'est encore une espèce analogue d'une vivante. M. a. I.

Murex qui paraît tout-à-fait l'analogue du *Murex rarispina* de Lamark. M. a. I.

Murex assez voisin du *Murex ponum* de Basterot mais paraissant en différer. Faute d'individus complets, nous n'osons le décrire. M. a. B. I.

Murex qui paraît être l'analogue du *Murex trigonulus* de Lamark. C m. I.

Murex très-voisin du *Murex heptagonus* de Brocchi. M. a. I.

Murex rapproché du *Murex Blainvilii* de Payrandeau; mais paraissant en différer essentiellement. M. a.

Murex tripterus. Lamark. *Varietas*. L'espèce fossile de nos localités, que nous rapprochons de celle décrite par Lamark sous le même nom, est plus épaisse, plus bombée et à bords plus dentelés que celle que l'on trouve à Grignon. Cependant on ne peut la séparer de la première. M. a.

Murex cristatus. Brocchi. M. a. I.

Murex decussatus. Brocchi. M. a. I.

Murex transversalis. *Nobis*. Nouvelle espèce, remarquable par la forme de sa bouche et les nombreuses stries transverses qui la couvrent presque

totalement, et les bosselures flexueuses et longitudinales qui existent sur les tours de sa spire.

*Testá abbreviato fusiformi, valdè ventricosá,
subtrigoná, crassá, transversìm striatá; striis elevatis
creberrimis, sulco profundo separatis, omnibus anfractibus rotundatis, plicis longitudinalibus flexuosis
ornatis; spirá brevi retusá; apertura ovali; colu-
mellá crassá albá; caudá rectá breviusculá; canali
profundè aperto.* Long. o,^mo35 à o,^mo37.

Cette espèce paraît avoir eu une couleur uniforme comme le *Murex erinaceus* de Lamark. M. a.

Murex rostratus. Brocchi. M. a. I.

Murex oblongus. Brocchi. M. a. I.

Triton. Des moules de ce genre, principalement
dans le calcaire moellon, qui signalent d'assez
grandes espèces. C. M. a.

Triton corrugatum. Lamark. Analogue. M. a. I.

*Triton Lævigatum, Nobis. Testa brevi gibbosa
lævigata; costa elevatá unica que ad marginem
sinistrum positá; aperturá utrinque dentatá; caudá
brevi simplici.*

Cette espèce ne serait-elle lisse que par suite du
frottement qu'elle paraît avoir éprouvé? C'est ce
qu'il nous paraît difficile à décider. Ce qu'il y a
de certain, c'est que sa forme l'éloigne de toutes
les espèces connues.

Triton pileare. Lamark. C'est encore une analogue
d'une espèce qui vit dans la Méditerranée. M. a. I.

Triton doliare. Brocchi. Basterot. M. a. B. I.

Triton personatum. Nobis. Cette espèce fossile est en quelque sorte intermédiaire entre les *Triton anus et clathratum* de Lamark.

Testâ fusiformi turritâ parùm distorta, dorso gibbosulâ, obsoletè nodulosâ; sulcis eminentibus longitudinalibus; transversìm paululùm striatis; caudâ brevi rectâ; aperturâ irregulari ringente sinuosâ; labro utrinquè intùs dentato. Longitudo, 0,048 à 0,050.

Cette espèce est beaucoup moins irrégulière que les *Triton anus* et *clathratum*, dont elle se rapproche par la forme de sa bouche et les dentelures dont sa lèvre est armée. Aussi nous parait-elle bien distincte et constituer une espèce nouvelle. M. a.

Triton intermedium. Nobis. — (*Murex intermedius.* Brocchi.) M. a. I.

Rostellaria à côtes élevées et transverses, que l'on pourrait appeler *brevis*, à raison de sa forme racourcie. M. a.

Rostellaria pespelecani. (*Strombus pespelecani.* Brocchi.) M. a. I. B.

Strombus. De grandes espèces reconnues par des fragmens trop brisés pour arriver jusqu'à la détermination des espèces.

Strombus pugilis. Lamark. Notre espèce fossile est tout-à-fait l'analogue de l'espèce vivante de la Méditerranée. M. a.

Strombus tuberculiferus Nobis; testâ ovato oblongâ,

transverse striata; striis distantibus; spirá exsertá majori; anfractibus septem acutis noduliferis eleganter dispositis. Staturá mediocri, faciesque Strombus plicatus sed major. Longitudo 0,035.

Cette espèce paraît l'analogue d'un petit Strombe non décrit, qui nous a été donné comme des mers des grandes Indes. M. a.

Nous avons reçu des terrains tertiaires de Ronca, en Italie, un *Strombus*, probablement nouveau, qui se rapproche beaucoup des jeunes individus du *Strombus gigas*, ayant comme eux les premiers tours de la tour de la spire couronnée par des tubercules allongés et coniques, disposés en spirale. Ce *Strombus* n'en diffère que parce que ses premiers tours sont plus écartés entr'eux, et les tubercules plus rapprochés et moins saillans. On pourrait appeler ce *Strombus*, *Strombus Roncanus*, à raison de la localité où M. Boué l'a rencontré.

Cassidaria echinophora. (*Buccinum echinophorum.* Brocchi.) (C'est encore une analogue.) M. a. I.

Cassis Rondeleti. Basterot. M. a. B.

Cassis marginatus Nobis. Testá ovato oblongá, omninò cingulatá; longitudinaliter striatá; striis exiguis ad apicem distantibus; spinis brevibus acutis armatis; spirá brevi convexá mucronatá; aperturá angustá rugosá. Long. 0,ᵐ032.

Cette espèce est très-facile à distinguer, à cause du large bourrelet fort épais qui l'entoure de toute part, et qui est surtout fort étendu vers la columelle. M. a.

Cassis diluvii Nobis. Testâ ovato globosâ ; transversim paululùm sulcatâ ; spirâ brevi acutâ ; columellâ infernè rugosâ ; labro margine interiore crenato, externè paululùm incrassato. Long. 0,ᵐ029 à 0,ᵐ036.

Cette espèce est assez rapprochée du *Cassis saburon* dont elle diffère cependant par ses stries plus fines et moins nombreuses, ainsi que par la moindre épaisseur du bourrelet de sa lèvre. M. a.

Cassis striatus Nobis. Testâ ovato globosâ, transversim sulcatâ ; sulcis distinctis, remotis distantibus æqualibusque ; spirâ latâ exsertâ prominulâque. Long 0,ᵐ024.

Nous ne saurions comparer ou rapprocher ce *Cassis* fossile d'aucune espèce décrite. M. a.

Cassis inflatus Nobis. Testâ ovato globosâ longitudinaliter tenuissimè striatâ ; spirâ exsertâ acutâ, ultimo anfractu maximo inflato ; columella crassâ, albidâ ; labro intùs simplici. Long. 0,ᵐ050.

Nous ne saurions rapprocher cette espèce d'aucune espèce vivante et fossile ; aussi nous paraît-elle nouvelle. M. a.

Cassis. Outre ces espèces qui conservent leur têt, il en est une infinité d'autres qui ne sont signalées que par leurs moules intérieurs ; certains de ces moules semblent tres-rapprochés du *Cassis saburon* de Lamark. C. M. a. B. I.

Dolium. Quelques moules de ce genre qui

signalent plusieurs espéces, mais pas assez entiers pour déterminer les espèces qu'ils rappelent. C. M. a.

Nassa gibba. (*Buccinum gibbum*. Bruguière, Brocchi.) M a. I.

Nassa caronis. Brongniart. M. a. I.

Nassa semi-striata. Borson, Brongniart. M. a. I.

Eburna. Plusieurs espèces de ce genre, dans le calcaire moellon, que l'on ne peut déterminer; ces espèces n'étant signalées que par des moules intérieurs.

Eburna. Une espèce découverte par M. Martin, des Martigues, dans le calcaire moellon du plan d'Aren, et qui a beaucoup de rapports avec l'*Eburna spirata* de Lamark. D'autres espèces rappellent les formes de l'*Eburna ceylanica*. C.

Buccinum. Des moules nombreux qui signalent diverses espèces de *Buccinum* de différente taille, mais trop incomplets pour être déterminables.

Buccinum asperulum. Brocchi. M. a. I.

Buccinum semi-striatum. Brocchi. M. a. I.

Buccinum transversale Nobis. *Testa ovato ventricosa convexa, anfractibus omninò impressis costis transversalibus elevatis ferè granulosis ; ultimo anfractu maximo. Sulco longitudinali profundè impresso. Apertura rotundata intùs plicata. Long.* 0,013 *ad* 0,014 *mill.*

Cette espèce, plus courte et plus ventrue que le *Buccinum semi-striatum* de Brocchi, en diffère surtout, en ce qu'elle est striée profondément sur tous ses tours, ce que l'on ne voit pas dans l'espèce de Brocchi. M. a. I.

Buccinum corrugatum. Brocchi. M. a. I.

Buccinum semi-costatum. Brocchi. M. a. I.

Buccinum Calmeilii. Payrandeau. Cette espèce fossile est tout-à-fait semblable au *Buccinum Calmeilii* de Payrandeau, espèce si commune dans la Méditerranée. M. a.

Buccinum prismaticum. Brocchi. M. a. I.

Buccinum Lacepedii. Payrandeau. C. M. a.

Buccinum qui paraît bien voisin du *Buccinum gemmulatum* de Lamark. C. M. a.

Buccinum polygonum. Brocchi. (*an Turbinella.*) M. a. I.

Buccinum flexnosum. Brocchi. M. a. I.

Buccinum clathratum. Lamark. M. a. I.

Buccinum gibbum. Bruguières. Brocchi. M. a. I.

Buccinum miga. Lamark. Notre espèce fossile paraît très-rapprochée de l'espèce vivante décrite sous ce nom. M. a.

Buccinum reticulatum. Lamark. Analogue à l'espèce vivante. Brocchi. M. a. B. I.

Buccinum olivaceum. Lamark. Paraît plutôt l'analogue de cette espèce vivante, que le *Buccinum politum* de Basterot. Il est , en effet , plus court et plus ventru que ce dernier. M. a.

Buccinum turbinellus. Brocchi. M. a. I.

Buccinum politum. Basterot. M. a. B. I.

Buccinum mutabile. Lamark. Notre espèce

fossile est tout-à-fait l'analogue de l'espèce actuellement vivante. M. a. I.

Buccinum crenulatum antiquum. Lamark. Cette
espèce fossile paraît bien l'analogue de l'espèce
vivante. M. a I.

Buccinum Carcassonii nobis. Cette espèce, que
nous dédions à M. Carcassonne, de Perpignan, est
assez voisine du *Buccinum reticulatum* et *corrugatum*, dont elle est principalement distinguée par
ses stries transversales, et l'absence de côtes longitudinales élevées et saillantes. Notre espèce fossile
diffère encore de ces deux espèces vivantes, par
la forme de sa bouche qui est ovale et entière, sans
aucune espèce d'échancrure, ni de pli.

*Testâ ovato conicâ, transversìm eleganter striata,
striis lævibus, latis, distantibus ; in duobus ultimis
anfractibus præsertim distinctis : primis longitudinaliter parùm plicatis ; aperturá integrá ovali ; Statura facies que Buccinum reticulatum ; sed anfractibus convexo planis magis æqualibus. Longitndo.*
0,ᵐ03o à 0,ᵐ034. M. a.

Buccinum costulatum. Brocchi. M. a. I.

Buccinum parvulum Nobis. Cette espèce nouvelle
est remarquable, à raison de ses côtes élevées et
saillantes. Elle diffère essentiellement du *Buccinum
costulatum*, par sa forme allongée et fusiforme, par
la continuité de ses côtes longitudinales , et sa
petitesse.

Testá fusiformi minutá elongatá que : costis

*longitudinalibus elevatis, interruptis; striis trans-
versis profundè impressis; aperturâ rotundatâ;
ultimis anfractibus maximis, primis minoribus.
Longitudo*, o,^m007. M. a.

Buccinum gibbosulum. Brocchi. M. a. I.

*Buccinum pusillum Nobis. Testâ minutâ, ventri-
cosâ; ultimo anfractu maximo, striis transversalibus elevatis, distantibus, ornatis; plicis longitudinalibus ad basim dispositis; primis anfractibus
exiguis, valdè angustis, nodulis elevatis, longitudinaliter dispositis; spirâ exsertâ, longâ, acumi-
natâque; aperturâ rotundatâ; columellâ crassâ,
expansâ, albâ. Longitudo*, o,^m008 à o,^m009.

Cette espèce se fait aisément distinguer par le
grand développement de son dernier tour, qui
est le double plus large que l'avant-dernier, ce
qui lui donne une forme singulièrement renflée.
M. a. I.

Terebra duplicata. Lamark. C'est encore une
espèce analogue à une actuellement vivante.
M. a. B. I.

Terebra Vulcani. Brongniart. M. a. I.

Terebra pertusa. Basterot. M. a. B. I.

Terebra dimidiata. Lamark. Analogue à l'espèce
vivante. Notre espèce fossile a aussi de nombreux
rapports avec la *Terebra plicaria* de Basterot;
elle est seulement plus allongée et moins ventrue
M. a.

Terebra plicaria. Basterot. M. a. B.

Mitra scrobiculata Nobis. (*Voluta scrobiculata* Brocchi.) M. a. I.

Mitra striatula Nobis. (*Voluta striatula* Brocchi.) Cette espèce varie beaucoup d'une localité à une autre. Les individus des dépôts tertiaires de Bolenne Vaucluse) se rapportent mieux à la figure de Brocchi, que ceux des autres localités. M. a. I.

Mitra Brocchii Nobis. (*Voluta turgidulta* Brocchi.) Nous consacrons au célèbre auteur de la *Conchiologia fossile*, cette espèce qui est plutôt une mitre qu'une volute, et qu'une colombelle, à raison de sa forme turriculée ou subfusiforme, et de sa spire pointue au sommet, et à bec échancré sans canal. M. a. I.

Mitra Gervilii. Payrandeau. C. M. a.

Mitra pyramidella Nobis. (*Voluta pyramidella* Brocchi.) M. a. I.

Purpura Lassaignei. Basterot M. a. B.

Purpura bicostalis. Lamark. Notre espèce fossile paraît l'analogue de l'espèce vivante, décrite sous le même nom par Lamark. M. a.

Purpura undata. Lamark. C'est encore une espèce analogue à une vivante. M. a.

Voluta varricosa. Brocchi. M. a. I.

Voluta piscatoria. Brocchi. M. a. I.

Voluta citharella. Brongniart. M. a. I.

Volua buccinea. Brocchi. (*An Marginella?*) M. a. I.

Voluta tornatilis. Brocchi. M. a I.

Voluta. Une espèce assez petite , rapprochée de la *Voluta cymbium* de Lamark. C. M. a.

Voluta. Outre ces espèces, dont le têt est conservé, il en est une foule d'autres dont il ne reste plus que des moules intérieurs , et dont on ne peut déterminer les espèces. S. C. M. a.

Rissoa cimex. Basterot. M. a. B. I.

Rissoa cancellata. (*Turbo cancellatus.*) Lamark M. a.

Rissoa pusilla Nobis. (*Turbo pusillus* Brocchi.) M. a. I.

Rissoa cochlearella. Lamark. Basterot. M. a. B. I. P.

Ancillaria. Plusieurs espèces dans le calcaire moellon C.

Marginella cypræola Nobis. (*Voluta cypræola* Brocchi.) M. a. I.

Marginella buccinea Nobis. (*An Voluta buccinea* Brocchi.) M. a. I.

Cypræa amygdalum. Brocchi. M. a. I.

Cypræa mus. Lamark. Analogue à l'espèce vivante. C. M. a.

Cypræa pediculus. Lamark. Analogue. C. M. a.

Cypræa coccinella. Basterot. Notre espèce diffère un peu de l'espèce décrite, par ses stries transverses qui sont très-saillantes , et par sa taille. L'absence de toute ligne médiane la sépare cependant de la *Cypræa pediculus.* M. a. B.

Cypræa elongata. Brocchi. C. M. a. I.

An Cypræa Physis ? Brocchi. Cette espèce se

rapproche encore de la *Cyprœa rufa* de Lamark. C. M. a. I.

Terebellum. Au moins deux espèces reconnues seulement par des moules intérieurs. C.

Anoplax inflata. Brongniart. M. a. I.

Ovula carnea. Lamark. Analogue de l'espèce vivante. C. M. a.

Conus. Des moules nombreux dans le calcaire moellon, qui annoncent une assez grande quantité d'espèces : les unes de grande taille, et les autres de moyenne grandeur. C.

Conus betulinoides. Lamark. C. M. a. P.

Conus clavatus. Lamark. M. a. P.

Conus virginalis. Brocchi. M. a. I.

Conus pyrula. Brocchi. M. a. I.

Conus avellana. Lamark. M. a. I.

Conus turricula. Brocchi. M. a. I.

Conus Aldrovandi. Brocchi. M. a. I.

Conus pelagicus. Brocchi. M. a. I.

Conus deperditus. Brocchi. M. a. B. I. P.

Conus mediterraneus. Lamark. Analogue de l'espèce vivante. C. M. a.

Sigaretus costatus Nobis (*Nerita costata* Brocchi.) C. M. a.

Sigaretus striatus Nobis. Testá auriformi, dorso convexo depressá ; transversìm undulato striatá ; striis planulatis latis ; spirá retusissimá ; aperturá valdè dilatatá, umbilico tecto. Diam., 0,^m020 à 0,^m025.

Cette espèce a beaucoup de rapports avec le *Sigaretus haliotideus* de Lamark ; mais sa forme est moins élevée, ses stries transverses plus flexueuses, plus larges et plus distantes. Aussi ne pouvons-nous considérer notre espèce fossile comme l'analogue du *Sigaretus haliotideus*, avec lequel elle a cependant les plus grands rapports. M. a.

Haliotis Philberti nobis. Testá ovato oblonga, in medio depressiusculá profundè versus marginem anticum canaliculatá, longitudinaliter striata ; sulcis exiguis vix remotis, transversè plicata, plicis inæqualibus remotiusculis ; post spiram margine sinistro elevato, tribus foraminibus externis in tubos pauiulum elongatos productis, aliis simplicibus. C.

Pileopsis. Plusieurs espèces, mais trop brisées pour en déterminer les espèces. M. a.

Pileopsis Paretti nobis. Testa ovato oblongá oblique conicá ; striis longitudinalibus tenuissimè impressis ; basi elatiore ; vertice porrecto eleganter in spirá brevi inflexo.

Cette espèce que nous consacrons à M. le marquis Pareto, qui l'a découverte dans les marnes bleues d'Antibes, a quelques rapports avec le *Pileopsis semi-rufa* de Lamark, dont il diffère cependant par sa spire moins enroulée, ainsi que par la largeur de sa base et par suite celle de son ouverture. M. a.

Calyptræa. Plusieurs moules dans le calcaire

moellon qui annoncent différentes espèces. L'une de ces espèces rappelle la forme du *Calyptræa extinctorium* de Lamark. C.

Calyptræa lævigata. Deshayes. M. a. P.

Calyptræa muricata Nobis. Patella muricata. Brocchi. C. I.

Crepidula unguiformis. Basterot. M. a. B. I.

Patella. Assez rapprochée de la *Patella vulgata* de Lamark, pour la rapporter à cette espèce, plutôt qu'à toute autre. M. c. M. a.

Patella Bonardii. Payraudeau. C. M. a.

Patella umbella. Lamark. Ces deux espèces sont analogues à nos espèces vivantes. C. M. a.

Patella alta Nobis. Cette coquille qui nous paraît nouvelle, est remarquable, à raison de sa grande élévation qui est plus considérable que dans la *Patella compressa* de Lamark. Notre espèce a, du reste, une forme arrondie et nullement comprimée. Nous en devons la connaissance à M. Dumas, de Sommières, dont le zèle égale les lumières.

Testâ oblongâ conicâ altâ; striis elevatis distantibus; vertice latè prominente.

Cette espèce, dont le grand diamètre est de 0,^m085, se fait remarquer principalement par sa forme élevée, son sommet élargi, ainsi que par la largeur et la grosseur de ses stries. Sa plus grande élévation est de 0,^m052. C.

Patella glabra. Deshayes. M. a. P.

Fissurella græca. Deshayes. (*Patella græca.* Brocchi.) C. M. a. L. P.

Emarginula. Très-voisine de l'*Emarginula fissura* de Lamark , et de l'*Emarginula reticulata* de Sowerby. C. M. a.

BIVALVES.

Avicula. Nous n'en possédons pas des individus assez complets, pour en déterminer les espèces. M. a.

Perna mytiloïdes. Lamark. C. m.

Perna maxillata. Lamark. C. M. a. B. I.

Lima bullea. Payrandeau (Analogue). M. a.

Lima plicata. Lamark. C. m.

Lima Breislaki. Basterot. M. a. B. I.

Lima mutica. Lamark. M. a. I.

Lima nivea Nobis. (*Ostrea nivea.* Renieri, Brocchi.) M. a. I.

Pecten. De nombreuses espèces conservant leur têt , mais trop brisées pour être déterminables. Une assez grande à rayons élargis et noduleux , comme ceux du *Pecten nodosus* de Lamark , dont notre fossile est probablement l'analogue. C. M.

Pecten laticostatus. Lamark. Les valves de cette espèce sont souvent percées par des coquilles perforantes. Ce *Pecten* acquiert parfois de grandes dimensions. C. M. a. I.

Pecten benedictus. Lamark. C. M. a. B. I.

Pecten plica Nobis. (*Ostrea plica.* Brocchi.) M. a. I.

Pecten scabrellus. Basterot. C. M. a. B. I.

Pecten dubius. Nobis. (*Ostrea dubia.* Brocchi.) Nous avons trouvé avec abondance l'*Ostrea dubia* de Brocchi, dans les marnes argileuses de Banyuls dels Aspre et de Bolenne (Vaucluse), qui, quoique rapprochée du *Pecten scabrellus*, en diffère cependant essentiellement. C. M. a. I.

Pecten multiradiatus. Basterot. M. a. B. I.

Pecten plebeius Nobis. (*Ostrea plebeia.* Brocchi.) M. a. I.

Pecten arcuatus Nobis. (*Ostrea arcuata.* Brocchi.) M. a. I.

Pecten turgidus. Lamark. Notre espèce paraît fort rapprochée de celle décrite par Lamark sous le même nom, et qui se trouve dans les mers d'Amérique. M. a.

Pecten lepidolaris. Lamark. C. M. a. I.

Pecten striatulus. Lamark. C. M. a. I.

Pecten striatus Nobis (*Ostrea striata* Brocchi.) M. a. I.

Pecten inæquicostalis? Lamark. M. a. I.

Pecten pleuronectes. Lamark. C. I.

Pecten pusio. Lamark. Notre fossile paraît l'analogue du *Pecten pusio*, dont nous le rapprochons. Il existe des variétés de cette espèce à côtes élevées, rudes et presque épineuses. C. M. a. I.

Pecten scutularis? Lamark. C. M. a. I.

Pecten unicolor. Lamark. Avec ce *Pecten*, les marnes argileuses de Vaugranier offrent d'autres espèces qui paraissent nouvelles, mais que, faute d'individus complets, nous n'oserions signaler. Il en est cependant une remarquable par l'obliquité de ses valves, et que l'on pourrait nommer, à raison de ce caractère, *Pecten obliquus*. C. M. a. I.

Pecten flabelliformis. Brongniart. (*Ostrea flabelliformis.* Brocchi.) M. a. I.

Pecten palmatus. Lamark. M. a. B.

Pecten solarium. Lamark. M. a. I.

Pecten terebratulæformis. Ce peigne, qui nous paraît nouveau, est assez rapproché du *Pecten solarium* de Lamark. Il en diffère cependant essentiellement par la forme également élevée et convexe de ses deux valves.

Testâ maximâ latisssimâ, solidâ, tumidâ, inæquivalvi ; supernè valdè convexâ, gibbosâ ; valvâ superiore irregulari, tumidissimâ gibbosâque, præsertim versùs aperturam ; radiis 12 *ad* 14 *planulatis magnis latisque, transversìm subtilissimè striatis ; valvâ inferiore convexâ, gibbosâ, arcuatâ, angustâ prominente que ad aperturam ; auriculis mediocribus, irregularibus, infernis majoribus.* Diam. transv. 0,"150 ; diam. long. 0,"145. C. M. a. I.

Pecten phaseolus ? Lamark. M. a. I.

Pecten seniensis. Lamark. C. M. a. I.

Pecten jacobæoides Nobis. Notre fossile est probablement l'analogue du *Pecten jacobæus* de Lamark, qui vit encore dans la Méditerranée; aussi, comme les caractères de notre peigne fossile sont à peu près les mêmes que ceux de l'espèce vivante, nous croyons inutile de les faire connaître en détail. M. a. I.

Pecten pusioïdes Nobis. Cette espèce nouvelle est assez rapprochée du *Pecten pusio* de Lamark, dont elle diffère cependant par sa plus grande taille, ainsi que par ses stries plus nombreuses et plus égales. En voici une description abrégée qui permettra d'en juger : *Testá elongatá, oblongo-ovali, solidá, subæquivalvi, auriculá alterá minimá, majore profundè striatá ; radiis saltem quadragesimis confertiusculis, elevatis squamoso imbricatis. Statura faciesque* Pecten pusio, *sed major et magis striatus ; striis non glabris, sed scabris, hispidulis que. Diam. transv.* 0,"035 ad 0,"040. *Diam. long.* 0,"053 ad 0,"0060. M. a. I.

Pecten Monspeliensis. Nobis.

Testá subordiculari, radiis sexdecim vel septem decim longitudinaliter striatis, asperulis, imbricato squamosis ; interstiis, linea unicá prominulá que ; auriculis latis inæqualibus parùm striatisque. Diam. trans. 0,046. C.

Spondylus gæderopus Brocchi. Nos terrains renferment principalement la variété décrite par Brocchi, et qui est couverte d'épines nombreuses assez effilées et comme cylindriques. Sous ce rapport, comme sous celui de l'épaisseur de ses valves et de la forme de ses dents, notre fossile diffère de l'espèce vivante, mais plus encore du *Spondylus cisalpinus* de M. Brongniart. M. a. B. I.

Spondylus rastellum. Lamark. C. M. a. l.

Hinnites. M. Leufroy est le premier qui ait reconnu ce genre dans nos formations tertiaires. Depuis, M. Farines l'a rencontré dans les marnes argileuses bleues de Millas et de Neffiach, et nous l'avons observé dans le calcaire moellon du Plan d'Aren.

Hinnites. Defrance. *Valvâ inferiore adhærente. Ligamentum internum, in valvarum fossulâ triangulari cardinali affixum. Impressio muscularis unica, profonde impressa, subrotunda, maximâque. Auriculis distinctis ut in Pectinibus, paululùm inæqualibus. Valvis inequalibus obliquis, rugosis, vel hispidulis.*

Hinnites Brussonii. Nobis. *Testâ obliquè elongatâ; longitudinaliter costata et striatâ. Costis inæqualibus alternis minoribus; supernè rugosis infernè que spinis spatulatis muricatis. Auriculis ferè inæqualibus. Valvâ inferiore adhærente. Longitudo* 0,080. *Latitud. vel Diam. tr.* 0,068.

C. Nous dédions cette espèce à M. Brusson des Martigues, qui l'a découverte. Nous n'osons rapporter cette espèce à l'*Himites Cortesyi* de M. Defrance, la description qu'en a donnée cet habile naturaliste ne cadrant pas entièrement avec notre fossile.

Hinnites Leufroyi. Nobis. *Testâ Gibbosa irregulari obliquè ovali. Costis latis elevatis, scabriusculis, distantibus que interstiis lineis longitudinalis sæpè, vis distinctis, duobus vel solitariis; lineis trans-*

*versalibus, concentricis, præsertim versus marginem.
Auriculis ferè inæqualibus. Valvá inferiore adhærente. Longitudo. 0,079 Latit. vel Diam. transv.*
0,077.

C. Nous avons consacré cette espèce à M. Augustin
Leufroy, à qui nous en devons la connaissance.

Hinnites Dubuissoni. Defrance. C.

M. Defrance observe (Dictionnaire des Sciences
natur. tom. XXI, pag. 170) que l'on ne connaît à
l'état vivant aucune coquille qui puisse se rapporter
à ce genre. Cependant nous avons vu une coquille
venant de l'Ile-de-France, qui présentait sa valve
inférieure adhérente, tandis que la supérieure était
libre; les valves de cette espèce étaient irrégulières
oblongues, avec des oreillettes inégales, tout en
rappelant la forme des peignes. Elles avaient également une fossette profonde pour le ligament;
en sorte qu'elles réunissaient tous les caractères
attribués aux Hinnites par M. Defrance. Ce genre
ne serait donc point complètement perdu, comme
l'a présumé l'habile naturaliste que nous venons
de citer; et, comme il est encore peu connu, nous
avons cru utile d'entrer dans ces détails, et d'en
faire connaître les caractères génériques.

Plicatula. Plusieurs espèces, mais pas assez bien
conservées, pour être certain des espèces auxquelles
elles se rapportent. C. M. a.

Ostrea canalis. Lamark. C. M. a. P.

Ostrea crassissima. Lamark. S. C. M. a.

Ostrea undata. Lamark. Cette *Ostrea*, très-répandue dans les terrains tertiaires, varie considérablement d'une localité à une autre, soit par la longueur de son bec ou celle de son canal supérieur, soit par la forme et la disposition de ses plis. Il serait très-aisé d'en faire plusieurs espèces, si on ne les voyait pas varier par degrés. S. C. M. a. B. I.

Ostrea virginica. Brongniart. S. M. a I.

Ostrea edulina. Lamark S. C. M. a. I.

Ostrea colubrina. Lamark. M. a. P.

Ostrea vesicularis. Lamark. Notre fossile est probablement différent de la vraie *Ostrea vesicularis* de Lamark. Il s'en éloigne, en effet, par sa forme plus allongée et le recouvrement plus sensible des lames qui le composent. On pourrait le désigner sous le nom d'*Ostrea vésicularoïdes*, si l'on en rencontrait des individus complets. P.

Ostrea scabrella Nobis. M. a. I.

Ostrea anomialis. Lamark. M. a. I. P.

Ostrea flabellula. Lamark. M. a. B. I. P.

Outre ces espèces, nos diverses couches tertiaires en recèlent une infinité d'autres, mais que l'on ne peut déterminer faute de les trouver entières. Du reste, les huîtres semblent le genre dont les espèces ont le plus persisté parmi les fossiles. On en trouve en effet dans presque toutes les couches sédimentaires; mais on ne les voit en bancs continus que dans les terrains tertiaires. Ailleurs, elles sont plutôt dispersées et disséminées au milieu des rochers, que disposées en bancs réguliers entre leurs fissures de séparation.

Ostrea frondosa Nobis. Testá rotundatá dextrá; valvis inæqualibus distortis, armatisque. Valvá superiore majore convexá magis arcuatá, dorso carinatá; plicis eleganter dispositis transversis, elevatis, undatis, squammosis; limbo externo, convexo, laciniato, prominente, extenso. Long. 0,'''075, lat. 0,'''064.

Cette espèce se distingue facilement par la convexité de ses deux valves, les plis profonds et transverses de la valve inférieure, dont le pli dépasse de beaucoup celui de la valve supérieure. Entre les sillons de cette huître, on trouve des valves d'anomies complètement fixées avec des individus de la *Turitella vermicularis*. M. a.

Ostrea crenulatoïdes Nobis. Testá ovato-elongatá, crassá irregulari; sulcis transversis concentricis; cardine edentulo sed post cardinem margine utrinque profonde crenulato; crenis in seriem regularem ordinatis, ferè ut in crenatulis.

Cette huître, dont on trouve des individus de tout âge et de toute grandeur, comme cela arrive pour les autres espèces, est remarquable à raison des dents crénelées, que l'on voit disposées avec ordre de chaque côté du bord des valves qui suit la charnière dépourvue des dents. Cette coquille a souvent une couleur bleue assez prononcée. M. a.

Ostrea cristata. Lamark. Notre coquille fossile paraît l'analogue de l'espèce vivante. M. a. I.

Ostrea corrugata. Brocchi. M. a. I.

M. le marquis de Pareto a découvert auprès de Biot, dans les environs d'Antibes, une huître assez rapprochée de l'*Ostrea vesicularis*, mais qui en diffère essentiellement par sa forme allongée. Cette espèce, très-bombée, à en juger du moins par sa valve inférieure, la seule que nous ayons vue, pourrait bien être l'*Ostrea cucullaris* de Lamark. M. a.

Anomia ephippium. Brocchi. Analogue à l'espèce vivante. M. a. I.

Anomia costata. Brocchi. M. a. B. I.

Anomia sulcata Brocchi. Cette espèce est analogue à celle qui vit encore dans la Méditerranée. M. a. I.

Anomia radiata. Brocchi. M. a. I.

Anomia cepa. Lamark. Brocchi. Analogue à l'espèce vivante. M. a. I.

Anomia sinistrorsa Nobis. Testâ solidâ rugosâ transversìm longitudinaliter que plicatâ. Valvâ inferiore majore convexâ inæquali, sinistrorsum contortâ; alterâ planâ breviori; foramine oblongo curvo, mediocri, margine externo incrassato tumido. Diam. trans. 3,"o55. *Diam. Long.* o,"o58. M. a.

Anomia electrica. Lamark. Brocchi. (Analogue.) C. M. a. I.

Anomia lens. Lamark. Notre coquille paraît du

moins fort rapprochée de l'espèce vivante, décrite par Lamark sous ce nom C. M. a. I.

Anomia pellis serpentis. Brocchi. C. M. a. I.

Pinna sub quadrivalvis. (an *Pinna tetragona?* Brocchi.) M. a. I.

Pinna, qui paraît fort rapprochée de la *Pinna nobilis* de Lamark. Notre fossile est probablement l'analogue de cette espèce vivante; mais a elle perdu entièrement les écailles hérissées qui la caractérisent dans l'état frais. M. a. I.

Pinna. Assez rapprochée de la *Pinna augustana* de Lamark, dont elle n'est probablement que l'analogue M. a.

Pinna tetragona. Brocchi. M. a. I.

Pinna Pectinata. Lamark. Notre fossile paraît bien rapproché de l'espèce vivante décrite par Lamark sous le même nom.

A part ces *Pinna*, les marnes argileuses de nos terrains tertiaires en recèlent d'autres dont il est difficile de déterminer les espèces. D'après l'épaisseur de quelques-uns de ces fragmens, certaines de ces *Pinna* devaient avoir une grande taille, supérieure même à celle du *Pinna rudis*. M. a.

Arca barbata. Lamark. (Analogue.) M. a.

Arca Gaymardi. Payrandeau. Notre coquille fossile paraît l'analogue de l'espèce vivante. M. a.

Arca. On observe un grand nombre de moules de ce genre dans le calcaire moellon, qui y signalent de nombreuses espèces, et certaines d'une

grande taille. D'autres se font remarquer par le
grand écartement de leurs *nates*. Enfin, il en est
quelques-unes qui rappellent assez la forme de
l'*Arca Noë*. C. M. a. I.

Arca antiquata. Lamark. Brocchi. Notre fossile
paraît l'analogue de l'espèce vivante. M. a. I.

Arca diluvii. Lamark. Basterot. C. M. a. B. I

Arca aurita. M. a. Brocchi.

Arca biangula. Basterot. Quoique notre espèce
fossile présente sa carène bianguleuse, comme
celle décrite sous le même nom par M. Basterot,
elle en paraît différer en ce qu'elle est constamment
plus petite; que ses stries longitudinales sont plus
apparentes et les transverses moins sensibles; le
bord de la charnière est aussi beaucoup moins
large. Cependant, malgré ces différences, qui peuvent être spécifiques, nous n'avons pas osé en
faire une espèce distincte de l'*Arca biangula* de
Lamark. M. a. I.

Arca lactea. Lamark. Cette coquille fossile paraît
l'analogue de l'*Arca Lactea* vivante. M. a. I.

Arca Quoyi. Payrandeau. Analogue de l'espèce
vivante. M. a.

Arca cardiiformis. Basterot. M a. B. I.

Arca Breislaki. Basterot. M. a. B. I.

Arca pectinata. Brocchi. M. a. I.

Arca clathrata. Basterot. Au Defrance? M. a B.

Pectunculus. Il existe de nombreux moules
intérieurs de ce genre dans le calcaire moellon.

Ces moules semblent signaler plusieurs espèces. C.

Pectunculus violacescens. Lamark. Ce Pectoncle fossile est l'analogue de l'espèce vivante. **M. a.**

Pectunculus nummarius. Lamark. *Arca nummaria*. Brocchi. C. **M. a. I.**

Pectunculus pigmæus. Lamark. **M. a. P.**

Pectunculus pulvinatus. Ce Pectoncle varie extrêmèment, soit par la taille, soit par la forme de ses valves. Il serait possible que l'on confondît plusieurs espèces sous le même nom, si l'on ne savait combien les coquilles sont sujettes à présenter des différences, suivant les diverses circonstances où elles se trouvent placées. Quoi qu'il en soit, certains de ces pectoncles se font remarquer par la grande épaisseur et l'irrégularité de leurs valves. **S. C. M. a. B. I. P. A.**

Nucula minuta Nobis. (*Arca minuta*. Brocchi.) **M. a. I.**

Nucula pella. Lamark. C'est encore une analogue d'une espèce vivante. La *Nucula emarginata* de Lamark pourrait bien être la même. **M. a. I.**

Nucula nicobarica. Lamark. Notre fossile paraît l'analogue de la *Nucula nicobarica*, à laquelle nous le rapportons. Il a également des rapports avec la *Nucula emarginata* de MM. Lamark et Basterot, et l'*Arca pella* de Brocchi. **M. a. I.**

Nucula rostrata. Lamark. C'est encore une analogue. **M. a. I.**

Nucula margaritacea. Lamark. Notre fossile est l'analogue de l'espèce vivante. M. a. B. I.

Modiola. On découvre des moules nombreux de modioles, soit dans le calcaire moellon, soit dans les galets qui accompagnent les sables marins, ou qui alternent en bancs plus ou moins puissans avec la première de ces roches. On peut rapporter quelques-uns de ces moules aux espèces suivantes, qu'elles semblent rappeler. S. C.

Modiola lithophaga antiqua. Notre coquille ne paraît différer de l'espèce décrite par Lamark sous le même nom, que par sa forme plus allongée.

Certains individus ont une taille assez grande, surtout ceux que l'on découvre dans les galets de calcaire d'eau douce, disséminés dans les bancs supérieurs du calcaire moellon.

Modiola tulipa. Lamark. Notre coquille fossile, dont il ne reste que les moules intérieurs, rappelle fort bien l'espèce vivante à laquelle nous l'assimilons. S. C.

Modiola discrepans Lamark. C. M. a.

Modiola cordata. Lamark. Si notre espèce n'est point celle décrite par Lamark sous le même nom, elle en est du moins très-rapprochée. S. C. B. P.

Modiola sèmen. Lamark. Ce modiole paraît l'analogue de l'espèce vivante. M. a.

Modiola subcarinata? Lamark. Cette espèce offre également quelques rapports de forme avec la *Modiola albicosta* de Lamark. M. a.

D'après la liste que nous venons de donner de nos Modioles, on peut aisément reconnaître, que nos espèces perforantes ne sont point les mêmes que celles décrites par M. Deshayes, comme répandues dans le grès marin inférieur du Valmondois. Dans nos localités, comme dans celles indiquées par cet observateur, les calcaires d'eau douce sont aussi-bien criblés et perforés en tout sens par les coquilles térébrantes, que les calcaires marins.

Mytilus arcuatus Nobis. Cette espèce nouvelle est plus grande et plus longue que le *Mytilus elongatus* de Lamark, et surtout plus large. Sa forme est un peu cylindrique. C.

Mytilus edulis. Basterot. (Brocchi.) M. a. B I.

Unio. Plusieurs espèces indéterminables, les unes de la taille de l'*Unio littoralis*, et les autres de celle de l'*Unio Pictorum.* M. a.

Anodonta. Peut-être plusieurs espèces, une de la taille de l'*Anodonta cygnea.* M. a.

Cypricardia. Plusieurs espèces indéterminables. C. M. a.

Cardita ajar. Lamark. M. a.

Cardita. Les autres espèces de ce genre ne sont pas assez bien conservées pour être déterminables; peut-être avons-nous la *Cardita hippopus* de M. Basterot.

Crassatella latissima. Lamark. M. a.

Isocardia cor. Lamark. Notre coquille fossile est entièrement semblable à l'espèce vivante. M. a. B. I.

Chama intermedia. Brocchi. Cette espèce paraît assez rapprochée de la *Cardita ajar* de Lamark. M. a. I.

Chama pectinata Brocchi. M. a. I.

Chama gryphoïdes. Lamark. Notre fossile paraît l'analogue de la *Chama* vivante, décrite sous le même nom de *gryphoïdes*. M. a. B. I.

Cardium. Le calcaire moellon, ainsi que les marnes argileuses bleues, renferme des moules nombreux de ce genre. Certains *Cardium* signalés par ces moules, semblent s'éloigner beaucoup de nos espèces actuelles. C. M. a.

Cardium hians. Brocchi. M. a. I.

Cardium punctatum. Brocchi. M. a. I.

Cardium ciliare. Brocchi. M. a. I.

Cardium oblongum? Brocchi. M. a. I.

Cardium serratum. Lamark. Notre fossile paraît l'analogue du *Cardium serratum* de Lamark. Cependant les stries paraissent plus nombreuses, plus serrées et moins arrondies dans nos *Cardium* fossiles que dans l'espèce vivante. M. a I.

Cardium rusticum. Brocchi. M. a. I.

Cardium très-rapproché du *Cardium tuberculatum* de Lamark. M. a. I.

Cardium rhomboïdes? Lamark. C. M. a. I.

Cardium scobinatum. Lamark. C. M. a.

Cardium distans? Lamark. C. M a. I.

Cardium lævigatum. Lamark. C'est encore une analogue d'une espèce vivante M. a. I.

Cardium edule. Brocchi. Basterot. (Analogue.)
Cette coquille paraît fort répandue à l'état fossile;
on la trouve, en effet, depuis Antibes jusqu'au
pied des Pyrénées. C. M. a. I.

Cardium glaucum. Bruguière. (Analogue). C.
M. a. I.

Cardium fragile. Brocchi. M. a I.
Cardium striatulum. Brocchi. M. a. I.
Cardium planatum. Brocchi. M. a. I.
Cardium echinatum. Brocchi. M. a. B. I.

Tellina. Des moules nombreux de ce genre existent dans les sables marins, ainsi que dans le calcaire
moellon. Ils y signalent une assez grande quantité
d'espèces. S. C. M. a.

Tellina stricta. Brocchi. M. a. I.
Tellina carinulata. Deshayes. C. M. a. P.
Tellina zonaria. Lamark. Notre coquille fossile est
plus rapprochée de la *Tellina planata* vivante, que
de la *Tellina virgata.* Quoique entièrement spathi-
fiée, elle offre peu de différence avec la *Tellina
zonaria* qui se trouve également dans les environs
de Bordeaux. S. M. a. B.

Tellina tenui-stria. Deshayes. M. a. I. P.
Tellina pellucida. Brocchi. M. a. I.
Tellina rudis. Lamark. M. a. P.
Tellina depressa. Lamark. Notre fossile est
tout-à-fait l'analogue de l'espèce vivante. M. a. I.
Tellina elliptica. Brocchi. M. a. I.

Tellina strigosa. Lamark. C'est encore une analogue d'une espece vivante. M. a. I.

Tellina compressa. Lamark. C. M. a. I

Tellina pulchella. Lamark. C. M. a.

Tellina planata. Lamark. C. M. a.

Tellina striatella. Brocchi. C. M. a. I

Tellina rostralina. Deshayes. M. a.

Tellina nitida. Lamark. C'est encore, comme plusieurs de nos Tellines, une espèce analogue. M. a.

Lucina. Des moules nombreux de ce genre existent dans le calcaire moellon, les sables marins et les grès qui accompagnent ces sables. Ces moules signalent une assez grande quantité d'espèces. S. C.

Lucina lactea. Lamark. Cette Lucine paraît l'analogue de la *Lucina lactea* encore vivante. On la trouve à l'état de moule dans les sables et le calcaire moellon, et avec le têt dans les marnes bleues. S. C. M. a.

Lucina scopulorum. Basterot. C. M. a. I.

Lucina saxorum. Deshayes. M. a. P.

Lucina concentrica. Lamark. C. M. a. P.

Corbis lamellosa Lamark. Et peut-être une autre espèce plus arrondie, et à bord antérieur fortement tronqué. M. a P.

Corbis ventricosa Nobis. Textá rotundatá, ventricosá tenui, lamellis concentricis, transversis, remotiusculis, elevátis, impresis ; sulcis profundis eleganter separatis ; striis longitudinalibus, distantibus, tenuibus intrà lamellas ; latere antico, plicato, truncatoque.

Cette coquille se distingue de la *Corbis lamellosa,* par sa forme arrondie, et de la *Corbis pectunculus,* par la minceur de son tèt et le pli lisse de son bord antérieur. Diam. trans. 0,"055. Diam. long. 0,"050. M. a.

Cyrena. Plusieurs espèces, mais indéterminables. M. a.

Cyclas. Peut-être plusieurs espèces, une fort abondante et striée transversalement, comme la *Cyclas sulcata* de Lamark. M. a.

Cyclas palustris. Draparnaud. M. c.

Cyprina islandicoïdes. Lamark. Basterot. S. C. M. a. B. I. P. A.

Cytherea. Des moules nombreux de plusieurs espèces, dans les diverses couches tertiaires, et annonçant des espèces de taille différentes. Il existe plus de Cythérées que nous n'en indiquons, soit dans le calcaire moellon, soit dans les marnes bleues ; mais, faute d'individus entiers, nous ne pouvons les signaler. S. C. M. a.

Avec le tèt.

Cythera exoleta. Lamark. C'est encore une analogue d'une espèce vivante bien commune et bien répandue dans la Méditerranée. M. a.

Cytherea Lincta. Lamark. Basterot. Ce dernier cite la *Cytherea Lincta* des environs de Bordeaux, comme un des plus parfaits analogues qu'il ait jamais vus. M. a. B. I.

Cytherea chione. Lamark. Brocchi. M. a. I.

Cytherea elegans. Lamark. Deshayes. M. a. P.

Cytherea erycinoides. Lamark. M. a. B. I.

Cytherea mactroides. Lamarck M. a.

Cytherea Cypria? Nobis. (*Venus Cypria* Brocchi.)
M. a. I.

Cytherea Deshayesiana. Basterot M. a. B.

Cytherea nitidula. Lamark. M. a. P.

Cytherea aphrodite. Nobis. (An *Venus aphrodite ??*) Brocchi.

Notre Cythérée diffère de celle décrite par Brocchi,
par un plus grand nombre de côtes transversales.
M. a. I.

Cytherea undata. Basterot M. a. B.

Cytherea Semisulcata. Lamark. M. a. P.

Cytherea incrassata. (*Venus incrassata.* Brocchi.)
M. a. I.

Cytherea globulosa?? Deshayes. M. a I. P.

Venericardia jouanetii. Basterot. M. a. B.

Venericardia Lauræ. Brongniart. Cette espèce
paraît assez voisine de la *Cardita pectinata* de
Brocchi. M. a. I.

Venericardia. Une Venericarde très-rapprochée
d'une espèce fossile que nous avons reçue d'Angleterre sans nom. M. a I.

Venericardia Planicosta. Lamarck. M. a. P.

Venericardia Pinnula. Basterot M. a. B.

Venericardia cor avium?? Deshayes. M. a. P.

Venus. Des moules nombreux signalant une

grande variété d'espèces. Ce gen e est le plus nombreux en espèces, comme en individus, parmi les
bivalves qui, dans les diverses couches tertiaires,
conservent leur tèt. S. C. M. a.

*Venus impressa Nobis. Testá ovato trigoná ;
sulcis mediocribus, concentricis, transversis, erectis,
impressis, interstitiis explanatis, pube vulváque
profundè excavatis, ad marginem truncatis.*

Cette espèce est facile à reconnaître par la tron-
cature de son bord antérieur, et la grande exca-
vation du pubis et de la vulve, qui se continue
depuis la base jusqu'au sommet.

Diam. trans. 0,^m052. — *Diam. Long.* 0,^m045.
M. a.

*Venus angula. Nobis. Testá, cordato rotundatá
depressiusculá ; sulcis transversis erectis, lamelli-
formibus, distantibus, angulatisque ; interstitiis
explanatis, lævibusque.*

Cette espèce se distingue de notre *Venus
impressa* par sa forme aplatie et l'angle obtus que
forment les sillons transverses dont elle est ornée.
Diam. transver. 0,^m035. *Diam. Long.* 0,^m030 M. a.

Venus *senilis*. Brocchi. M. a. I.

Venus pullastra. Lamark (Analogue). M. a. I.

Venus dysera. Brocchi. (*Venus paphia*. Renieri.)
C. M. a. B.

Venus gallina. Lamark (Analogue). M. a.

Venus rugosa. Brocchi. (*Venus corrugata*. Lamark ?) M. a. I.

Venus cassinoides. Basterot. Lamark. M. a. B.

Venus pectunculus Brocchi. M. a B.

Venus radiata. Brocchi. M. a. I.

Venus circinnata. Brocchi. (An *Lucina?*) M. a. I.

Venus lupinus. Brocchi. M. a. I

Donax nitida. Lamark. Deshayes. M. a. P.

Donax Basterostina. Deshayes. M. a. P.

Donax fabagella. Payrandeau (Analogue). M. a.

Corbula revoluta. Basterot. M. a. B. I.

Nos terrains tertiaires, et principalement le calcaire moellon, en renferment d'autres espèces; mais généralement trop brisées pour être déterminables. Certains de ces moules intérieurs remplissent les vides laissés par les espèces lithophages dans les galets d'eau douce. Ces moules signalent une si petite espèce, qu'à raison de sa taille, on pourrait la nommer *Corbula minuta.* M. a.

Petricola striata. Lamark. M. a.

Lutraria elliptica? Lamark. M. a. I.

Lutraria piperatra. Lamark. Les marnes bleues des environs d'Antibes ont présenté à M. Pareto une autre espèce de *Lutraria,* d'une taille encore plus petite que la *piperata.* Faute d'individus complets, nous n'osons la décrire et la désigner sous le nom de *Lutraria paretii.* M. a.

Lutraria solenoïdes? Lamark. Ces trois Lutraires ont leurs analogues. S. C. M. a. I.

Lutraria. Une autre espèce bien distincte par la disposition de sa charnière, et que nous ne

décrivons pas, faute d'en avoir rencontré des individus complets. On pourrait la nommer *Lutraria
coartacta*, à raison de sa forme racourcie. M. a.

Mactra triangula. Basterot. *Id*. Brocchi. *Lutraria
crassidens*. Lamark. M. a. Se trouve également dans
les faluns de la Tourraine.

Mactra crassatella. Lamark. M. a. A.

Mactra lactea. C. M. a.

Solen. Des moules nombreux dans les diverses
couches tertiaires qui signalent une assez grande
quantité d'espèces. C.

Solen vagina. Lamark. Ce Solen offre son têt
lorsqu'on le trouve dans les marnes bleues. S. C.
M. a. I.

Solen siliqua? Lamark. C. M. a. I.

Solen strigilatus. Lamark. M. a. B. I.

Solen candidus. Brocchi, Renieri. M. a. B. I.

Solen coartactus. Brocchi. Toutes ces espèces ont
leurs analogues vivans. M. a. I.

Psammobia Labordei. Basterot. M. a. B.

Psammobia pulchella. Lamark. M. a. I.

Panopæa Faujasii. Ménard de la Groye. S. C
M. a. B. I.

Sanguinolaria. Plusieurs espèces dans le calcaire
moellon et les marnes argileuses bleues; mais,
faute d'individus entiers, nous dirons seulement
que certaines especes se distinguent par la forme
élevée et saillante de leurs côtes transverses C. M. a.

An? *Pholadomya*. Nous ne mentionnons ce genre

parmi ceux que l'on découvre dans nos terrains tertiaires, qu'avec le plus grand doute, ne l'ayant reconnu que par des moules intérieurs. Mais depuis notre première observation, nous avons montré les *Pholadomyes* de nos terrains tertiaires à M. Murchison, secrétaire de la société géologique de Londres, qui a pensé avec nous, que nos fossiles se rapportaient aux *Pholadomyes*, quoique différens, par leurs espèces, de ceux des terrains secondaires. C. M. a.

Gastrochæna cuneiformis. Lamark. Notre espèce fossile paraît l'analogue de l'espèce vivante décrite sous le même nom. C. M. a.

Terebratula ampulla Nobis. (*Anomia ampulla.* Brocchi.) M. a. I.

MULTIVALVES.

1.º *Balanus tintinnabulum.* Lamark. (Analogue.) S. C. M. a.

2.º *Balanus miser?* Lamark. (Analogue.) S. C. M. a.

3.º *Balanus semiplicatus?* Lamark. (Analogue.) S. C. M. a.

4.º *Balanus perforatus.* Lamark. (Analogue.) S. C M. a.

5.º *Balanus sulcatus.* Lamark. (Analogue.) S. C. M. a.

6.º *Balanus pustularis.* Lamark. S. C. M. a. I.

7.° *Balanus patellaris*. Lamark. (Analogue.) S. C. M. a. I.

8.° *Balanus crispatus*. Lamark. S. C. M. a. I.

ANNELIDES.

Serpula quadrangularis ? Lamark. M. a.

Serpula arenaria. Lamark, Brocchi. M. a. I.

Serpula contortuplicata. Lamark. M. a.

Serpula spirorbis ? Brocchi. (Analogue à l'espèce vivante.) M. a. I.

Serpula spirulæa. Lamark. M. a.

Serpula ammonoïdes. Brocchi. M. a. I.

Serpula annulata ? Lamark. M. a.

Serpula protensa. Lamark. Il existe bien d'autres espèces de *Serpules* au milieu de nos différentes couches tertiaires; mais elles sont très-difficiles à discerner, la plupart d'entr'elles ne conservant que leur moule intérieur. Cette espèce paraît l'analogue de l'espèce vivante, soit dans la Méditerranée, soit dans la mer des Indes. M. a. I.

Dentalium elephantinum. Lamark. M. a.

Dentalium sexangulum. Brocchi. M. a.

Dentalium triquetrum. Brocchi. M. a.

Dentalium entalis. Lamark. Deux de ces espèces de *Dentales* semblent les analogues des deux espèces vivantes décrites sous les noms d'*elephantinum* et d'*entalis*. M. a. I.

Dentalium coarctatum, Lamark , Brocchi. M. a. I.

Dentalium Tarentinum. Lamark. M. a. I.

Dentalium striatum. Lamark. M. a. I. P.

CRUSTACÉS.

1.º MACROURES.

Pagurus. Reconnu par des pinces toujours d'inégale grosseur, et qui ont quelques rapports avec
celles que M. Desmarets a décrites sous le nom de
Pagurus Faujasii, mais qui nous semblent en différer. Nous proposerons de donner à cette espèce le
nom de *Pagurus Desmarestianus*, en l'honneur de
M. Desmarest, auquel nous devons un excellent
travail sur les crustacés fossiles, et qui a signalé dans
les marnes argileuses des environs de Paris, des
crustacés de la famille des Asellotes et vraisem-
blablement du genre *Sphœroma.* C.

2.º BRACHYURES.

Podopthalmus Defrancii. Desmarest. M. a.

Atelecylus rugosus. Desmarest. Ce crustacé a été
trouvé à peu près entier dans le calcaire moellon
de Boutonnet, près Montpellier. C.

Portunus. Nous avons reconnu la présence de
ce genre dans nos terrains, par des pinces qui se
rapportent à des crustacées Brachyures fossiles,
plus rapprochées du *Portunus puber*, que des autres
espèces avec lesquelles nous les avons comparés. C.

2.º Par d'autres portions qui se rapportent aux dentelures de l'intérieur des pinces, à peu près comme celles que M. Desmarest a figurées dans la planche IV, fig. 3, et qui est relative au *Portunus leucodon*; seulement les dentelures de l'intérieur des pinces de nos espèces sont plus applaties et plus rapprochées que dans le *Portunus Leucodon*. Elles signalent probablement une autre espèce, mais nous ne voyons rien dans nos mers, qui s'en rapproche. C.

Nous ferons remarquer que les Crustacés fossiles de Nice semblent, d'après M. Risso, se rapporter aux espèces qui vivent actuellement dans la Méditerranée. L'on assure également que les Crustacés fossiles apportés des îles de l'Archipel Indien, sont semblables aux espèces qui vivent dans ces parages. Cette dernière assertion est loin d'être aussi certaine que la première; car il paraît positif que M. Risso a découvert les *Cancer spinifrons*, *Maja squinado* et *Pagurus Bernhardus*, dans une couche de sable de la presqu'île de S.ᵗ-Hospice, près de Nice, avec des coquilles qui vivent à présent dans la Méditerranée, et qui sont si peu altérées qu'elles conservent encore leurs couleurs.

ZOOPHYTES.

Echinus. Un certain nombre d'espèces; la plupart indéterminables, à raison de leur mauvais état de conservation. C.

Echinus miliaris. Lamark. C.

Echinus granularis? Lamark. Notre espèce fossile paraît plutôt l'analogue de l'espèce vivante décrite sous ce nom par Lamark que de toute autre. C.

On découvre également dans nos terrains tertiaires des bâtons d'oursin isolés ; mais il est bien difficile de dire à quel genre précis ils appartiennent.

Scutella subrotunda? Lamark. Cette espèce varie beaucoup dans sa forme et la disposition de ses ambulacres. Il est une variété assez constante et bien distincte par la plus grande largeur de ses ambulacres, qui sont striés à leur bord externe d'une manière assez prononcée. Cette disposition, jointe à sa forme plus arrondie, pourrait peut-être la faire séparer de la *Scutella subrotunda*, et lui faire donner le nom de *Scutella striatula.* C.

Scutella gibercula. Nobis; orbicularis , depressa attamen dorso parum elevato, superne que partim gibbosa ; margine rotundato; ambulacris quinis eleganter sub-ovatis brevibus que. Mediocri; colore luteo. C.

Galerites pustulata. Nobis. Orbicularis convexa, punctis elevatis asperis, rotundatis que ferè omninò aspersa. Ambulacris quinis angustis longis , pustulatis que , arearum una sinu longitudinali excavata. Facies Galerita patella, sed minor. M. c.

Galerites patella. Lamark.

Clypeaster altus. Lamark. C. I.

Clypeaster marginatus. Lamark. C. B. I.

Clypeaster politus? Lamark. C. I.

Clypeaster très-rapproché du *Clypeaster oviformis* de Lamark. C.

Clypeaster excentricus. Lamark. C.

Clypeaster hemisphericus. Lamark. C. I.

Clypeaster stelliferus. Lamark. C. I.

Clypeaster gibbosus. Nouvelle espèce très-différente du *Clypeaster altus*, dont elle a cependant la forme élevée.

Rotundatus, elevatus, vertice convexo prominente; ambulacris quinque transversìm sulcatis, fongiusculis latis e vertice excentrico radiantibus; ambulacris amplissimis in medio sulcis distantibus, ad marginem tenuiter dispositis. Margine expanso latissimo. C.

Clypeaster scutellatus Nobis. Espèce nouvelle remarquable, à cause des imbrications du bord de son têt qui sont moins larges, et d'une forme différente de celles qu'on leur voit dans le *Clypeaster marginatus.*

Vertice convexo stellifero; ambulacris quinque brevibus ovato acutis, striis in medio latis, ad marginem tenuiter dispositis; margine imbricato, expanso latissimo. Paginá inferiore concavá in medio profundè sulcata. C.

Outre ces espèces assez bien conservées pour être déterminables, nos seconds calcaires tertiaires en offrent une foule d'autres que l'on ne peut caractériser, faute d'individus assez complets pour le faire avec quelque certitude. C.

Spatangus canaliferus. Lamark. Cette belle et grande espèce qui se trouve dans un état de conservation parfait dans le calcaire moellon de Barcelonne, paraît tout-à-fait l'analogue de l'espèce vivante décrite par Lamark, sous le même nom. C.

Spatangus lœvis ? Deluc. C.

Spatangus arcuarius. Lamark. Notre espèce fossile paraît l'analogue de l'espèce vivante. C.

Spatangus retusus ? Lamark. C.

Fibularia Tarentina ? Lamark. C. I.

Retepora distica. Goldfuss. C.

Madrepora tubularis. Bosc. C.

Madrepora ramea. Bosc. Cette espèce paraît être l'analogue de l'espèce vivante décrite sous le même nom C.

Madrepora coalescens. Goldfuss. C.

Millepora foliacea. Bosc. Notre espèce fossile paraît tout-à-fait l'analogue de la *Millepora* décrite par Bosc, sous le nom de *foliacea.* C.

Millepora truncata. Analogue de l'espèce vivante décrite par Bosc, sous le même nom. C.

Lithodendron dianthus. Goldfuss. C.

Lithodendron virgineum. Schweigg, Goldfuss. M. a.

Ceriopora madreporacea. Goldfuss. M. a.

Ceriopora dichotoma. Goldfuss. C.

Cyathophyllum plicatum. Goldfuss. C.
Cyathophyllum hexagonum. Goldfuss.
Astrea geminata. Goldfuss. C.
Astrea rotula. Goldfuss. C.
Astrea elegans. Goldfuss. C.
Orbulites macropora. Lamark, Goldfuss. C.
Catenipora Escharoides. Lamark. C.
Sarcinula aulecticon. Goldfuss. C.
Sarcinula astroites. Goldfuss. C.
Diploctenium pluma. Goldfuss. C.
Turbinolia elliptica. Brongniart. C.
Turbinolia clavus. Lamark. C.
Lunulites urceolata. Brongniart. C.
Tragos deforme. Goldfuss. C.
Tragos capitatum ? Goldfuss. C.
Syringopora ramulosa. Goldfuss. C.

RÉSUMÉ

Des genres fossiles des Mollusques, Annélides, Crustacés et Zoophytes des dépôts marins, des bassins tertiaires du midi de la France, renfermant le nombre des genres et des espèces, ceux des analogues vivans, des analogues fossiles dans divers bassins, soit océaniques, soit méditerranéens, et des espèces propres aux bassins du Midi.

CLASSES.	NOMS des GENRES.	NOMBRE DES ESPÈCES							
			À L'ÉTAT		ANALOGUES DANS LES BASSINS				
		en totalité.	vivant et fossile.	fossile seulement.	d'Italie.	de Bordeaux.	de Paris.	d'Angleterre.	propres au midi de la France.
MOLLUSQUES UNIVALVES.	Lenticulites	1		1	1	1	1		
	Nummulites	1		1	1	1	1		
	Vaginella	1		1		1			
	Bulla	4	4		4	2			
	Helix	3		3					3
	Planorbis	2		2			1		1
	Limneus	1		1					1
	Avicula	4	1	3	3		1		1
	Tornatella	3	1	2		1	2		1
	Cyclostoma	3	2	1					3
	Paludina	6	1	5	1	1	4		1
	Ampullaria	2		2					2
	Melanopsis	2		2					2
	Melania	2		2					2
	Nerita	1		1		1			
	Natica	9	4	5	6			1	3
	Delphinula	2		2	1				1
	Turbo	3		3	2				1
	Monodonta	1	1						1
	Trochus	10	4	6	4	1			6
	Phasianella	2	1	1					2

| CLASSES. | NOMS des GENRES. | NOMBRE DES ESPÈCES | | | | | | | |
| | | en totalité. | A L'ÉTAT | | ANALOGUES DANS LES BASSINS | | | | propres au midi de la France. |
			vivant et fossile.	fossile seulement.	d'Italie.	de Bordeaux.	de Paris.	d'Angleterre.	
MOLLUSQUES UNIVALVES.	Solarium	2	1	1			1		1
	Scalaria	2		2	2				2
	Turitella	26	3	23	18	4	3		3
	Cerithium	25	1	24	15	6	5		2
	Pleurotoma	8		8	5	1			2
	Fusus	7	2	5	5		1		1
	Pyrula	4	2	2	2				2
	Ranella	2	1	1	1				1
	Murex	25	17	8	16	2	1		8
	Triton	7	2	5	3	1			3
	Rostellaria	2	1	1	1	1			1
	Strombus	3	1	2					3
	Cassidaria	1	1		1				
	Cassis	6		6	1	2			4
	Dolium	1		1					1
	Nassa	3		3	3				3
	Eburna	3	2	1					3
	Buccinum	26	12	14	16	3			8
	Terebra	5	2	3	3	3			1
	Mitra	5	1	4	4				1
	Purpura	3	2	1		1			2
	Voluta	7	1	6	5				2
	Cancellaria	1		1				1	1
	Rissoa	4	3	1	3	2		1	1
	Marginella	2		2	2				2
	Ancillaria	1		1					1
	Terebellum	2		2					2
	Anoplax	1		1	1				
	Cypraea	6	4	2	3	1			2
	Ovula	1	1						1

CLASSES.	NOMS des GENRES.	NOMBRE DES ESPÈCES							propres au midi de la France.
			À L'ÉTAT		ANALOGUES DANS LES BASSINS				
		en totalité.	vivant et fossile.	fossile seulement.	d'Italie.	de Bordeaux.	de Paris.	d'Angleterre.	
MOLLUSQUES UNIVALVES.	Conus	11	1	10	8	1	3		1
	Sigaretus	2		2	1				1
	Haliotis	1		1					1
	Pileopsis	2		2					2
	Calyptraea	3	1	2	1		1		1
	Crepidula	1	1		1	1			
	Patella	5	2	3			2		3
	Fissurella	1	1		1				
	Emarginula	1	1						1
	TOTAL GÉNÉRAL, 60 Genres.	281	86	195	145	38	29	1	96
MOLLUSQUES BIVALVES.	Avicula	1		1					1
	Perna	2		2	1	1			1
	Lima	5	1	4	3	1			1
	Pecten	28	4	24	22	4			6
	Plicatula	1		1					1
	Spondylus	2	1	1	2	1			
	Hinnites	3		3					2
	Ostrea	15	3	12	10	2	5		2
	Anomia	10	5	5	8	1			2
	Pinna	6	3	3	2				4
	Arca	13	6	7	8	5	1		3
	Pectunculus	5	1	4	2	1	2	1	2
	Nucula	5	4	1	5	2			
	Modiola	7	5	2		1	1		6
	Mytilus	2	1	1	1	1			1
	Cardita	2	1	1		1			1
	Crassatella	1		1					1

NOMBRE DES ESPÈCES

CLASSES.	NOMS des GENRES.	en totalité.	A L'ÉTAT vivant et fossile.	A L'ÉTAT fossile seulement.	ANALOGUES DANS LES BASSINS d'Italie.	ANALOGUES DANS LES BASSINS de Lorbeaux.	ANALOGUES DANS LES BASSINS de Paris.	ANALOGUES DANS LES BASSINS d'Angleterre.	propres au midi de la France.
MOLLUSQUES BIVALVES.	Unio	1		1					1
	Isocardia	1	1		1	1			1
	Anodonta	1		1					1
	Chama	3	1	2	3	1			1
	Cypricardia	1		1					1
	Cardium	18	12	6	15	2		1	
	Tellina	16	7	9	7	1	3		3
	Lucina	5	2	3	1		3		1
	Corbis	2		2			1		1
	Cyrena	1		1					1
	Cyprina	1	1		1	1	1	1	1
	Cyclas	2	1	1					1
	Cytherea	18	3	15	8	4	4		5
	Venericardia	6	1	5	1	2	2	1	
	Venus	13	2	11	7	3			4
	Donax	3	3				2		1
	Corbula	2	1	1	1	1			1
	Petricola	1		1					1
	Lutraria	6	3	3	3				3
	Mactra	3	1	2		1	1	1	
	Solen	6	5	1	5	2			1
	Psammobia	2	1	1	1	1			
	Panopaea	1		1	1	1			
	Sanguinolaria	1		1					1
	Pholadomya	1		1					1
	Gastrochaena	1	1						1
	Terebratula	1		1	1				
	TOTAL GÉNÉRAL, 44 Genres.	223	81	142	120	42	26	5	63

CLASSES.	NOMS des GENRES.	en totalité.	vivant et fossile.	fossile seulement.	d'Italie.	de Bordeaux.	de Paris.	d'Angleterre.	propres au midi de la France.
MOLLUSQUES MULTIVALVES.	Balanus.........	8	3	5	4				4
	Total général, 1 Genre.	8	3	5	4	0	0	0	4
ANNÉLIDES.	Serpula.........	8	3	5	4				4
	Dentalium.......	7	3	4	6		1		1
	Total général, 2 Genres.	15	6	9	10	0	1	0	5
CRUSTACÉS.	Pagurus.........	1		1					1
	Podopthalmus ...	1		1					1
	Portunus	2		2					2
	Atelecylus.......	1		1					1
	Total général, 4 Genres.	5	0	5	0	0	0	0	5
ZOOPHYTES.	Echinus.........	3	2	1					3
	Scutella........	2		2					2
	Galerites........	2		2					2
	Clypeaster	10		10	5	1			5
	Spatangus.......	4	2	2					4
	Fibularia........	1	1		1				
	Retepora........	1		1					1
	Madrepora......	3	1	2	2				3
	Millepora.......	2	2						2
	Lithodendron....	2		2					2

CLASSES.	NOMS des GENRES.	en totalité.	À L'ÉTAT		ANALOGUES DANS LES BASSINS				propres au midi de la France.
			vivant et fossile.	fossile seulement	d'Italie.	de Bordeaux.	de Paris.	d'Angleterre.	
ZOOPHYTES.	Cyathrophyllum..	2		2					2
	Ceriopora.......	2		2					2
	Astrea..........	3		3					3
	Orbulites........	1		1					1
	Catenipora......	1		1					1
	Sarcinula........	2		2					2
	Diploctenium....	1		1					1
	Turbinolia.......	2		2					2
	Lunulites........	1		1					1
	Tragos..........	2		2					2
	Syringopora.....	1		1					1
	TOTAL GÉNÉRAL, 21 Genres.	48	8	40	6	1	0	0	42

Nota. Il est possible qu'il existe un plus grand nombre
d'analogues de Zoophytes fossiles que nous n'en indiquons,
faute de les connaître, dans les bassins tertiaires que nous avons
pris pour termes de comparaison.

RÉSUMÉ GÉNÉRAL

De la distribution des espèces fossiles indiquées dans les bassins tertiaires du midi de la France. (1)

CLASSES.	NOMBRE DES GENRES.	NOMBRE DES ESPÈCES							
		en totalité.	A L'ÉTAT		ANALOGUES DANS LES BASSINS				propres au midi de la France.
			vivant et fossile.	fossile seulement.	d'Italie.	de Bordeaux.	de Paris.	d'Angleterre.	
Mollusques.	105	512	170	342	269	80	55	6	163
Annélides.	2	15	6	9	10	0	1	0	5
Crustacés.	4	5	0	5	0	0	0	0	5
Zoophytes	21	48	8	40	6	1	0	0	42
TOTAL général, 4 Classes.	132	580	184	396	285	81	56	6	215

(1) On remarquera que plusieurs espèces ont à la fois leurs analogues dans divers bassins, et que ce double emploi explique comment la somme des espèces classées dans ce tableau est plus forte que la somme réelle des espèces décrites. Du reste, le nombre des espèces indiquées est bien au-dessous de la réalité; car si nous parvenions à déterminer les moules fossiles, nous doublerions le nombre des espèces que nous signalons.

CHAPITRE VI.

DES CONSÉQUENCES GÉNÉRALES RÉSULTANT DE LA DISTRIBUTION DES ESPÈCES FOSSILES DANS LES DIVERS BASSINS TERTIAIRES.

Le tableau des principales espèces fossiles d'animaux invertébrés, connus jusqu'à présent dans les divers bassins tertiaires du midi de la France, amène, ce semble, à quelques conséquences générales assez remarquables.

Il en résulte en effet :

1.° Qu'il existe dans les bassins tertiaires du midi de la France, un grand nombre d'espèces fossiles semblables à celles qui vivent dans la Méditerranée, c'est-à-dire, dans la mer la plus rapprochée de ces bassins ;

2.° Que les genres les plus nombreux en espèces fossiles, sont généralement les mêmes que ceux actuellement vivans, qui se composent aussi d'un plus grand nombre d'espèces ;

3.° Que les espèces fossiles des divers bassins tertiaires sont d'autant plus semblables entr'elles, qu'on les découvre dans des bassins dépendans des mêmes mers ou des mers qui communiquaient les unes avec les autres, quelle que soit la distance horizontale qui sépare les vallées où se trouvent ces espèces; aussi ces espèces sont-elles d'autant plus différentes les unes des autres, qu'on les découvre dans des bassins dépendans de mers différentes;

4.º Que les espèces semblables à nos races actuelles sont mêlées, dans le plus grand nombre des bassins tertiaires, avec un certain nombre d'espèces qui paraissent perdues, et d'autres dont on ne retrouve maintenant les analogues que dans les régions les plus chaudes et les climats les plus brûlans;

5.º Que les espèces détruites des animaux vertébrés et invertébrés de nos terrains tertiaires, se rapportent principalement à des espèces des zônes équatoriales, tandis que le plus grand nombre des espèces identiques à nos races actuelles paraissent des zônes tempérées, ce qui peut faire présumer que l'abaissement de la température de la terre a été la cause de leur destruction;

6.º Qu'en examinant l'ensemble des espèces fossiles, et voyant la constance de l'association des espèces perdues et des espèces identiques, il est difficile de ne pas supposer que ces espèces ont été détruites par une même cause, dont la principale a été l'abaissement de la température de la surface du globe; et que, postérieurement à leur destruction, elles ont été plus ou moins éloignées des lieux qu'elles occupaient primitivement, ou ensevelies en place, mais qu'en général ces espèces déplacées n'ont pas subi un transport violent ni long-temps prolongé;

7.º Que ces différentes espèces doivent d'autant plus avoir été ensevelies près des lieux où elles vivaient primitivement, que plusieurs d'entr'elles sont d'une décomposition aussi prompte que facile; tels que le sont certains insectes, certaines conferves, quelques poissons d'eau douce, et que cependant leurs débris conservent leurs parties les plus ténues et les plus délicates;

8.º Que le plus généralement les races tout-à-fait éteintes se rapportent, parmi les animaux invertébrés, à des mollusques et à des zoophytes marins, et en général aux produits de mer que l'on observe aujourd'hui dans les régions les plus chaudes, et que l'on en découvre peu parmi les insectes et les mollusques fluviatiles et terrestres, qui sont presque tous, si ce n'est identiques, du moins analogues à ceux de nos régions;

9.º Que les mêmes lois s'appliquent aussi-bien aux végétaux fossiles qu'aux débris des animaux vertébrés, les premiers n'offrant guère des espèces perdues que parmi les monocotylédons, et les seconds parmi les mammifères terrestres et marins des plus grandes dimensions; car les dimensions ne paraissent pas avoir été sans quelque influence sur la durée des différentes espèces. Les espèces vivantes ne semblent pas du moins dépasser un certain volume, et celles qui, comme l'*Elephas meridionalis*, surpassaient la taille de nos espèces actuelles, pouvaient peut-être, moins que les petites espèces et surtout que les plus agiles, échapper aux causes qui tendaient à les détruire;

10.° Qu'aussi en examinant d'une manière générale les formes régulières que peuvent prendre les êtres vivans comme les corps bruts, on voit qu'il existe des limites de dimensions imposées à chacun d'eux, limites qu'ils ne dépassent guère, sans que leur existence ou leur durée n'en dépende essentiellement;

11.° Que l'influence de la nature des couches semble manifeste sur la conservation de certains genres fossiles, tandis qu'elle est nulle sur d'autres; qu'ainsi les genres *Pecten*, *Ostrea*, *Anomia* et *Balanus*, conservent à peu près généralement leur têt, quelle que soit la nature des couches où ils sont ensevelis; qu'il n'en est pas de même des autres genres qui n'offrent guère leur têt que dans les marnes bleues, et qu'il n'y a d'exception relativement aux bancs pierreux du midi de la France, que pour le calcaire moellon du plan d'Aren près les Martigues (Bouches-du-Rhône). Les coquilles, tout en y conservant leur têt, ont été pénétrées par un suc lapidifique qui les a rendues plus pierreuses qu'elles ne l'étaient dans le principe;

12.° Que la conservation des corps organisés n'est pas toujours en rapport avec leur facile altération, ni avec la ténuité et la délicatesse de leurs parties, puisque des insectes aussi ténus et aussi minces que le sont certains diptères et hyménoptères se sont parfaitement conservés, et que, d'un autre côté, certaines coquilles ont encore leurs parties les plus fines et les plus déliées.

Tous ces faits annoncent assez qu'il existe une analogie frappante entre les terrains tertiaires des divers bassins méditerranéens et les espèces fossiles qu'ils recèlent. Cette analogie diminue à mesure que l'on observe les mêmes terrains dans des bassins dépendans de mers différentes, ou même, mais dans un moindre degré, dans des bassins inégalement distans des mers auxquelles ils se rapportent. La distance horizontale qui existe entre les divers bassins tertiaires, semble assez indifférente relativement aux espèces fossiles qui y sont ensevelies; mais il ne paraît pas en être de même de la distance qui les sépare des mers dont elles sont les dernières relaissées. En effet, les terrains tertiaires et les espèces fossiles qu'ils renferment, ont été déposés dans les divers bassins, à mesure que les mers se retiraient; et comme cette retraite, quoique opérée dans une courte période, n'a été ni instantanée, ni violente, mais successive, ces dépôts ont dû présenter quelques différences suivant l'époque à laquelle ils se rapportent.

Les espèces fossiles des bassins tertiaires littoraux qui s'étendent depuis l'extrémité occidentale de l'Espagne, jusqu'à la pointe orientale de l'Italie, ainsi que les couches où ces espèces sont ensevelies, ont la plus grande conformité et une analogie à peu près complète, malgré la distance qui les sépare, parce qu'elles dépendent d'une même mer ; il pourrait bien en être ainsi sur le rivage opposé. Si l'on compare au contraire avec ces espèces, celles disséminées dans des bassins dépendans d'une autre mer, on trouve que ces espèces sont d'autant plus différentes des premières, qu'elles occupent des bassins plus distans de la Méditerranée. Par suite, nos espèces fossiles ont une plus grande analogie avec celles du bassin de Bordeaux, et peut-être même avec celles des bassins de Vienne et de la Hongrie, qu'elles n'en ont avec celles des bassins de Paris et de l'Angleterre, remarque que M. Basterot avait déjà faite dans son beau travail sur le bassin du sud-ouest de la France.

Mais de même qu'il est des espèces communes à l'Océan et à la Méditerranée, comme aux autres mers intérieures, il existe des espèces fossiles qui se retrouvent dans les différens bassins tertiaires, quelque grande que soit la différence horizontale qui les sépare, et leur position relativement à telle ou telle mer. Il est peu d'espèces plus remarquables sous ce double rapport, que les *Pectunculus pulvinatus*, *Cyprina islandicoïdes* et *Conus deperditus*, que l'on voit aussi-bien dans les bassins tertiaires dépendans de l'Océan, que dans ceux qui sont limitrophes de la Méditerranée. Ces espèces ont encore cela de particulier, qu'elles se trouvent dans l'étage supérieur comme dans l'inférieur des dépôts marins, circonstance qui annonce que ces dépôts n'ont pas été produits à de grands intervalles les uns des autres.

Parmi les espèces fossiles des bassins tertiaires dépendans de la Méditerranée, il en existe donc un grand nombre sinon entièrement identiques, du moins analogues à celles qui vivent dans cette mer. Le nombre de ces espèces est certainement plus grand qu'on ne le suppose, car il augmente constamment à mesure que l'on observe mieux les espèces vivantes, et que celles de la Méditerranée sont mieux connues. Ces terrains offrent, au contraire, peu de genres perdus et par conséquent peu de formes détruites, ce qui annonce une grande conformité dans la structure et l'organisation des espèces actuelles et fossiles. Cette conformité et l'analogie qu'ont les espèces fossiles des terrains tertiaires avec nos espèces vivantes, indiquent enfin que ces derniers dépôts doivent être peu éloignés de notre époque; du moins paraissent-ils s'être formés par des causes qui rentrent dans les limites des causes actuelles, puisqu'on les voit plus ou moins semblables ou différens entr'eux, selon qu'ils dépendent des mêmes mers ou de mers différentes.

On peut d'autant mieux le supposer, qu'en France les dépôts marins tertiaires des bassins océaniques s'éloignent plus de l'Océan, que les mêmes genres de dépôts des bassins méditerranéens ne le font de la Méditerranée. Nous ne connaissons pas, du moins dans le midi de la France, des dépôts marins tertiaires dépendans des bassins méditerranéens, à plus de trente lieues (de 5,000 mètres) du bassin actuel de cette mer; tandis qu'il est de fait, que les terrains marins tertiaires des bassins tertiaires du nord de notre patrie, se trouvent à de plus grandes distances de l'Océan.

Mais si de pareils dépôts, tels que ceux de Saint-Paulet (Gard) et de Bolenne ou Barris (Vaucluse) se trouvent à 23 ou 25 lieues de la Méditerranée, cet éloignement paraît encore dans nos contrées méridionales une exception à la loi générale, qui semble avoir présidé à ce genre de dépôt, tant il se renouvelle peu. En effet, les dépôts marins tertiaires s'écartent si rarement de la Méditerranée et de son littoral, qu'en donnant à leur éloignement le terme moyen de 10 à 12 lieues, on va au-delà de la réalité; ce qui est surtout frappant pour ceux qui existent dans la partie méridionale du littoral de la Méditerranée, et particulièrement dans les Pyrénées orientales et en Espagne. Il n'en est pas de même des dépôts tertiaires lacustres et fluviatiles; ceux-ci s'écartent beaucoup plus des mers actuelles, soit en France, soit ailleurs, et autant dans les bassins océaniques que dans les bassins méditerranéens, et la raison en est simple.

Si donc nous connaissions parfaitement la distance horizontale qui sépare la totalité des dépôts marins tertiaires des mers actuelles, et cela dans les différens bassins qu'elles occupent, on aurait une idée précise de l'espace que les mers embrassaient à l'époque de ces dépôts; de même, que par leur position, l'on pourrait juger de la direction que les mers ont suivie en se retirant. Malheureusement ces données manquent encore, et nous ne pouvons assigner que d'une manière générale, la position qu'avait la Méditerranée, dans nos contrées, à l'époque des dépôts marins qu'elle a laissés sur son littoral, à mesure qu'elle rentrait dans ses limites. Les mêmes circonstances ne paraissaient pas cependant s'être reproduites dans tous les bassins méditerranéens, par suite de la disposition différente du sol, sur lequel les dépôts marins tertiaires ont eu lieu.

En général, ces dépôts sont d'autant plus éloignés des mers dont ils sont les dernières relaissées, que les côtes où ils se produisaient étaient moins élevées au-dessus du niveau de l'ancienne mer. Aussi les voit-on beaucoup plus avancés dans l'intérieur des terres, dans les vallées ouvertes et étendues, et peu distans, au contraire, du lit des mers actuelles, lorsque les côtes qui les bordent s'élèvent d'une manière brusque et rapide. Dès-lors on ne doit pas s'étonner que les dépôts marins tertiaires soient plus éloignés de l'Adriatique, que le même genre de dépôts ne l'est dans nos contrées méridionales de la Méditerranée, à raison de la grande étendue des plaines du littoral de l'Italie.

La Méditerranée était donc plus écartée de ses limites actuelles, à l'époque du dépôt des terrains marins tertiaires, en Italie, qu'en Espagne et dans le midi de la France; couvrant une plus grande étendue de terrain dans la première de ces contrées, elle a dû, en se retirant, laisser des dépôts à de plus grandes distances. Les côtes de nos contrées méridionales étant extrêmement découpées, et le sol qui les borde s'élevant en général assez brusquement au-dessus de la Méditerranée, les dépôts marins tertiaires, qui ne sont jamais parvenus à de grandes élévations, n'ont pu, par cela même, se trouver à de grandes distances dans l'intérieur des terres; la Méditerranée dont ils sont les relaissées n'y étant point parvenue elle-même lors de sa séparation de l'Océan.

En résumé, pour se former une idée exacte de l'étendue qu'avaient les mers lors de la dernière période géologique, il faut avoir égard à la configuration, ainsi qu'à l'élévation du sol de leur littoral, et remarquer à quelle espèce de mer appartiennent les bassins où l'on observe les dépôts tertiaires.

En comparant ensemble les grands dépôts à fossiles des bassins océaniques et méditerranéens de la France, ces dépôts semblent d'autant plus abondans en espèces et en individus, qu'ils dépendent des bassins tertiaires océaniques : du moins les dépôts à fossiles de Grignon, ainsi que ceux des environs de Dax et de Bordeaux, sont-ils plus riches en espèces et même en individus que ceux de nos plus fameuses localités, telles que celles de Banyuls dels Aspres, de Millas et de Saint-Yriés. Ces localités sont loin de réunir sur un espace de la même étendue, un aussi grand nombre et une aussi grande diversité de produits marins que les différentes localités des bassins océaniques que nous avons signalées.

Cette circonstance tiendrait-elle à ce que l'Océan occupait une plus grande étendue de terrain sur le sol de la France, que la Méditerranée ; car là où cette dernière mer était plus distante de son lit actuel, lors des dépôts tertiaires, que dans nos contrées méridionales, là aussi elle a laissé des dépôts de fossiles plus riches en espèces, comme en individus ; telles sont les fameuses localités de l'Italie, Castellarcuato, val d'Andona, les environs de Sienne, et tant d'autres que nous pourrions citer, et qui ont fourni de si belles et de si nombreuses observations à Brocchi?

Du reste, l'accumulation d'un grand nombre de coquilles sur un espace resserré, peut tenir à ce que, comme dans les temps présens, les mollusques se sont principalement développés dans les lieux où les mers, plus resserrées, éprouvaient le moins l'effet des courans, et où leur fond inégal était hérissé de rochers. Ainsi, on en observe un plus grand nombre auprès des anses ou dans les lieux où les coquilles ont été retenues par un obstacle quelconque. Cette accumulation des coquilles sur un même point, et quelquefois dans des vallées où se trouvent les mêmes formations, et où cependant il en existe à peine, si ce n'est sur un seul point, pourrait peut-être expliquer l'accumulation des ossemens sur des espaces très-restreints, tels que le sont les fentes verticales où se sont formées les brèches osseuses, et les fentes longitudinales de nos rochers, où tant d'ossemens se montrent entassés.

On peut donc raisonnablement conclure de ces faits, que les temps géologiques, du moins ceux qui se rapportent aux derniers dépôts produits sur la terre, sont moins éloignés de l'époque actuelle qu'on ne l'a supposé. Les nombreux rapports et l'analogie qui existent entre ces dépôts, produits lors de la dernière retraite des mers et les dépôts récens, ou ceux opérés depuis cette retraite, annon-cent qu'il ne s'est pas écoulé entr'eux des périodes de temps considérable. On serait plutôt porté à sup-poser ces dépôts contemporains des temps histori-ques, lorsqu'on voit les fossiles qu'ils renferment, conserver leurs couleurs, comme leurs parties les plus ténues et les plus délicates, que d'admettre que, très-antérieurement à ces temps historiques, ils ont été disséminés dans les terrains meubles ou les sables marins qui les recèlent.

LIVRE III.

DES FOSSILES DES DÉPÔTS MARINS TERTIAIRES A LIGNITES.

On sait, d'après nos observations, qu'il n'existe dans le midi de la France, comme probablement dans les autres bassins méditerranéens, que le dépôt marin supérieur ou le deuxième terrain marin; le premier manquant totalement. Mais l'on est encore incertain, si les lignites exploités dans nos contrées méridionales appartiennent à cet ordre de dépôt. M. Brongniart a cependant présumé qu'il devait y avoir un second dépôt de lignites dans les terrains de sédimens supérieurs ou les terrains tertiaires (1),

---

(1) Cette dernière dénomination parait préférable pour indiquer les terrains déposes postérieurement à la craie, parce que ceux-ci ont été précipités lorsque déjà l'Océan était séparé de la Méditerranée; tandis que les autres terrains de sédiment ont été produits antérieurement à cette séparation. Aussi les lois de la position respective des diverses formations qui en font partie, sont-elles plus uniformes, en raison de la plus grande généralité de la cause qui les a produites.

c'est-à-dire, entre le gypse et le terrain marin calcaire ou sablonneux qui l'a recouvert. Il l'a présumé, d'après quelques indices de végétaux fossiles observés dans cette position, et d'après certaines circonstances qui accompagnent les dépôts de lignites, dans des pays où la distinction de ces sous-formations ne lui a point paru claire. Malgré ces faits, il n'a pas considéré dans son excellent article sur les lignites, ce second dépôt comme assez bien prouvé pour en faire l'objet d'une histoire particulière (1). Adoptant la même réserve, nous n'admettrons comme second dépôt tertiaire à lignites supérieur au gypse à ossemens, que les lignites liés immédiatement au calcaire moellon ou aux marnes bleues qui offrent les mêmes coquilles marines, que celles ensevelies dans ces deux systèmes de couches, dont la position géologique est aujourd'hui bien fixée.

Nous resterons donc dans le doute pour les dépôts de lignites, lorsque nous n'aurons pu déterminer l'époque de formation des terrains qui les recouvrent; mais quand nous l'aurons pu, nous fixerons l'âge de ces dépôts. Cette détermination étant plus importante, pour mettre un terrain dans sa position géognostique, que celle relative à l'époque de formation de ceux sur lesquels il repose. Or, comme

____

(1) Dictionnaire des sciences naturelles, tom. XXVI, p. 340.

les lignites des bassins tertiaires méditerranéens de
S.ᵗ-Paulet (Gard), Martigues (Bouches-du-Rhône),
sont immédiatement recouverts par les marnes bleues
et le calcaire moellon, auxquels ils sont liés de la
manière la plus immédiate, nous les classerons
parmi les lignites qui appartiennent au dépôt
marin supérieur ou au deuxième terrain marin. Ces
dépôts, comme ceux d'eau douce postérieurs aux
formations marines supérieures, ont été précipités
dans le bassin de l'ancienne mer, par les fleuves
qui y ont entraîné un grand nombre de bois fossiles dont ils sont les résidus. Aussi ces dépôts à
lignites réunissent des coquilles fluviatiles et marines dans les mêmes couches et dans toutes sortes
de positions. En effet, il existe de nombreux mélanges de coquilles marines et d'eau douce dans les
couches supérieures, comme dans les moyennes et
les inférieures; car elles y sont toutes confondues
et dispersées de la manière la plus irrégulière.
Quant aux coquilles de terre, elles ne paraissent
pas s'y trouver, quoique leur nombre soit souvent
considérable, au milieu des couches du calcaire
moellon.

Les lignites exploités à Cessenon (Hérault),
Piolenc ou Piolenne (Vaucluse), et à la Cadière
près Toulon (Var), appartiennent probablement
au même système marin; mais leur liaison avec le
calcaire moellon et les marnes bleues étant moins immédiate, peut par cela même être contestée. Aussi

rapportons-nous avec doute les lignites de ces deux localités au dépôt marin.

Les autres lignites exploités dans le Languedoc et la Provence, tels que ceux de la Caunette (Aude), de Gardanne, Juveau et la Pomme (1) (Bouches-du-Rhône), paraissent appartenir à un systême différent. Ces lignites ne contiennent plus que des coquilles fluviatiles, leurs relations avec les dépôts marins supérieurs sont peu sensibles, les seules mines de Piolenc sont assez rapprochées du calcaire moellon et des marnes bleues qui l'accompagnent presque constamment ; mais l'on ne voit point entre ces couches et celles qui recouvrent les marnes à lignites, cette liaison intime et cette superposition immédiate, si évidentes dans les mines de S.¹-Paulet et des Martigues.

D'après ces faits, nous distinguerons les dépôts à lignites du midi de la France, en trois ordres principaux :

1.º Les dépôts à lignites liés au dépôt marin supérieur et qui en forment la base ;

2.º Les dépôts à lignites dont la liaison au dépôt marin supérieur est incertaine ;

3.º Les dépôts à lignites fluviatiles qui ne sont recouverts ni liés au dépôt marin.

---

(1) Par erreur , les divers observateurs ont désigné les mines de lignites de la Pomme sous le nom de Roquevaire; il n'y existe cependant que des carrières de gypse secondaire.

CHAPITRE PREMIER.

DES DÉPÔTS A LIGNITES LIÉS AU DÉPÔT MARIN SUPÉRIEUR
OU SECOND TERRAIN MARIN.

SECTION PREMIÈRE.

Des dépôts à lignites de Saint-Paulet (Gard).

Les mines de Saint-Paulet, situées à une grande lieue et demie à l'ouest du Saint-Esprit, barrent en quelque sorte la vallée du même nom. Les couches de lignites y sont surmontées par des bancs puissans de sables calcaires et de calcaire moellon dont les flancs sont assez escarpés. Aux pieds de cette colline, on voit le sol de la plaine formé par le *diluvium* caillouteux qui repose immédiatement sur des marnes jaunâtres marines ; celles-ci surmontent des marnes argileuses bleues , exploitées çà et là pour la fabrication des poteries grossières.

Dans le lieu même où les lignites sont exploités , près la campagne de Saint-Julien, on observe, à partir du sol, la succession des couches suivantes :

1.º Des sables jaunâtres calcaréo-siliceux, avec de nombreux débris de coquilles marines;

2.º Des bancs puissans de calcaire moellon en couches légèrement inclinées de 10 à 15°, dans le sens de la vallée. Ce calcaire d'un tissu lâche et d'une solidité médiocre, offre des moules nombreux de coquilles bivalves des genres *Cytherea* et *Venus*. Les Cérites sont les plus abondantes parmi les univalves;

3.º Des sables marins peu différens de ceux de la première couche, avec de nombreux débris de coquilles marines.

4.º Ici commence une série de couches alternatives d'un calcaire compacte grisâtre d'eau douce, caractérisé par des gyrogonites transformées en calcaire spathique, de lignite terreux altéré et de marnes sableuses. L'alternance de ces couches a lieu jusqu'à quatre reprises différentes; mais l'épaisseur de leurs bancs est peu considérable:

5.º Calcaire compacte à tubulures sinueuses, avec Cérites ou Potamides et Paludines;

6.º Marnes argileuses peu puissantes avec de petites espèces d'huîtres;

7.º Lignite terreux d'une faible puissance, plus ou moins mélangé de marnes argilo-bitumineuses;

8.º Marnes argilo-sableuses avec des traces de lignites, dont quelques parties conservent des vestiges de l'organisation végétale;

9.º Calcaire compacte d'eau douce avec Limnées et Cyrènes ;

10.º Marnes calcaires jaunâtres peu puissantes ;

11.º Marnes argileuses bleues avec quelques vestiges de lignites plus ou moins fibreux ;

12.º Marnes argilo-bitumineuses avec de nombreuses coquilles marines et fluviatiles , des genres *Ampullaria* , *Melania* , *Cyprina* , *Cytherea* , *Lucina* et *Cerithium*. Ces marnes , comme les lignites qui leur succèdent , présentent des morceaux peu volumineux de la résine succinique qui est plus abondante au milieu des masses de lignites ;

13.º Lignites en bancs puissans de deux à trois mètres , quelquefois si peu altérés , qu'ils conservent leur tissu ligneux , ressemblant assez à du charbon de bois. La plupart de ces lignites se rapportent au lignite piciforme commun , peu au lignite piciforme jayet. Ce n'est que par des recherches minutieuses que nous en avons découvert un certain nombre de fragmens. Ce lignite offre en assez grande quantité une résine succinique , friable , d'un brun jaunâtre brillant , mais sans apparence d'insectes fossiles. Il serait d'ailleurs difficile d'apercevoir ces insectes , à raison de la couleur foncée de cette résine , placée plutôt au milieu des lignites en fragmens épars , qu'en morceaux un peu volumineux ;

14.º Marnes argilo-bitumineuses avec les mêmes coquilles marines et fluviatiles , que celles des marnes supérieures au premier banc de lignites. On y trouve également des écailles ou des grains de la même résine succinique;

15.º Lignite exploité comme le premier banc et offrant les mêmes caractères.

Toutes ces couches en stratification concordante courent sud sud-ouest, nord nord-est. La régularité de leurs alternances, le parallélisme de leurs couches, ainsi que leur peu d'inclinaison, annoncent assez que leurs dépôts ont été opérés tranquillement et successivement, malgré le mélange des coquilles marines et fluviatiles que l'on y observe (1).

DÉBRIS DES MOLLUSQUES TESTACÉS DU CALCAIRE MOELLON, SUPÉRIEUR AUX LIGNITES DES MARNES QUI ALTERNENT AVEC CES LIGNITES.

1.º *Coquilles marines du calcaire moellon.*

Cerithium, des moules seulement.

---

(1) Les lignites d'Härring dans le Tyrol, exploités depuis des siècles, appartiennent également aux lignites liés aux dépôts marins. Nous y avons, en effet, observé, comme à S.ᵗ-Paulet, de nombreuses coquilles marines, parmi lesquelles nous avons reconnu plusieurs espèces de *Buccinum* et la *Rostellaria pes pelecani*. Dans d'autres localités, comme, par exemple, à Salz-Hausen dans la Hesse, les lignites offrent un grand nombre de feuilles dicotylédones, conservant encore leur parenchyme, leurs pétioles, leurs nervures et leurs couleurs, comme si ces bois fossiles avaient été enterrés d'hier. Enfin, les lignites des environs de Sienne offrent également un mélange de coquilles marines et d'eau douce des genres *Cerithium* et *Melanopsis*.

Eburna, des moules seulement.

Turitella, id.

Cytherea, id.

Venus, id.

Cypricardia, id.

Arca, id.

2.° *Coquilles marines des marnes à lignites.*

Cerithium sulcatum. Bruguiere. (*Cerithium pli-catum.* Basterot.)

Cerithium, très-voisin du *Cinctum* de Bruguière.

Cytherea mactroïdes. Lamark?

Lucina lactea.

Cyprina islandicoïdes.

Tellina. Plusieurs espèces, de petites dimensions.

Ostrea. Plusieurs espèces, de petites dimensions.

3.° *Coquilles fluviatiles des marnes à lignites.*

Melania ventricosa. Faujas. Ann. du Mus., tom. XIV, pl. 19, fig. 7, 8.

Melania pyramidata. Id. fig. 11, 12.

Paludina Desmaretii. Desmarest. Journal des mines, n.° 199, juillet 1813.

Paludina Brardii. Brard. Quatrième mémoire.

Planorbis minutus. Faujas. Ann du Mus., tom. XIV, pl. 19, fig. 13, 16.

Ampullaria Faujasii. Ann., tom. XIV., pl. 19, fig. 1, 6.

Limneus.

Cyrena.

Unio, de la taille de l'*Unio littoralis*.

SECTION II.

Des dépôts à lignites des Martigues (Bouches-du-Rhône.)

—

Les lignites que l'on recherche dans les environs des Martigues, se montrent en petits affleuremens aux bords de l'Étang de Ber.e et au sud-est de la ville. Comme ceux de Saint-Paulet, ils appartiennent aux dépôts marins supérieurs, et sont buttés contre des collines élevées, composées de Craie compacte inférieure ou de Grès-vert (1). Cette dernière formation est bien caractérisée dans les environs des Martigues, par des fossiles nombreux et par plusieurs, des plus grandes dimensions. Les

---

(1) Nous rapportons à la même formation les dépôts à lignites du Plan d'Aups (Var), qui sont recouverts par un calcaire moellon bréchiforme, bien caractérisé par les coquilles fossiles des terrains marins supérieurs. Ce calcaire moellon a été décrit sous le nom de brèche coquillière, par MM. Thonlouzan et Negrel-Ferant, et rapporté par eux, on ne sait trop sur quel fondement, a la formation du calcaire conchylien. (*Muschelkalk.*)

roches de ce système, quoique se montrant assez généralement plus ou moins redressées, ne forment pas cependant des massifs verticaux comme le calcaire oolithique qui se lie, dans la même localité, à la Craie compacte inférieure. Le premier de ces calcaires se montre à un niveau plus élevé que celui où est parvenue la Craie compacte ou le Grès-vert. Les couches de cette dernière roche, beaucoup plus entamées, présentent des enfoncemens plus considérables et plus nombreux que celles du calcaire oolithique. Aussi, peut-on aisément distinguer ces deux ordres de formations, d'après leur aspect extérieur et leur disposition générale.

C'est donc en revêtement sur le flanc des collines de Craie compacte qui longent l'étang de Berre, que se montrent les formations tertiaires dont les couches inférieures renferment des lignites.

Ainsi l'on découvre au-dessous du *diluvium* fragmentaire, composé d'un limon calcaire peu coloré, dans lequel sont disséminés de nombreux fragmens de calcaire oolithique, des sables d'un jaune verdâtre, à gros grains, mais le plus généralement endurcis. L'épaisseur de ces sables est d'un à deux mètres. A ces bancs sablonneux endurcis succèdent des sables presque pulvérulens, dans lesquels sont disséminés de nombreux cailloux roulés, soit quarzeux, soit calcaires. Ces sables recouvrent à leur tour des marnes calcaires jaunâtres, caractérisées par de petites huîtres. Ces quatre

premières couches sont assez sensiblement horizontales , tandis que celles sur lesquelles elles
s'appuient suivent l'inclinaison des couches de
Craie compacte, qui supportent le dépôt marin
tertiaire.

Des marnes bleues analogues aux marnes bleues
sub-appenines succèdent aux marnes jaunes. Elles
contiennent un grand nombre de coquilles marines ,
des genres *Cerithium* , *Ostrea* , *Anomia* , *Corbula* ,
Pecten et *Cardium*. Ces marnes , suivies de marnes
argileuses bleuâtres , légèrement bitumineuses ,
offrent un mélange de coquilles fluviatiles et marines , avec des bancs peu épais de lignites. Les
principales espèces se rapportent aux genres des
Melanopsis, des *Cyrènes*, des *Unio*, des *Cythérées*
et des *Corbules*. Des bancs de lignites plus ou moins
considérables s'y montrent en affleuremens sur le
bord de l'étang de Berre. Les couches marneuses
à lignites courent dans la direction sud-ouest, nord-
est, et sont, à très-peu près, parallèles aux couches
de Grès-vert. Leur inclinaison, comme celle des
couches qui les supportent , a lieu vers le nord-
ouest.

Les puits que l'on a creusés à peu de distance
des Martigues, dans le but de trouver des bancs
de lignites assez considérables pour mériter d'être
exploités , ont présenté la même succession de
couches; ils nous ont donc servi à fixer la position
de ces lignites.

Ainsi, l'on a découvert au-dessous du *diluvium fragmentaire :* 1.º des marnes argileuses bleues, avec des *Cerithium,* des *Anomia* et l'*Ostrea flabellula ;* 2.º des marnes argileuses bleuâtres, avec une immense quantité de *Melanopsides,* de *Corbules,* de *Cythérées* et d'*Unio ;* 3.º un banc de lignite terreux, pas assez puissant pour mériter d'être exploité, étant en quelque sorte le sommet d'un banc plus considérable qui plonge vers le nord-ouest; 5.º une masse sur laquelle nous n'avons pu recueillir des renseignemens précis, ni avoir des échantillons; 6.º un calcaire compacte bitumineux; 7.º des marnes argileuses brunâtres, avec des traces de lignites. On a poussé une galerie dans le sens de la direction de ces lignites, c'est-à-dire, vers le nord-ouest; ce qui indique que ceux-ci, au lieu de passer sous les bancs de craie, comme les exploitateurs l'ont présumé, s'en éloignent et leur sont simplement adossés ou se trouvent buttés contre ces bancs de Craie.

DÉBRIS DES MOLLUSQUES.

1.º *Coquilles marines des marnes argileuses, avec ou sans lignites.*

Cerithium.
Cytherea, de grandes espèces.
Corbula revoluta Basterot.
Cardium.

Pecten.

Ostrea flabellula.

Arca, d'assez grandes espèces.

Anomia.

Coquilles fluviatiles des marnes argileuses à lignites.

Melanopsis, d'assez grandes dimensions pour ce genre.

Cyrena.

Unio. Plusieurs espèces de la taille des *Unio littoralis* et *pictorum.*

CHAPITRE II.

DES DÉPÔTS A LIGNITES, DONT LA LIAISON AU DÉPÔT MARIN SUPÉRIEUR EST INCERTAINE.

SECTION PREMIÈRE.

Des dépôts à lignites de Cessenon (Hérault).

Nous avons décrit dans le journal de physique, tom. LXXXVIII, p. 129, les dépôts de lignites de Cessenon, comme liés intimement au calcaire moellon, et par conséquent comme des lignites que l'on ne pouvait point séparer des dépôts marins supérieurs. Cependant en revoyant les lieux, en 1827, il nous a paru que les lignites de Cessenon tenaient plutôt aux lignites fluviatiles qu'aux marins. Nous avouerons même que nous avons vainement cherché les bancs de calcaire marins, qui, en 1816, nous avaient paru recouvrir les calcaires d'eau douce au-dessous desquels se trouvent les bancs de lignites. Nous n'avons, en effet, retrouvé les dépôts marins tertiaires qu'à une lieue environ du vallon de Bernasobres. Les formations d'eau douce sont extrêmement développées dans cette vallée, par suite de ce que celle-ci, presqu'entièrement barrée de tous côtés, n'a d'autre issue que celle par laquelle s'échappe le torrent qui la parcourt.

DÉBRIS DES MOLLUSQUES TESTACÉS.

Coquilles fluviatiles des calcaires et des marnes d'eau douce qui accompagnent les lignites.

Limneus, un assez grand nombre d'espèces, mais trop comprimées pour être déterminables.
Succinea, peu d'espèces.
Planorbis regularis. Nobis. Nous avons depuis long-temps décrit cette espèce dans notre mémoire sur les mines de Cessenon, inséré dans le journal de physique.

SECTION II.

Des dépôts à lignites de Piolenc ou Piolenne (Vaucluse).

—

Ces dépôts à lignites, situés à une demi-lieue au nord du village de Piolenc, vers la base de la montagne de Saintifon, semblent couronnés par les dépôts marins supérieurs. En effet, la partie la plus supérieure de cette montagne est formée, 1.º par des sables marins jaunâtres, plus ou moins endurcis, sans traces de corps organisés; ces sables se montrent disposés dans le haut en rochers verti‑ caux et en couches horizontales dans le bas; 2.º par des bancs pierreux (calcaire moellon) bien caracté‑ risés par de grandes et petites huîtres (*Ostrea crassissima* et *flabellum*) et quelques lits de petits cailloux quarzeux. Ce calcaire moellon compose le sommet des collines environnantes, surtout vers l'est, où il se développe tellement vers Sérignan, qu'il y devient l'objet de grandes exploitations.

Ce systême marin semble s'appuyer sur des grès ferrugineux chargés par intervalle de fer hydroxidé, et quelquefois à tel point qu'on a cru pouvoir les exploiter comme mine de fer. Ces grès recouvrent des sables quarzeux blancs jaunâtres sans traces de corps organisés, dont les couches dirigées sud 10 ouest, nord 10 est, s'inclinent d'environ 7 à 8 degrés, direction et inclinaison communes aux autres couches. Au-dessous de ces sables paraissent des marnes argileuses grisâtres, lesquelles alternent à un grand nombre de reprises, avec des bancs de lignites, dont on n'exploite que les plus inférieurs.

Les lignites de Saintifon, comme ceux de Bouqueiran exploités à environ un quart de lieue des premiers, ont bien moins l'apparence et le tissu du bois que ceux de St-Paulet. Ces lignites se divisent presque comme la houille en fragmens rhomboïdaux. Mais comme ils ne se collent point et brûlent mal, on ne les emploie que dans les fours à chaux. Ils ne renferment ni débris de corps organisés, ni resine succinique, mais une grande quantité de fer sulfuré. Leur liaison avec les terrains marins supérieurs, les marnes effervescentes qui alternent avec eux sembleraient prouver qu'ils appartiennent à cet ordre de dépôt; si, d'un autre côté, l'absence des coquilles sub-appennines dans les sables ou les grès qui les recouvrent, ou dans les marnes qui les accompagnent, et enfin leurs caractères minéralogiques ne devaient pas les faire considérer comme appartenant à la formation de la molasse. Aussi, d'après ces caractères opposés, resterons-nous dans le doute, sur la véritable position de ces lignites, jusqu'à ce que l'on ait rencontré des coquilles au milieu des marnes avec lesquelles ils alternent, corps organisés qui peuvent seuls nous permettre de fixer leur véritable position géognostique.

SECTION III.

Des dépôts à lignites de la Cadière, près Toulon (Var).

———

Quoique les lignites de la Cadière près Toulon, appartiennent plutôt aux dépôts marins supérieurs que ceux de Cessenon, on peut cependant avoir quelques doutes sur leur liaison immédiate avec cet ordre de dépôt. En effet, ce n'est que vers Canadeu, à une distance d'environ une lieue, que les forma-. tions marines prennent un grand développement. Là le calcaire moellon s'y montre en bancs puissans, et il fourmille comme ailleurs de coquilles marines des genres *Venus*, *Cytherea*, *Cardium* et *Ostrea ;* mais ce calcaire et les marnes argileuses qui l'accompagnent sont-ils bien liés au dépôt à lignites, c'est ce qui paraît douteux ?

Quant aux lignites de Toulon, que nous ne décrirons pas, l'ayant déjà fait dans notre mémoire sur les terrains tertiaires, ils ne renferment que des *Planorbis*, des *Limneus*, des *Cyclas* ou des *Astarte* striés transversalement, et des *Unio* de la taille de l'*Unio margaritifera*.

———

CHAPITRE III.

DES DÉPÔTS A LIGNITES FLUVIATILES QUI NE SONT RECOUVERTS NI LIÉS AU DÉPÔT MARIN.

SECTION PREMIÈRE.

Des dépôts à lignites de la Caunette (Aude).

Les dépôts à lignites exploités à la Caunette, à quatre lieues nord-ouest de Narbonne, paraissent appartenir aux dépôts fluviatiles. Les lignites de Cabezac, d'Azillanet, de Minerve, dépendent également de la même formation, qui a été reconnue sur une étendue de seize kilomètres de l'est à l'ouest, depuis la limite orientale du territoire de Bize (Aude), jusqu'au-delà de Cesseras, occupant du nord au sud une largeur de cinq à six kilomètres. Aussi, d'après la proximité des lignites d'Ornezons, de Tourrouzelle, de Caraman et de Corbières, qui semblent dépendre du même système , il est probable que tous ces dépôts charbonneux sont de la même époque.

Nous nous bornerons à indiquer la succession

des couches, telle qu'on l'observe à la Caunette ; les autres dépôts différant peu de celui-ci, dont l'exploitation est la plus régulière. Les couches ont le plus généralement leur direction de l'est à l'ouest, obliquant cependant un peu vers le sud-ouest. Leur inclinaison variable est d'environ 15° du nord au sud ; l'inclinaison de dérangement, ou l'inflexion des couches, est encore plus faible, n'étant plus que de 10° du nord à l'ouest.

A partir du sol, on observe, 1.° des Psammites sablonneux micacés bleuâtres ou grès quarzeux ; 2.° des Gompholites monogéniques ou Poudingues calcaires à fragmens ovalaires ; 3.° Calcaire bleuâtre alternant avec des Psammites sablonneux et quelques petites veines de lignite terreux ; 4.° les mêmes Psammites sablonneux qui forment la première couche ; 5.° plusieurs bancs parallèles de marnes calcaréo-bitumineuses endurcies, peu développées ; 6.° Marnes argilo-bitumineuses avec coquilles d'eau douce très-comprimées, probablement des genres Planorbes et Lymnées ; 7.° Lignite piciforme commun, mêlé de lignite terne et de coquilles fluviatiles toujours très-comprimées. Ce lignite est exploité, mais il est d'une qualité inférieure ; 8.° Marnes argilo-bitumineuses, fesant faiblement effervescence avec l'acide nitrique, et mêlées d'une grande quantité de fer sulfuré ; 9.° Lignite piciforme, mêlé de lignite jayet, mais point de lignite terne, exploité avec plus d'avantage que le premier ; cette variété est presque toujours mêlée de coquilles d'eau douce très - comprimées ; 10.º Calcaire compacte grisâtre en couches peu puissantes, renfermant une grande quantité de Planorbes et de Lymnées ; 11.º Marnes endurcies bitumineuses, alternant avec des schistes bitumineux, pénétrés de coquilles d'eau douce des genres *Planorbis*, *Limneus*, *Unio* et *Anodonta* ; 12.º Argile plastique bitumineuse, renfermant du fer sulfuré, du fer oxidé compacte et de la chaux sulfatée sélénite ; 13.º Craie compacte inférieure avec un grand nombre de nummulites spathiques.

La liaison de ces dépôts à lignites avec la craie compacte inférieure, et leur superposition immédiate à cette dernière roche, avec laquelle les lignites sont en stratification concordante, l'absence de coquilles marines, et la présence d'argiles à peine effervescentes, ne laissent aucun doute sur leurs relations avec les autres lignites fluviatiles.

Coquilles fluviatiles des dépôts à lignites de la Caunette (Aude).

Limneus, d'assez grandes espèces.

Planorbis, de petites et de très-grandes espèces pour ce genre.

Unio, de la dimension de l'*Unio margaritifera*.

Anodonta, de la taille de l'*Anodonta cygnea*

SECTION II.

Des dépôts à lignites de Gardanne, Fuveau et la Pomme (Bouches-du-Rhône) (1).

———

Les dépôts à lignites de Gardanne, Fuveau et la Pomme, constituent un petit système particulier produit à la même époque, et qui se rattachent tous aux dépôts des lignites fluviatiles des bassins méditerranéens. Inutile, sans doute, de faire sentir que les lignites des environs d'Aix n'appartiennent point à la formation du calcaire conchylien (*Muschelkalk*), et qu'ils ne sont point inférieurs à la craie ; M. Brongniart ayant déjà prouvé que tous les faits s'opposaient à un rapprochement aussi extraordinaire (2). Ceux que nous allons faire connaître le démontreront encore, sans qu'il soit

———

(1) On peut probablement comprendre dans ce même genre de dépôts, les lignites de *Peynier*, *Belcodène*, *Peypin*, *Mimet*, *S.t-Savournin* et *Greasque*; mais comme nous ne les avons point observés nous-mêmes, nous n'oserons rien décider. Quant aux lignites dits de *Roquevaire*, ils sont exploités près du village de la Pomme.

(2) Voyez Dictionn. des Scienc. nat., tom. XXVI, p 376. — Notice sur la constitution géologique du bassin houiller du département des Bouches-du-Rhône, par M. de Villeneuve, tome I.er, pag. 338, 397 et 471.

nécessaire de nous livrer à une discussion, au sujet d'un point de fait aussi simple.

Les mines de lignites de Gardanne sont situées à trois lieues au sud d'Aix, et dans la même direction du bassin de Gardanne, sur le revers septentrional de la chaîne oolithique du Pilon du Roi. Les couches de ces lignites, ainsi que celles des calcaires d'eau douce qui les accompagnent, ne concordent nullement avec la stratification du calcaire oolithique qui compose la chaîne secondaire dont le vallon de Gardanne est entourré, et dont le Pilon du Roi est un des points les plus élevés. Cette disposition constratante a été fort bien reconnue par les mineurs eux-mêmes, qui ont observé que les couches de lignites viennent butter contre la montagne, où elles se terminent. Ainsi, les terrains puissans de lignites et les roches calcaires de sédiment qui les accompagnent, ont été déposés dans les vallons de Gardanne, Fuveau et la Pomme, au milieu du calcaire jurassique qui forme le sol de cette partie de la Provence. Ces terrains appartiennent donc aux formations tertiaires, et probablement à la formation de lignite et d'argile plastique qui en est la base.

Mais, pour donner une idée exacte des relations des lignites de Gardanne avec ce qui les entoure, nous allons en donner la coupe. Les couches de cette formation, dirigées nord-ouest sud-est, inclinent sud-ouest nord-est d'environ 20 degrés. Leur stratification est concordante. En partant du niveau du sol, elles se succèdent dans l'ordre suivant :

1.º Calcaire à cassure esquilleuse en couches assez minces, avec de nombreuses coquilles, des genres *Unio*, *Astarte* ou *Cyclades*, remarquables par leurs stries parallèles aux bords. Ces *Cyclades* ou *Astarte*, extrèmement abondantes dans ces localités, ont été décrites et figurées dans la statistique des Bouches-du-Rhône. Quant aux coquilles univalves, les unes semblent se rapporter à d'assez grandes espèces de Cérites ou de Potamides, et d'autres striées à des espèces différentes du même genre. Enfin, il en existe de très-déliées et alongées qui, ainsi que l'a remarqué M. Brongniart, ressemblent, à l'extérieur seulement, au *Bulimus acicularis* de Lamark.

2.º Calcaire plus bitumineux, plus noirâtre que le précédent, renfermant toujours de nombreuses *Astarte* ou *Cyclades*, et de plus quelques grandes Paludines assez bien caractérisées.

3.º Lignite piciforme commun et lignite terne massif avec *Astarte* ou *Cyclades* et *Unio*. Ces coquilles y sont moins abondantes que dans les roches calcaires ; mais leur têt y est souvent conservé, surtout celui des *Unio*. Ce lignite, exploité avec avantage, ressemble assez à la houille par son éclat, sa cassure droite et luisante ; il n'offre jamais de tissu ligneux sensible. Il est plus ou moins chargé de fer sulfuré. On le voit alterner à plusieurs reprises avec un calcaire bitumineux analogue à celui du n.º 2. Les ouvriers comptent jusqu'à six bancs différens de lignite, dont le plus puissant a de 1.^m 20 à 1.^m 80.

Ces dépôts adossés ou buttés contre la formation oolithique, s'étendent de Gardanne à Greasque, se prolongeant de St Savournin jusqu'à Pepin, le long de la chaîne oolithique de l'étoile, d'où ils se sont détournés vers le nord nord-est, dans la direction de la Pomme et de Fuveau. Toutes les montagnes qui entourent les vallons où gissent ces dépôts de lignite, appartiennent à la formation oolithique; cette formation étant à peine interrompue par quelques lambeaux de Grès-verts, à en juger du moins par les fossiles que l'on y observe dans ces diverses localités. Presque toujours assez abondans pour être l'objet d'exploitations régulières, ces dépôts offrent souvent la même inclinaison que les couches oolithiques; ce qui a pu faire supposer que les lignites passaient au-dessous de ces roches, tandis qu'il est de fait qu'ils n'y sont qu'adossés, et en stratification contrastante avec les couches plus anciennes sur lesquelles ils reposent.

Coquilles fluviatiles des calcaires et des lignites de Gardanne.

Bulimus, voisin du *Bulimus acicularis* de Lamark.

Cyclas, Striés transversalement, la même espèce que celle des lignites de Toulon. Il pourrait bien cependant y en avoir plusieurs.

Unio, plusieurs espèces rapprochées par leurs dimensions des *Unio margaritifera*, *pictorum* et *littoralis*. On trouve avec ces *Unio*, d'autres coquilles dont il ne reste plus que les moules, et qui sembleraient par leurs formes se rapporter à de jeunes individus du même genre *Unio*.

On observe dans les calcaires superposés aux lignites de Gardanne, des coquilles bivalves de petites dimensions, dont il ne reste plus que les moules intérieurs. Ces coquilles ont une forme allongée et aplatie comme les petites espèces de Tellines ; mais doivent-elles être rapportées à ce genre? C'est ce que nous n'oserions décider avec les moules incomplets qui en restent.

Il résulte de ces faits, que si les dépôts à lignites des bassins méditerranéens n'appartiennent pas tous au dépôt marin supérieur, il en est cependant certains qui en font incontestablement partie. Mais les lignites fluviatiles et sans mélange de produits marins, représentent-ils ceux placés dans les bassins océaniques immédiatement au-dessus de la craie ? C'est ce qui peut être douteux, puisqu'entre ces lignites et ceux intimement liés au second terrain marin, il n'existe point d'autre dépôt qui puisse leur faire assigner cette position d'une manière positive. Cette absence d'aucun autre dépôt intermédiaire dépendant du même genre de formation, est une nouvelle preuve du manque absolu du premier terrain marin tertiaire, dans les bassins méditerranéens. Il se pourrait donc que nos lignites fussent tous de la même époque; du moins l'absence des coquilles marines, dans certains d'entr'eux, paraît tenir à ce que ces lignites, comme les terrains purement lacustres, ont été déposés dans des vallées presque fermées (1).

Les lignites fluviatiles, comme les terrains d'eau douce sans mélange de produits marins, ont, du reste, cela de commun, de s'éloigner davantage du bassin de la Méditerranée, et de s'élever beaucoup plus au-dessus du niveau de cette mer, que les dépôts marins. Ceux-ci, au contraire, presque constamment parallèles à la Méditerranée, ne s'en éloignent que fort rarement, ainsi que nous l'avons déjà fait observer, et ne parviennent que plus rarement encore jusqu'à 300 mètres au-dessus de cette mer. Il en est à peu près de même des lignites tertiaires liés aux dépôts marins; mais, ce qui est digne de remarque, ces derniers sont généralement moins abondans et moins altérés que les lignites fluviatiles; aussi leur exploitation est-elle peu avantageuse. Enfin, quoique liés aux dépôts marins, on les voit presque constamment renfermer des coquilles fluviatiles ou terrestres.

----

(1) Les lignites de S.ᵗ-Paul et de Cazarels près S.ᵗ-Jean de Cuculles, qui ont été exploités dans les environs de Montpellier, sont une preuve frappante de la relation qui existe entre la nature des dépôts et la disposition des vallées où ils ont eu lieu.

LIVRE IV.

DES ARACHNIDES ET INSECTES FOSSILES, ET SPÉCIALEMENT DE CEUX DES TERRAINS D'EAU DOUCE DU BASSIN TERTIAIRE D'AIX.

SECTION PREMIÈRE.

OBSERVATIONS GÉNÉRALES.

Nous avons cru utile de donner, comme un appendice à notre tableau des principales espèces fossiles d'animaux invertébrés des bassins méditerranéens, l'indication des arachnides et insectes fossiles que nous avons découverts dans les marnes fluviatiles liées au dépôt gypseux exploité dans les environs d'Aix (Bouches-du-Rhône). Cette indication offrira d'autant plus d'intérêt, que la connaissance des marnes insectifères est encore toute nouvelle, n'ayant été annoncée que dans une note insérée dans le bulletin de géologie de M. de Ferrussac (1),

(1) Cahier de septembre 1818. — Même cahier des Annales.

et reproduite dans le cahier de septembre, des Annales des sciences naturelles.

On sait que Linné a donné le nom d'Enthomolithes aux pétrifications qui présentent des débris ou des vestiges d'insectes; mais, sous le nom d'insectes, il comprenait aussi les crustacés (1). Quant à nous, nous ne signalerons dans notre travail, que les entomolithes qui se rapportent aux arachnides et aux insectes proprement dits; mais pour que nos observations soient utiles aux progrès de la géologie, nous ferons connaître les formations où se trouvent leurs débris, soit ceux que nous avons observés nous-mêmes, soit ceux qui avaient été déjà signalés. Toutefois, nous n'indiquerons qu'avec la plus grande réserve, les divers gisemens des insectes fossiles, lorsque nous ne les aurons pas vus par nous-mêmes. Nous serons d'autant plus réservés, que, d'après les divers gisemens attribués aux arachnides et aux insectes fossiles, leurs débris

---

(1) Ainsi *Linné* (*Regnum Lapideum*) avait appelé Entomolithes les pétrifications qui présentent des débris ou des vestiges d'insectes et de crustacés. Son *Enthomolithus cancri* renferme les crustacés fossiles; son *Enthomolithus monoculi* est le limule des schistes calcaires de Solnhofen figuré par Knorr. Momnm., tom. I, pl. 14, fig. 2, et que M. Desmarest nomme *Limulus Walchii*. Enfin sous le nom d'*Entomolithus paradoxus*, il a confondu deux espèces le *Paradoxides Tessini* et *spinulosus*, de M. Brongniart.

semblent appartenir à tous les âges des dépôts anormaux ou des terrains de sédiment , en y comprenant les terrains dits de transition.

SECTION II.

Terrains anormaux tertiaires.

§ Ier — INSECTES FOSSILES DES DÉPÔTS DE SÉDIMENT PRODUITS APRÈS LA RETRAITE DES MERS.

Les premiers débris d'insectes signalés dans les dépôts lacustres, semblent se rapporter à des tubes qui auraient servi d'enveloppe à des larves de Friganes. M. Bosc, qui les a décrits le premier, les a nommés *Indusia Tubulosa* (1). Ces tubes, que l'on trouve dans les environs de Clermont, en Auvergne, au sommet du Puy-de-Jaussat, dans un dépôt calcaire lacustre considérable, ont environ un pouce de longueur, sur quatre à cinq lignes de diamètre. Quelques-uns de ces tubes sont composés de petites paludines réunies par une incrustation calcaire, tandis que d'autres sont formés par de petits grains de sable de diverse nature. On les voit souvent agglutinés parallèlement les uns aux autres, ou se croiser dans tous les sens, être enfin divergens, et former des

____

(1) Journal des mines, tom. 17, n.° 191, pag. 397.

espèces de bassins circulaires d'un pied et demi à deux pieds de diamètre.

Quoique l'origine donnée à ces tubes par M. Bosc puisse être contestée, il nous paraît cependant, avec MM. Ramond et Brongniart, qu'elle est encore la plus probable, parce que s'ils se rapportaient aux Sabelles et aux Amphitrites, les coquilles qui leur seraient réunies, appartiendraient à des coquilles marines, et non à des espèces d'eau douce (1). On ne peut pas davantage les considérer, comme le résultat de concrétions calcaires, qui auraient enveloppé une multitude de débris de végétaux détruits par la suite, parce que, malgré leur nombre immense, ces tubes ont une parfaite ressemblance dans leur forme, leur grosseur et leur longueur. Leur disposition symétrique, la manière dont une de leurs extrémités est constamment terminée en une calotte hémisphérique, indique pour leur formation une cause plus régulière qu'une concrétion opérée sur des débris de végétaux, qui auraient dû être jetés au hasard, et varier à l'infini dans leur longueur et dans leur grosseur.

Les calcaires sédimentaires lacustres des environs de Montpellier recèlent également des débris ou plutôt des empreintes d'Insectes, principalement des Aptères. La seule de ces empreintes qui soit

____

(1) Annales du Muséum, tom. XV, p. 393.

déterminable, annonce une espèce de Jule de la taille du *Julus sabulosus* (1).

§ II. — Arachnides et Insectes fossiles des dépôts de sédiment produits avant la retraite des mers, et postérieurement a la séparation de l'Océan des mers intérieures.

Des insectes fossiles des marnes calcaires.

Certains dépôts d'eau douce inférieurs aux dépôts marins des bassins méditerranéens, offrent une grande quantité d'insectes fossiles de toutes les classes. Ces insectes s'y montrent réunis à un petit nombre d'arachnides, quoiqu'il n'en existe point de traces dans les terrains marins qui les recouvrent. Cependant ceux-ci renferment de nombreux débris de crustacés des genres *Pagurus* et *Portunus*, et certaines empreintes des marnes insectifères des dépôts d'eau douce, semblent également se rapporter à des crustacés. Nous ne les signalerons cependant que lorsque nous en aurons découvert d'assez entiers, pour le faire avec certitude.

Le bassin d'Aix, où l'on trouve ces arachnides et insectes fossiles, a été si souvent décrit, qu'il est

---

(1) Journal de Physique, tom. LXXXVII, p. 173, cah. de juillet 1818.

singulier que leurs débris soient restés jusqu'à présent inaperçus. Cependant ces débris, dont nous donnerons plus tard l'énumération, sont des plus abondans dans les marnes calcaires qui séparent les divers bancs gypseux que l'on y exploite depuis des siècles, au lieu dit *la Montée d'Avignon*. On les y rencontre dans la couche marneuse nommée *la feuille* par les ouvriers, et immédiatement au-dessous de celle qui renferme les petits poissons, et par conséquent au-dessus du diablon et du banc gypseux exploité.

Ces marnes fluviatiles n'offrent parfois que l'empreinte des insectes que l'on y aperçoit; le plus souvent pourtant, ils y conservent leur nature propre et leur substance cornée. Il arrive même quelquefois que leur relief est assez considérable pour qu'on puisse les séparer en deux parties, et en obtenir une contre-épreuve. Leur couleur a pris généralement une teinte uniforme, soit brune, soit noirâtre. Il est remarquable que quoique l'enveloppe coriacée des insectes soit plus facilement destructible que le ligneux ou le parenchyme des végétaux, les insectes fossiles qui ont été saisis à Aix lors du dépôt des marnes d'eau douce, conservent plus généralement leur nature propre, que les végétaux dont on ne découvre le plus souvent que l'empreinte.

Les insectes et les arachnides des marnes calcaires d'Aix ont été saisis dans toutes sortes de situations ; aussi leur position est-elle constamment irrégulière. Il en est peu dont les parties soient étalées comme le sont les feuilles des plantes fossiles des terrains houillers. Les parties des insectes dont la compression n'a point changé la forme ni la disposition, se rapportent principalement aux ailes, quelle que soit la classe à laquelle appartiennent les insectes. Ainsi, les Nevroptères, les Hyménoptères, les Diptères, s'y montrent parfois avec leurs ailes, non-seulement déployées, mais étendues comme si elles avaient été préparées à dessein, pour mieux en apercevoir les nervures. Nous possédons même des ailes de Cigales, qui ne paraissent pas différer de celles de la Cigale commune, parfaitement étalées, quoiqu'elles soient isolées et séparées du corps de l'insecte. Il n'en est pas ainsi des ailes des Lépidoptères, autant du moins qu'on peut en être certain, par le peu de débris d'insectes de cette classe, que l'on observe dans les marnes insectifères d'Aix.

Les insectes se trouvent rarement sur les deux parties des feuillets des marnes calcaires schistoïdes, sur lesquelles on observe leurs empreintes. Quoique souvent très-minces et se divisant à l'infini, ces marnes ne présentent les débris des insectes ou des autres corps organisés qu'elles ont enveloppés, que d'un côté seulement. On y voit également fort peu de coquilles associées sur le même fragment avec des débris d'insectes. Nous possédons seulement un fragment de marnes calcaires , où l'on voit un Charanson très-rapproché d'une coquille du genre Potamide ou Cérite ; mais c'est l'unique exemple que nous puissions citer d'une pareille association. Les mêmes marnes présentent des poissons si petits, que certains d'entr'eux ne dépassent pas dix à onze milimètres.

Les arachnides sont généralement plus rares à Aix que les insectes proprement dits ; en effet, le premier de cet ordre d'invertébrés ne nous a encore offert que deux ou trois genres, tandis que nous en avons reconnu jusqu'à soixante-deux des seconds. Ces insectes fossiles appartiennent à peu près à toutes les classes ; cependant les aptères s'y montrent à peine, tandis que les coléoptères, les hémiptères et les diptères y sont assez nombreux, soit en espèces, soit en individus.

Quoiqu'il soit fort difficile d'arriver jusqu'à la détermination précise des diverses espèces d'insectes fossiles d'Aix, celles que l'on peut reconnaître avec quelque certitude semblent se rapporter à des espèces qui vivent encore dans le bassin même où les premières sont ensevelies. Parmi celles-ci, nous citerons spécialement les insectes fossiles que nous avons rapprochés des *Brachycerus undatus*, *Acheta campestris*, *Forficula parallela* et *Pentatoma grisea*, parce que ces insectes ne paraissent pas en différer. Quant aux autres, sur la détermination desquels nous ne sommes point complétement fixés, leurs formes, ainsi que leurs caractères, semblent tout-à-fait analogues à celles des espèces qui vivent encore dans le midi de la France. Il est pourtant un de ces insectes fossiles qui nous parut, au moment où nous le découvrîmes, s'éloigner, par ses caractères, de nos espèces méridionales. Cependant, après une comparaison attentive, cette espèce s'est trouvée congénère avec une espèce rare à la vérité dans nos contrées, mais que l'on y rencontre parfois, quoiqu'elle n'y soit jamais commune comme en Sicile et en Calabre; c'est le *Scarabæus candidæ* de Petagna, *Melolontha cornuta* d'Olivier, et *Pachypus excavatus* de M. Dejean (1). Ainsi, l'espèce fossile dont les formes nous paraissaient les plus éloignées de celles de nos insectes actuels, s'est trouvée, comme toutes les autres, analogue, si ce n'est tout-à-fait identique, à une de nos espèces vivantes.

Une remarque non moins curieuse et qu'il est essentiel de faire, c'est que la plupart de ces espèces fossiles semblent avoir appartenu à des insectes qui devaient vivre dans des terrains secs et arides. Aussi y trouve-t-on une grande quantité de curculionides, et fort peu de carabiques et d'hydrocanthares. Cette particularité, jointe à la remarque que nous avons déjà faite sur l'analogie qui existe entre les plantes

---

(1) *Petagna. Specimen. insect. ulterior. — Calabriæ*, p. 3, n.°, fig. 6 *a b.* — Olivier, Insect., tom. I, pag. 20, plan IX, fig. 74 *a B.* — Dejean, Catalogue de Coléoptères, pag. 57.

fossiles du bassin d'Aix et celles qui vivent encore en Provence, et enfin sur l'identité de la plupart des poissons fossiles de ce bassin et ceux qui y existent encore ou dans la mer qui en est la plus rapprochée, annonce, ce semble, que le bassin d'Aix devait être, à l'époque où ces divers dépôts se sont opérés, constitué à peu près de la même manière qu'il l'est encore aujourd'hui.

Mais pour mieux faire saisir la position des marnes insectifères, nous croyons utile de donner une coupe des couches qui composent la formation gypseuse d'Aix, coupe que l'on devra considérer comme une moyenne prise dans les différentes carrières en exploitation. Cette coupe résulte des observations que nous avons faites, de concert avec M. Pareto, dans notre voyage en Provence, exécuté en septembre 1828.

Les formations tertiaires qui entourent la ville d'Aix, située au fond d'un bassin dont l'ouverture principale est vers la Méditerranée, s'élèvent jusqu'au sommet des contreforts qui séparent le bassin d'Aix de celui de Lambesc, par suite du peu d'élévation de ces contreforts au-dessus de cette dernière vallée. Les formations d'eau douce sont déjà fort développées dès la sortie de S.ᵗ-Cannat, et le deviennent de plus en plus à mesure que l'on s'avance vers Aix, surtout lorsqu'on arrive à la montée d'Avignon.

Nous ignorons encore si le dépôt marin est immédiatement superposé aux formations d'eau douce, sur les hauteurs qui couronnent la ville d'Aix, comme il l'est dans le bas de la vallée, notamment près du moulin de S.'-Jérôme, où le calcaire moellon se montre en stratification contrastante avec le calcaire d'eau douce qu'il recouvre. Ce dernier offre encore cette particularité, d'avoir été percé en place par les modioles et autres coquilles marines perforantes; il en est de même dans certains calcaires d'eau douce roulés qui ont été saisis par le calcaire moellon, et certains lignites liés au dépôt marin. Les mêmes circonstances se reproduisent également dans certains bois fossiles des terrains secondaires.

On observe donc à la montée d'Avignon la succession des couches dans l'ordre suivant, et ce à partir du niveau du sol et au-dessous du *diluvium* qui y a fort peu de puissance.

1.º Marnes calcaires à Paludines, en lits peu épais.

2.º Marnes blanchâtres compactes, presque sans corps organisés en lits bien séparés et bien distincts des marnes supérieures.

3.º Calcaire compacte marneux blanchâtre avec une grande quantité de petites Cyclades.

4.º Marnes calcaires blanchâtres presque sans corps organisés.

5.º Calcaire compacte blanc jaunâtre avec Potamides ou Cérites, dont il ne reste plus que des moules ou des empreintes. Ces coquilles ou leurs moules sont souvent colorés en jaune rougeâtre par le fer hydroxidé.

6.º Marnes calcaires blanchâtres sans coquilles.

7.º Marnes calcaires tendres avec de petites Paludines.

8.º Marnes calcaires endurcies sans coquilles.

9.º Marnes bitumineuses brunâtres en lits plus ou moins épais.

10.º Marnes noirâtres bitumineuses renfermant quelques lames de gypse nommées le *cagnart* par les ouvriers.

11.º Marnes calcaires grisâtres et brunâtres avec cristaux de gypse sélénite.

12.º Marnes calcaires rubannées d'un blanc grisâtre et brunâtre feuilletées, diversement colorées, nommées la *feuille* et la *feuillette*. C'est dans la partie supérieure de ces bancs marneux, qui est aussi la plus épaisse, que l'on découvre les empreintes de poissons; et dans les plus minces ou les plus feuilletées, les débris d'insectes et quelques empreintes végétales.

13.º Marnes calcaires d'un gris jaunâtre dépendant de la *feuille* et de la *feuillette*, et offrant comme celles-ci des poissons, des insectes et des empreintes de plantes.

14.º Marnes calcaires dures feuilletées, nommées par les ouvriers *la feuille du diablon*, renfermant des débris et des empreintes de végétaux.

15.º *Diablon* ou banc de gypse dur, pénétré d'in-filtrations calcaires et siliceuses.

16.º Marnes calcaires pénétrées de gypse dur, et nommées par les ouvriers la feuille du plâtre blanc. Dans les couches de ces marnes qui recouvrent immédiatement le gypse on observe parfois des poissons ou des tiges de grands végétaux.

17.º Gypse plus ou moins mélangé de calcaire, offrant dans sa partie supérieure des petits lits noduleux de silex, nommé par les ouvriers *petit banc*, pour le distinguer d'un banc plus considé-rable, également exploité dans les mêmes carrières, et nommé le grand banc.

18.º Gypse ou partie gypseuse du petit banc, séparé de celui-ci, et nommé par les ouvriers *plâtre inférieur du tuvé.* Cette partie du petit banc, très-dis-tincte de la première, plus chargée de calcaire et de silex, fournit aussi du plâtre d'une qualité médiocre.

19.º Marnes calcaires feuilletées, nommées la *feuille du plâtre inférieur* ou *du tuvé*. On y dé-couvre quelques grandes espèces de poissons, ainsi que dans les deux couches suivantes.

20.º Marnes calcaires feuilletées, dites les *feuillets du tuvé*.

21.º Marnes calcaires blanchâtres, dites les *feuillets blancs*.

22.º Calcaire siliceux, assez chargé de silex pour étinceler sous le choc du briquet, nommé *pierre froide* par les ouvriers.

23.º Marnes argileuses brunâtres.

24.º Calcaire siliceux à peu près le même que celui du n.º 22, et nommé aussi *pierre froide*.

25.º Masse marneuse, analogue à celles que nous venons de décrire et superposée au n.º 26, qui est *le grand banc gypseux*, nommé aussi *le banc d'en bas*. Ce banc gypseux, plus puissant que le petit banc, est la dernière couche exploitée. Le plâtre que l'on en obtient est de meilleure qualité que celui fourni par le petit banc.

D'après cette coupe, il est aisé de juger que les débris des corps organisés ne se trouvent guère que dans les marnes, soit supérieures, soit inférieures au petit banc gypseux, et que les débris des arachnides et les insectes sont restreints aux couches marneuses supérieures à ce banc de gypse. Nous avons cependant observé quelques poissons et quelques empreintes végétales, sur la partie supérieure du petit banc gypseux ; mais ces débris y sont des plus rares. Les coquilles ne s'y montrent jamais, quoiqu'il y en ait quelques-unes dans les marnes superposées au gypse.

Pendant l'impression de cet ouvrage, M. Tournal a découvert des insectes fossiles dans les marnes d'eau douce d'Arnissan, près de Narbonne. Là, comme à Aix, les insectes sont accompagnés par des plantes et des poissons, ce qui semble annoncer que cette singulière association est assez constante dans les dépôts fluviatiles. Les débris d'insectes découverts jusqu'à présent par M. Tournal, se rapportent à des diptères; ils paraissent, du reste, assez rares dans cette localité, où abonde au contraire des empreintes végétales.

TABLEAU

Des Arachnides et des Insectes fossiles du bassin tertiaire d'Aix (Bouches-du-Rhône).

I. ARACHNIDES.

1.º *Fileuses.*

Aranea. Latreille. (*Tegeneria.* Walckenaer.) Une espèce de petite taille, à corps raccourci et à abdomen globuleux. Les pattes en sont étalées.

2.º *Pédipalpes.*

Phrynus. Olivier. (*Phalangium.* Linnœus.) Une espèce de petite taille, remarquable par ses palpes terminés en griffe, et l'aplatissement de son corps.

Une autre espèce de *Phalangium*, assez rapproché du *Phalangium phaleratum* de Panzer.

II. INSECTES.

APTÈRES. — A. SUCEURS.

Peut-être des Aptères de l'ordre des Suceurs.

Avec les Arachnides et les insectes que nous

allons décrire, on découvre un grand nombre de portions que l'on ne peut rapporter qu'à des larves d'insectes. Il en existe de toutes les formes et de toutes les grandeurs.

COLÉOPTÈRES. — A. PENTAMÈRES.

1.º *Carnassiers ou Carabiques.*

Harpalus. Une seule espèce d'une taille médiocre et d'une conservation remarquable, très-voisine de l'*Harpalus griseus* de M. Solier, laquelle est assez commune en Provence.

2.º *Hydro-Canthares.*

Dytiscus. Geoffroy. Une espèce d'une moyenne grandeur, à peu près de la taille du *Dytiscus cinereus.* Nous en avons une contre-épreuve.

Une autre espèce un peu plus petite.

3.º *Brachélytres.*

Staphylinus. Fabricius. Une espèce d'une petite taille.

Une autre espèce d'une taille un peu plus grande.

4.º *Sternoxes, Serricornes ou Buprestides.*

Buprestis. Linneus. Une espèce assez petite, analogue au *Buprestis nana* de Fabricius.

5.º *Lamellicornes.*

Melolontha. Une espèce remarquable par les stries assez prononcées de ses élytres.

Une seconde espèce, analogue à la première,

mais à élytres moins sensiblement striés. Le corps est toujours allongé.

Pachypus. Dejean. Une espèce voisine du *Pachypus excavatus*, décrit d'abord par Petagna, sous le nom de *Scarabæus Candidæ*, et par Olivier, sous celui de *Melolontha cornuta.* C'est une des espèces les plus remarquables de la France et de l'Italie méridionale. Il est intéressant d'en retrouver l'analogue à l'état fossile dans nos contrées.

Sisyphus. Latreille. Une espèce fort rapprochée du *Sisyphus Schæfferi.*

B. HÉTÉROMÈRES.

1.º *Melasomes.*

Sepidium. Une espèce de la taille du *Sepidium hispanicum.* Dejean.

Asida. Dejean. Une espèce fort rapprochée par sa taille et sa forme de l'*Asida grisea.*

Une autre espèce de la même taille, mais d'une forme très-différente.

Opatrum. Fabricius. Une espèce qui paraît voisine de l'*Opatrum pusillum* de M. Dejean.

C. TÉTRAMÈRES.

1.ª *Rhyncopores ou Curculionides*

Bruchus. Une petite espèce à cuisses renflées. Cette espèce ne paraît pas être la seule qui existe dans les marnes insectifères d'Aix.

Apion. Herbst. Une petite espèce.

Brachycerus. Une espèce très-voisine du *Brachy-cerus undatus* (Dejean), qui, comme on le sait, est fort commun dans nos contrées méridionales.

Une seconde espèce, d'une plus petite taille, et fort rapprochée du *Brachycerus algirus*, de Fabricius.

Une troisième espèce qui s'éloigne peu du *Brachycerus hispanicus* Dejean.

Cionus. Clairville. Une espèce peu différente du *Cionus Scrophulariæ* Dejean, que l'on trouve assez communément dans la France méridionale.

Une autre espèce, peut-être l'analogue du *Cionus verbasci.*

Une troisième espèce d'une taille encore plus petite.

Nous avons observé plusieurs de ces *Cionus* sur les mêmes marnes, qui offraient de petites Cerites ou Potamides.

Une quatrième espèce de *Cionus*, plus grande que le *Cionus verbasci*, et dont la couleur paraît avoir été noire. D'autres débris semblent se rapporter à ce genre; mais ils sont trop altérés pour être déterminables.

Meleus. Megerle. Une espèce analogue à un *Meleus* gris, tout couvert de points enfoncés et arrondis, qui paraît constituer une espèce nouvelle. Ce *Meleus* est cependant commun dans nos contrées méridionales.

Outre ce *Meleus*, il en existe quatre autres espèces dans les marnes insectifères d'Aix.

Hypera. Dejean. Deux espèces au moins, dont les formes semblent analogues aux espèces qui habitent le midi de la France.

Naupactus. Megerle. Une espèce assez voisine du *Naupactus lusitanicus*, que l'on trouve dans le Midi. Les autres espèces, assez mal conservées, ne peuvent être rapprochées de nos espèces vivantes avec quelque certitude.

Rhinobatus. Megerle. Trois espèces au moins, dont les formes semblent peu différentes de celles de nos espèces actuelles. Les unes de moyenne grandeur et les autres de petite taille.

Cleonis. Megerle. Ce genre est assez nombreux en espèces; on peut en signaler jusqu'à huit de bien distinctes. La plus remarquable et la plus commune est analogue au *Cleonis distincta* de Dejean ou du *Curculio ophtalmicus* de Rossi, qui, comme on le sait, est un charanson fort répandu dans les régions méridionales. Il nous serait difficile d'être aussi certain du rapport qu'ont les autres espèces fossiles avec nos espèces vivantes.

Dorytomus. Germar. Une espèce de fort petite taille.

<h3 align="center">2.° Xylophages.</h3>

Apate. Fabricius. Une espèce analogue à l'*Apate capucina*, par sa forme et sa taille.

Scolytus. Fabricius. Plusieurs espèces, mais si petites qu'il serait difficile de dire avec quelles de nos espèces elles ont le plus de rapports, d'autant qu'elles ne sont pas bien conservées.

Hylurgus. Latreille. Une seule espèce de petite taille.

Trogossita. Fabricius. Une espèce analogue au *Trogossita cærulea.*

3.° *Capricornes ou Longicornes.*

Callidium. Fabricius. Une espèce fort rapprochée des *Callidium* à cuisses renflées, et particulièrement du *Callidium abdominale* d'Olivier. Tom. IV, p. 70, pl. VIII, fig. 103.

4.° *Cycliques ou Chryso mélines.*

Cassida. Deux espèces au moins de la taille de la *Cassida viridis*, et une troisième assez rapprochée de la *Cassida meridionalis* de M. Dejean.

ORTHOPTÈRES.

1.° *Labidoures ou Coureurs.*

Forficula. Une espèce assez rapprochée des *Forficula parallella* et *auricularia*. Nous devons la première découverte de cette espèce à M. Leufroy; et depuis la communication qu'il a bien voulu nous en faire, nous l'avons retrouvée à plusieurs reprises.

2.° *Sauteurs.*

Gryllo-talpa. Une espèce analogue au *Gryllo-talpa vulgaris*, mais d'une petite taille; peut-être n'est-ce qu'un jeune individu de cette espèce.

Une autre espèce du même genre, mais fort petite.

Xya illiger. (*Tridactylus.* Olivier.) Nous rapportons à ce genre un orthoptère qui paraît peu éloigné du *Xya variegata* que l'on trouve sur les bords des ruisseaux dans les environs d'Aix.

Acheta. Fabricius. Une espèce tellement voisine de l'*Acheta campestris*, que nous n'avons pu découvrir la moindre différence entre l'espèce fossile et l'espèce vivante. M. Leufroy, jeune géologue, que nous avons eu tant de fois l'occasion de citer, l'a observé le premier dans les marnes feuilletées supérieures, au premier banc gypseux d'Aix.

Une autre espèce assez voisine par sa forme et sa taille de l'*Acheta italica* de Fabricius.

Une troisième très-petite et à cuisses peu renflées, comme celles de l'*Acheta italica.*

Une quatrième semblable à l'*Acheta sylvestris* de Fabricius.

Gryllus. Linnæus. Une espèce de la taille et du port du *Gryllus cærulescens.* On découvre en outre sur les marnes feuilletées d'Aix, des pâtes entières mais isolées de *Gryllus,* qui ressemblent assez à celles du *Gryllus cærulescens* ou autres espèces analogues.

Locusta. Une espèce de la taille de la *Locusta grisea* de Fabricius.

HÉMIPTÈRES.

1.° *Géocorises.*

Syrtis. Fabricius. Une espèce à pieds antérieurs

en forme de serre monodactile de crustacés, et d'une petite taille.

Pentatoma. Olivier. Une espèce bien semblable à la *Pentatoma grisea* de Latreille. Nous l'avons fait figurer en dessus et en-dessous.

Une autre espèce voisine de la *Pentatoma oleracea* de Latreille.

Une troisième espèce d'une plus petite taille.

Coræus. Fabricius. Deux espèces au moins de petite taille.

Lygæus. Fabricius. Douze à quinze espèces au moins de diverses grandeurs; mais généralement de petite taille.

Une semble se rapporter au *Lygæus melanocephalus* de Fabricius.

D'autres espèces paraissent assez voisines du *Lygæus punctum* de Fabricius.

Certaines espèces assez rares, du reste, se rapprochent de la taille et de la forme du *Lygæus compressicornis* de Fabricius.

Une autre espèce semble peu différer du *Lygæus errans* de Fabricius.

D'autres espèces de la taille de *Lygæus melanocephalus*, mais ne pouvant pas cependant se rapporter à ce *Lygæus* avec une complète certitude.

Tingis. Fabricius. Une petite espèce à corps aplati.

Aradus. Fabricius. Une seule espèce remarquable par la longueur du second article des antennes.

Reduvius. Fabricius. Trois espèces au moins d'une grandeur médiocre pour ce genre, et une quatrième de la taille du *Reduvius hirticornis* de Fabricius.

Ploiaria. Scopoli. Une espèce au moins bien caractérisée par la forme allongée de son corps et ses pieds antérieurs propres à saisir une proie. Cette espèce est d'une taille médiocre.

Gerris. Latreille. Une espèce de petite taille.

Une autre espèce à cuisses renflées, assez rapprochée du *Gerris currens* de Fabricius.

2.° *Hydrocorises.*

Nepa. Latreille. Une espèce plus petite que la *Nepa cinerea* de Latreille.

3.° *Cicadaires.*

Cicada. Latreille. Une espèce de la taille de la *Cicada plebeja.*

Une autre de la taille de la *Cicada violacea* ou de la *Tettigonia violacea* de Fabricius.

Tettigonia. Latreille. Une espèce de petite taille.

NÉVROPTÈRES.

1.° *Subulicornes.*

Libellula. Latreille. Un certain nombre de libellules, les ailes étalées et plusieurs de la taille de l'*Eshna grandis* de Fabricius.

Des larves de libellules reconnaissables par la forme particulière de leurs têtes et de l'extrémité de leur abdomen.

HYMÉNOPTÈRES.

1.° *Térebrans ou porte-scies.*

Thenthredo. Linnæus. Deux espèces d'une plus petite taille que le *Thenthredo viridis* de Linnæus, et une autre d'une plus grande dimension.

Cryptus. Jurine. Une espèce très-voisine du *Cryptus rosæ.*

Pteronus. Jurine. Une espèce de ce genre d'une grandeur médiocre. Il est, du reste, remarquable que l'on trouve peu de gros insectes parmi ceux que l'on observe à l'état fossile à Aix.

2.° *Pupivores.*

Ichneumon. Latreille. Une espèce de ce genre proprement dit, tel qu'il a été conservé par Latreille. Cette espèce est d'une grandeur médiocre.

Agathis. Latreille. Une espèce de ce genre, mais d'une petite taille.

Anomalon. Jurine. Une petite espèce bien caractérisée, appartenant à la première famille de ce genre.

Ophion. Fabricius ou *Anomalon* de Jurine, mais de la seconde famille. Cette espèce est de taille moyenne, relativement à celle de la plupart des *Ophion* de Fabricius.

3.° *Diploptères.*

Polistes. Latreille. Une espèce de la taille de la *Vespa gallica* de Latreille.

Une espèce rapprochée du *Polistes morio* de Fabricius.

4.° *Hétérogynes.*

Formica. Linnæus. Plusieurs espèces d'une taille plus petite que la *Formica subterranea.* D'autres plus grandes et à peu près de la taille de l'espèce que nous venons de rappeler.

LÉPIDOPTÈRES.

1.° *Diurnes.*

Papilio. Linnæus. Nous citons ici, sous la foi d'autrui, un Lépidoptère diurne de la division des *Satyrus.*

2.° *Crépusculaires.*

Zygæna. Fabricius. Une espèce peut-être de ce genre; mais faute de caractères positifs, il est bien incertain que notre insecte s'y rapporte.

Sesia. Fabricius. Une espèce voisine de la *Sesia vespiformis* d'Hübner.

Une autre espèce moins allongée à corps plus gros et à peu près de la stature de la *Sesia brosiformis* d'Hubner.

3.° *Nocturnes.*

Bombyx. Fabricius. Un Lépidoptère nocturne du genre *Bombyx* ou *Cossus* de taille médiocre.

DIPTÈRES.

1.° *Némocères ou Tipulaires.*

Ceratopogon. Meigen. Une espèce de petite taille.

Anisopus. Meigen. Une espèce assez grande, plus petite cependant que l'*Anisopus fuscus* de Meigen.

Nephrotoma. Meigen. Une espèce de la taille du *Nephrotoma dorsalis.*

Sciaris. Meigen. Une espèce assez petite et rapprochée de la *Sciaris florilega* de Meigen. D'autres espèces de petite taille.

Scatops. Meigen. Une espèce à corps et à ailes brunes.

Penthetria. Meigen. Une espèce de la taille de la *Penthetria funebris* de Meigen.

Une autre espèce de la même taille; mais à ailes plus transparentes et à pattes plus longues.

Trichocera. Meigen. Une espèce d'assez petite taille.

Platyura. Meigen. Une espèce de la taille du *Platyura cingulata* de Meigen.

Hirtea. Meigen. Beaucoup d'espèces, parmi lesquelles on distingue principalement une espèce de la taille de l'*Hirtea johannis* de Meigen.

Une autre espèce de la taille de l'*Hirtea hortulana.* Cette espèce devait avoir les ailes épaisses et presque noires, comme l'*Hirtea funebris,* dont elle se rapproche beaucoup.

Une troisième espèce à ailes plus claires et plus transparentes, assez voisine de l'*Hirtea febrilis*.

Dilophus. Une espèce assez rapprochée du *Dilophus marginatus* du même auteur M. Meigen.

Une autre espèce dont les ailes ne devraient pas être noires comme celles de l'espèce précédente.

2.º *Tanystomes*.

Asilus. Latreille. Une espèce mal caractérisée et qui paraît avoir été toute noire.

Une seconde espèce moins grande et d'une couleur fauve.

Empis. Latreille. Une espèce de la taille et du port de l'*Empis tesselata*, de Fabricius.

Nemestrina. Latreille. Une espèce de la taille de la *Nemestrina reticulata*, de Latreille.

Tabanus. Linnæus. Une espèce de taille médiocre, qui devait être presque noire.

3.º *Notacanthes*.

Oxycera. Une espèce de la taille du *Stratyomys Chamæleon*, de Fabricius.

Nemotelus. Meigen. Une espèce d'assez petite dimension, mais bien caractérisée.

Xylophagus. Meigen. Une espèce assez grande et fort rapprochée du *Xylophagus ater*, de Latreille.

Sargus. Meigen. Une espèce assez grande et à ailes transparentes, avec la lunule médiane noirâtre.

4.° *Athéricères.*

Aphritis. Latreille. Un Syrphe assez rapproché de l'*Aphritis-auro-pubescens*, de Latreille.

Ochtera. Latreille. Une espèce d'une plus petite taille que l'*Ochtera mantis*, de Latreille.

Outre les différentes espèces dont nous venons de donner l'énumération, nous en possédons beaucoup d'autres sur lesquelles nous ne sommes point fixés, faute de caractères, pour le faire avec quelque certitude. Jusqu'à présent, nous n'avons découvert aucune forme qui indiquât des espèces étrangères à nos régions, soit parmi les insectes que M. Leufroy a recueillis et qu'il a eu la bonté de nous communiquer, soit parmi ceux qui ont été ramassés pour M. Murchison, vice-président de la société géologique de Londres, soit enfin parmi ceux que nous avons réunis nous-mêmes, ou par les soins de M. Icard, d'Aix, dont la patience a été aussi infatigable qu'obligeante, pour nous procurer tous les insectes que les ouvriers mettent chaque jour à découvert pour arriver au petit banc gypseux.

Il est donc constant que les débris d'Arachnides et d'Insectes fossiles du bassin d'Aix, se rapportent uniquement à des espèces européennes, et même la plupart, à ce qu'il paraît, à des espèces qui vivent encore dans nos contrées méridionales. Il est également probable qu'il en est de même des plantes et des poissons qui accompagnent ces insectes. Ainsi la végétation de cette époque n'était nullement en contraste avec les animaux qui habitaient le bassin d'Aix, ou près de ce bassin; observation qui prouve le peu d'ancienneté de ces dépôts.

Il paraît que l'on trouve également des insectes fossiles dans les marnes calcaires fluviatiles de Monte Bolca dans le Veronnais. Du moins Scheuzer cite-t-il des Libellules avec leurs ailes étalées, qui, selon lui, en provenaient (1). Dans le beau cabinet cédé à la ville de Nismes par Seguier, on observe de grandes Libellules avec leurs ailes bien étalées, dont la localité n'est pas connue, mais qui pourraient être du Veronnais, cette collection réunissant un grand nombre de fossiles de cette contrée; ou bien elles seraient d'Aix, les marnes où on les découvre ayant les plus grands rapports avec celles de ce dernier bassin. Ces Libellules fossiles sont aussi remarquables par leur taille que par leur conservation et leur parfaite intégrité. On les dirait étendues à plaisir, sur les marnes où elles sont appliquées.

Il est encore probable que les marnes fossiles des environs de Chaumerac et de Rochesauve (Ardèche), où Faujas de S.¹-Fond a signalé des débris d'insectes mêlés à des plantes carbonisées,

---

(1) *Herbarium diluv.*, Tab. V, fig. 1, 2.

appartiennent à des dépôts d'eau douce remaniés par les volcans, comme cela est arrivé dans le midi de la France aux dépôts de ce genre, et même aux dépôts marins qui les recouvrent. Nous le présumons d'autant plus, que les insectes que Faujas de S.ᵗ-Fond y a reconnus, se rapportent à des guêpes cartonnières du genre *Polistes*, genre qui se retrouve également dans les marnes d'eau douce du bassin d'Aix; et enfin, parce que ces marnes insectifères, comme celles d'Aix, sont accompagnées de débris de végétaux. A la vérité, les espèces de Polistes signalées par Faujas ne sont pas les mêmes que les nôtres; car, d'après M. Latreille, dont l'opinion est d'un si grand poids en pareille matière, les premières appartiennent à une division particulière du genre Polistes, dont les espèces sont propres aux deux Indes; nos guêpes cartonnières d'Europe ayant l'abdomen plus ovale et plus long (1).

Les calcaires d'eau douce d'OEningen, en Franconie, recèlent également un assez grand nombre de débris d'insectes, qui ont été l'objet de l'attention de plusieurs observateurs, parmi lesquels nous citerons Scheuzer, Buttner, Vallerius, Richter, Vogel, Langius, Lippi et Brukmann. Ces divers naturalistes y ont signalé des *Scacabées*, des *Lucanus*

____

(1) Mémoires du Muséum, tome II, pag. 444 à 457, pl. 15, fig. 4.

fort rapprochés du *Lucanus cervus*, des *Papillons*, des *Libellules*, des *Hemérobes*, des *Ichneumons*, et des *Diptères*. Il paraît encore, d'après Knorr, que dans ces calcaires fissiles, on découvre souvent des empreintes ou enveloppes extérieures de larves ou de nymphes de Libellules bien caractérisées par la forme de leur corps, la briéveté des moignons de leurs ailes, et surtout par les trois épines convergentes qui terminent l'abdomen (1).

On a également cité, dans des terrains semblables, des *Hydrophiles* fort rapprochés de l'*Hydrophylus piceus*. Enfin Scheuzer (Herb. Diluv.) dit avoir observé une *Scolopendre* fossile dans une pierre grise de Lubeck, qui était peut-être un calcaire d'eau douce.

B.

Des insectes fossiles des dépôts de lignites.

On sait que la plupart des insectes fossiles décrits jusqu'à présent, ont été observés dans les inombrables fragmens de Succin, que les bords de la Baltique et le sol de la Prusse ont fournis, Succin qui s'y trouve dans des sables ou dans des terrains remaniés et d'alluvion. Mais ce Succin insectifère

---

(1) Monumens des catastrophes de la nature, tom. 1, pag. 151, pl. 33, fig. 2, 3, 4 *id.* Pétrifications. Part. I.re, tab. XXXIII, fig. 2-6.

qui comprend les deux variétés de *Succin borus-sique*, le jaunâtre et le blanchâtre (*Gelber* et *Weisser Bernstein W.*), n'est point dans ces terrains de transport dans son véritable gisement.

Nous disons dans son véritable gisement, parce que les fragmens de lignite adhérent parfois à ces morceaux isolés de Succin, indiquent assez leur position primitive. En effet, le Succin de ces deux variétés a une position géognostique bien caracté-risée ; on les trouve, en effet, presque constamment, ainsi que cela résulte des observations de M. Brongniart, en morceaux noduleux disséminés dans le sable, l'argile ou les morceaux de lignite de la formation de l'argile plastique et des lignites inférieurs au calcaire grossier. Ainsi, le Succin insectifère n'appartient point aux terrains d'alluvion ; mais bien à des dépôts fluviatiles régulièrement stratifiés.

Il en est de même du *Succin résinoïde* caracté-risé par l'absence presque absolue d'acide succi-nique, du moins relativement au seul gisement que nous avons observé par nous-mêmes. Ce Succin est assez abondant au milieu des lignites de Saint-Paulet (Gard), lignites mélangés de coquilles marines et surmontés par un dépôt marin bien caractérisé par les sables marins, le calcaire moellon et les marnes bleues. Mais le Succin résinoïde ou résine succinique de Saint-Paulet n'est nullement insectifère. Il paraît qu'il en est de même de celui que M. Brongniart a signalé comme paraissant appartenir à la formation marine de marne argileuse, immédiatement inférieure à la craie, et qui, comme le premier, est accompagné de coquilles marines (1). Les produits de mer se trouvent donc assez constamment avec le Succin résinoïde; car outre les localités que nous avons citées, il en est ainsi à Highate près de Londres, où ce Succin se montre en petits amas nodulaires dans l'argile avec des coquilles marines et des lignites perforés par des vers marins.

Cette absence d'insectes dans cette variété de Succin est loin de prouver que le Succin n'a pas les lignites pour gisement constant, puisque M. Schlotheim a reconnu des débris d'insectes des genres *Sylpha* et *Carabus* dans les lignites de Glücksbrunn.

Quant aux insectes disséminés dans le Succin, on a avancé que, généralement, ils ont plus de rapport aux espèces des climats chauds qu'à ceux des régions tempérées, et par conséquent qu'ils sont pour la plupart étrangers aux climats de la Prusse et de la Poméranie, où le succin insectifère se trouve en grande quantité, si ce n'est dans son véritable gîte, du moins dans des terrains remaniés. Nous n'avons point assez vu de ces insectes

---

(1) Dictionnaire des sciences naturelles, tom. LI, p. 238.

pour avoir une opinion à cet égard; mais il nous paraît que ce point de fait mériterait d'être discuté avec plus de soin qu'on ne l'a fait jusqu'ici. Les observations de M. Desmarest semblent du moins le confirmer, cet observateur ayant cité dans le Succin de la Prusse des *Termes* et un insecte fort remarquable voisin des *Lymexylon*, et qui fait partie du genre *Atractocère* formé par Palissot de Beauvois, sur une espèce d'Afrique.

Ce qui nous paraît plus certain, c'est que la plupart des insectes enveloppés dans le Succin se rapportent, en général, à des espèces qui se posent sur les troncs des arbres ou qui vivent dans les fissures des écorces. Cette particularité, jointe à ce que le Succin qu'on observe, interposé dans les couches minces des lignites, est plutôt disposé vers l'écorce des lignites fibreux qui ont conservé la forme du bois, que vers le milieu du tronc, position analogue à celle des matières résineuses dans les végétaux ligneux, annonce assez que le Succin a été formé pendant la vie des végétaux qui le renferment, et qu'il est une véritable résine végétale fossile. Il paraît encore assez bien établi que certaines familles d'insectes y sont plus communes que d'autres; et entr'autres que les Hyménoptères, les Diptères et les Coléoptères y sont les plus communs, principalement les genres qui vivent sur les arbres ou sous les écorces, tels que les Taupins, les Charansons, les Chrysomèles, les Bostliches, les Ips, les Apate et les Platypes. Les Lépidoptères et les Orthoptères y sont assez rares, mais il n'en est pas de même des Arachnides, surtout les Araignées, qu'on assure y être assez fréquentes.

Mais pour mieux en faire juger, nous allons en tracer le tableau en indiquant les divers auteurs qui les ont signalés.

ARACHNIDES.

1.º Des *Araignées*. — M. Brongniart. Dict. des sciences naturelles, LI, p. 233. *Id. Sendelius.* (*Historia Succinorum*, Leipzig. 1742. Tab. V et VII.) *Id.* Sweiger. (*Bemerkungen über den Bernstein.*) *Id.* d'après nos observations faites sur les insectes des fragmens de Succin conservés dans les collec tions de M. Cabrier, de Montpellier.

2.º Des *Scorpions*. — Schweiger.

INSECTES.

I. Des Aptères du genre *Scolopendra*. (Sendelius.)
II. Des Coléoptères.

1.º Sternoxes du genre, *Elater* (MM. Brongniart et Desmarest.)

Un *Elater* observé par nous et fort rapproché de l'*Elater æneus.*

Un autre *Elater* assez voisin de l'*Elater Castaneus.*

Une troisième espèce assez rapprochée de l'*Elater*

variabilis et de *l'Elater pilosus* de Fabricius, étant
velu comme ce dernier.

2.° Térédiles. *Atractocerus*. Latreille, cité par
M. Desmarest.

2.° Curculionides. — M. Defrance a cité un Charanson que M. Dejean n'avait point reconnu pour
être un insecte vivant en Europe. M. Brongniart
y a également signalé des Charansons. *Id.* Germar.

4.° Des Xylophages des genres *Platypus*, *Hyle-
sinus*, *Apate*, *Ips* de Fabricius et d'Olivier, et *Lyctus*
de Fabricius. (M. Desmarest et nos propres observations.)

5.° Des Crhysomelines du genre *Chrysomela*,
citées par M. Brongniart.

L'ouvrage de Sendelius signale également d'autres
coléoptères; mais on ne peut guère les reconnaître
pour en assigner le genre.

III. Des Orthoptères.

1.° Des coureurs du genre *Mantis* (M. Desmarest.)

2.° Des Sauteurs du genre *Gryllus* Criquet.
(Sendelius.)

IV. Des Hémiptères.

1.° Des Géocorises des Genres *Cimex* et *Pentatoma.*

V. Des Nevroptères.

1.° Des subulicornes du genre *Ephemera ,*
d'après Sendelius.

2.° Des Termitines du genre *Termes*. (M. Desmarest.)

3.º Des Perlides du genre *Perla*. (Sendelius).

4.º Des Pilicipennes du genre *Phryganea* (Sendelius M. Desmarest.)

VI. Des Hyménoptères.

1.º Des Pupivores , du genre *Ichneumon*. (M. Defrance et d'après nos observations.)

2.º Des Hétérogynes du genre *Formica* (M. Defrance, Schweiger, Sendelius et nos observations.

VII. Des Lépidoptères. (M. Brongniart.) On a cru reconnaître des chenilles parmi les insectes du Succin figurés par Sendelius. Tab. 3. fig. 28-82.

VIII. Des Diptères.

1.º Des Némocères des genres *Tipula* de Linnæus, (Sendelius M. Defrance.) et *Bibio* de Geoffroy. (Sendelius , M. Desmarest et nos propres observations.)

2.º Des Tanystomes du genre *Empis* de Linnæus. (Sendelius et nos observations.)

3.º des Athéricères du genre *Musca* de Linnæus. (M. Defrance et nos observations.)

Cet aperçu des insectes disséminés dans le Succin, tout incomplet qu'il est, prouve cependant que cette résine fossile, comme les marnes insectifères d'Aix, a enveloppé des insectes de toutes les classes. La plupart des genres qui s'y trouvent semblent appartenir à nos contrées. On n'a du moins cité que l'insecte rapproché du genre Atractocère de M. Latreille, qui serait étranger à nos régions. Le genre *Termès* ne peut pas être rangé dans la même catégorie, puisqu'il appartient à la France méridionale et à l'Italie. Il se pourrait également que les espèces elles-mêmes ne fussent pas fort différentes des nôtres; car jusqu'à présent, à part l'*Atractocère*, on n'a encore signalé que le Charanson, examiné par M. Dejean et qui, selon lui, n'aurait point de représentant parmi les insectes vivant actuellement en Europe. Ce qu'il y a de bien certain, c'est que les formes des insectes enveloppés par le véritable Succin, n'ont rien qui contraste avec celles des insectes de nos contrées.

Aussi, ces insectes, qui ont paru étrangers à nos régions, pourraient bien avoir été découverts, non dans le succin, mais dans la résine copal, qui découle, à Ceylan, de l'*Elæocarpus serratus* (Linnæus) (1), en englobant une infinité d'insectes qui viennent se déposer à sa surface, lorsqu'elle est encore molle. Cela est d'autant plus possible, que M. Haüy est le premier qui ait fait connaître des moyens certains pour ne pas se méprendre

---

(1) On trouve dans le commerce deux sortes de résine copal; l'une venant des Indes-Orientales, et une bien plus grande quantité qui est apportée d'Amérique. L'une et l'autre paraissent provenir de plusieurs espèces d'arbres. Néanmoins on attribue généralement celle qui vient des Indes-Orientales, à l'*Elæocarpus copaliferus* (Retzius), espèce désignée par Linnæus, sous le nom de *Vateria Indica*. On présume que l'espèce principale qui fournit le copal d'Amérique est le *Rhus copallina* ou *copallinum*.

sur la nature de ces deux substances, ce qui est important pour les conclusions qu'on peut tirer du rapprochement des insectes trouvés dans le succin avec ceux qui habitent maintenant telle ou telle contrée, et qui sont soumis à l'influence de tel ou tel climat (1). Il est donc indispensable, avant de décrire les insectes du succin, de s'assurer de la nature de la substance qui les renferme.

SECTION III.

Terrains anormaux secondaires, ou dépôts de sédiment produits avant la séparation de l'Océan des mers intérieures.

§ I.er — INSECTES FOSSILES DES TERRAINS SECONDAIRES SUPÉRIEURS. — DÉPÔTS JURASSIQUES.

—

M. Constant Prevost a signalé des crustacés et des insectes coléoptères fossiles, du genre des Buprestes, dans les schistes calcaires oolitiques de

---

(1) Aux caractères donnés par M. Haüy, on peut ajouter ceux qui sont fournis par l'examen de l'acide succinique, qui ne se trouve point dans les autres résines qui ont du rapport avec le succin; mais pour plus de simplicité, il suffit de brûler du succin dans un vase clos, au-dedans duquel on a placé du papier blanc. La fumée que répand le succin, en se condensant, cristallise en petites aiguilles, et la liqueur aqueuse qu'elle fournit, rougit le papier blanc, comme la teinture de tournesol et le sirop de violette, mais ce dernier dans un moindre degré.

Stonesfield, en Angleterre (1). Ce Bupreste a paru analogue, pour la forme et la taille, au *Buprestis variabilis* de Schœnherr, qui se trouve à la Nouvelle-Hollande. Ainsi, les insectes fossiles, restreints dans les formations d'eau douce des terrains tertiaires, se trouvent pourtant dans les formations marines des terrains secondaires.

On a également observé des débris d'insectes, dans le calcaire bitumineux fossile de Pappenheim et Solnhofen, qui appartient à la série oolitique, et à ce qu'il paraît, à l'oolite supérieure. Ces débris d'insectes s'y trouvent avec des poissons et des crustacés, ainsi qu'avec des empreintes que l'on a prises pour des vers de terre et auxquelles on a donné le nom d'*Helmintolithes*. De pareilles empreintes, qui ont l'apparence de Lombrics, se rencontrent également sur les marnes insectifères d'Aix, avec cette différence pourtant que les nôtres sont loin d'avoir les dimensions de celles que Knorr a figurées. Mais ces empreintes signalent-elles réellement des Lombrics, c'est ce que nous n'oserions dire faute de caractères, pour le faire avec quelque certitude.

(1) Voyez le mémoire de M. Constant Prevost, dans les *Annales des Sciences naturelles*, tom. IV, p. 389—404—417, pl. 18, fig. 26.

§ II. — INSECTES FOSSILES DES TERRAINS SECONDAIRES INFÉRIEURS, OU DE TRANSITION.

Les insectes dont les débris s'étendent si haut, dans les dépôts de sédiment, paraissent descendre également fort bas dans cet ordre de dépôts, en sorte que les insectes, comme les crustacés, les mollusques et les poissons ont constamment persisté sur la scène de l'ancien monde. En effet, les schistes argileux de Glaris, en Suisse, si semblables, par leur aspect, à nos ardoises ordinaires, et célèbres par les débris de poissons qu'ils renferment, semblent également réunir un grand nombre d'insectes.

Depuis long-temps, Aldrovande y a cité des Scolopendres et des Pacerons, et assez récemment M. Bertrand (1) a cru y reconnaître des insectes semblables au Hanneton. Il se peut que ce soit également dans des formations de la même époque qu'existent les vestiges d'insectes, d'ailes de Papillons et de Scarabées, signalés par Bromel, sur des ardoises alumineuses des carrières d'Andra Rumen, dans la province de Scanie en Suède (2). Ne serait-ce pas, enfin, dans des dépôts du même genre que se trouveraient les ailes de mouches signalées par le

---

(1) Oryctologique universelle, tom. I, pag. 259.
(2) Acta litt. Suecie, tom. III, pag. 446.

même naturaliste, dans les calcaires noirs de Frankenberg, et les gros insectes des schistes de Wurtzburg, chargés de pyrites ou de fer sulfuré?

§ III. — DES DÉBRIS D'INSECTES OBSERVÉS DANS DES CIRCONSTANCES QUI LAISSENT DES DOUTES SUR L'ÉPOQUE DE LEURS DÉPÔTS.

Des débris d'insectes ont été encore indiqués dans d'autres gisemens; mais il est douteux, d'après les circonstances de ces gisemens, qu'ils appartiennent à notre époque géologique ; tels sont ceux qui ont été trouvés par M. de la Fruglaye, au milieu des bois enfouis sur les côtes de la Manche, auprès de Morlaix (1). La plage où ces insectes ont été découverts, en 1811, et qui avait paru jusqu'à cette époque, formée par un sable très-fin et très-blanc, se trouva tout-à-coup, à la suite d'un ouragan des plus violens, d'un noir foncé, le sable ayant été entraîné par la mer. Cette plage parut donc couverte d'immenses débris de végétaux liés entr'eux et formant une couche épaisse et compacte de sept lieues de longueur.

Les feuilles étaient assez bien conservées; mais les troncs et les tiges des arbres étaient réduits à l'état de terre d'ombre. L'if, le chêne, le bouleau,

______

(1) Journal des mines, tom. XXX, p. 389.

étaient encore reconnaissables par leur texture, et dans les fentes que les influences alternatives de la pluie et du soleil produisirent sur cette couche, l'on découvrit une chrysalide et des débris d'insectes très-bien conservés et ayant gardé leurs couleurs. Ces débris d'insectes appartenaient, pour la plupart, aux genres *Carabe* et *Nebrie*. La mer, en revenant sur ce rivage, quelques jours après, y ramena le beau sable blanc qui la couvrait depuis si long-temps ; et il s'écoulera peut-être des siècles avant qu'un pareil événement se renouvelle. Mais les insectes ensevelis dans les lignites recouverts par ces sables, sont-ils réellement fossiles ou antérieurs à l'époque géologique actuelle ?

Pour résoudre cette question, il faudrait pouvoir distinguer les dépôts produits dans la période qui a précédé les temps historiques, des plus anciens qui appartiennent à cette dernière époque. Or, comme cette distinction est impossible à faire, la marche de la nature n'ayant jamais été interrompue (des espèces ayant été détruites depuis les temps historiques), l'on ne peut assigner à quelle époque précise appartiennent les insectes des lignites de Morlaix. Ces insectes sont probablement d'une date géologique peu ancienne ; mais sont-ils antérieurs ou postérieurs aux temps historiques, c'est ce qu'il paraît impossible de décider ?

En effet, lorsque des débris de corps organisés se trouvent dans des dépôts d'alluvion ou dans des

couches dont l'origine semble se rattacher aux formations tertiaires, et que ces couches ne sont
recouvertes que par des terrains d'atterrissement,
leur origine est des plus incertaines. Elle est incertaine, parce que dans les temps présens les os ensevelis dans la terre y perdent une grande partie de
leur substance animale, les coquilles s'y transforment en carbonate de chaux cristallin, les végétaux
passent ou à l'état calcaire ou à l'état siliceux (1), et
que, d'un autre côté, ces différens corps organisés
ne laissent parfois que leurs empreintes sur les tufs
qui les ont saisis, en sorte que ni les caractères pris
de leur nature, ni ceux tirés des circonstances de
leurs dépôts, ne peuvent nous éclairer sur leur
fossilité ou non *fossilité*, expression que l'on voudra
bien nous permettre à raison de son utilité.

Les mêmes doutes qui s'élèvent sur l'origine des
insectes de Morlaix, existent également pour ceux
que nous avons indiqués dans les cavernes à

---

(1) M. Lyell, secrétaire de la société géologique de Londres,
nous a assuré avoir observé, en Écosse, des lacs où les graines
de *Chara* qui y croissent, se transforment en carbonate de
chaux au milieu des calcaires qui se déposent au fond de ces
lacs. Ainsi, dans les lacs d'Écosse comme dans les anciens lacs
où se sont formés nos terrains lacustres, il se produit chaque
jour des *Gyrogonites*, que l'on pourrait facilement assimiler à
celles qui abondent au milieu des calcaires d'eau douce des
bassins tertiaires de Paris, de Montpellier, et de tant d'autres
que nous pourrions citer.

ossemens de Lunel-Viel (Hérault). Ces insectes s'y présentent de même disséminés dans le limon, conservant encore leur propre nature. Leurs couleurs sont assez vives; du moins certains élytres présentent des couleurs d'un vert brillant analogue à celles que l'on voit aux élytres de certaines espèces de Carabes actuellement vivantes. L'un de ces élytres comparés à ceux de nos Carabes d'Europe, n'a paru appartenir à aucune de ces espèces ; mais si de grands animaux ont été détruits depuis les temps historiques, des insectes ont bien pu se perdre également, en sorte que cette circonstance de n'avoir point de représentans parmi nos espèces vivantes, n'est nullement une preuve que les insectes des cavernes de Lunel-Viel soient antérieurs à cette époque. Outre ces carabes, nous y avons également découvert d'autres débris qui semblent se rapprocher des *Chrysomela*, *Trichius* ou *Cetonia*, en sorte que tous signalaient des coléoptères.

En résumant les faits que nous venons de rapporter, il semble en résulter :

1.º Que les Entomolithes, comme les autres animaux invertébrés, vivaient pendant la plus ancienne période des dépôts de sédiment, sur les terrains mis à nu; point de fait qui, coïncidant avec ceux relatifs aux autres débris d'animaux et de végétaux de la même époque, annonce qu'à la première apparition de la vie sur la terre, tous les êtres animés avaient un caractère de simplicité, dont la nature ne s'est point écartée dans ses premières productions.

2.º Que les insectes appartenant aux animaux invertébrés, plus simples sous le rapport de leur organisation que les vertébrés, ont aussi paru des premiers sur la scène de l'ancien monde, où, par suite de leurs conditions d'existence moins impérieuses que celles auxquelles avaient été soumis les animaux d'un ordre plus élevé, ils se sont constamment perpétués sans éprouver d'autres modifications que dans leurs espèces, les types de formes sur lesquels on a établi leurs familles et leurs genres ne paraissant pas avoir changé.

3.º Qu'en effet les insectes, depuis leur première apparition, ont continué à se perpétuer d'une manière constante et presque non interrompue, puisque leurs débris s'étendent depuis les dépôts de sédiment les plus inférieurs jusqu'aux plus récens, produits postérieurement à la retraite des mers de dessus nos continens, et qui touchent pour ainsi dire à l'époque actuelle.

4.º Que cependant les débris des insectes abondent principalement dans les terrains tertiaires, et en particulier dans les formations d'eau douce qui en font partie; car jusqu'à présent il ne paraît pas en exister dans les dépôts marins tertiaires ; mais seulement au milieu des dépôts fluviatiles entraînés dans le bassin de l'ancienne mer, ou dans les dépôts lacustres produits après la retraite des mers de dessus nos continens.

5.º Que la difficulté que l'on éprouve à reconnaître les caractères spécifiques des insectes fossiles, ne permet pas encore d'être certain, si, comme les restes des mollusques, leurs débris peuvent servir à déterminer les relations des couches entr'elles et l'époque de leur formation.

6.º Qu'il est seulement probable que les débris des insectes ont une importance géologique moins grande, que ceux qui se rapportent aux mollusques, dont le nombre plus considérable peut mieux servir à la détermination des couches où l'on découvre leurs restes, par suite de la variété des stations de ces animaux, dont le tét solide permet également d'en reconnaître les espèces avec toute certitude; tandis que les insectes qui n'ont guère que deux sortes de stations, les terres sèches ou les eaux douces, ne peuvent être des signes aussi certains de la manière dont se sont produites les couches où ils se trouvent, ainsi que de l'époque de leurs dépôts, et d'autant moins que l'on ne peut, d'après leur distribution, établir par rapport à eux des périodes successives et distinctes.

7.º Qu'en effet il ne paraît pas que telle famille d'insecte ait péri avant telle autre, et que tel genre ou telle espèce puisse caractériser plutôt telle couche que telle autre; mais seulement que les Entomolithes ensevelis dans les terrains tertiaires, sont liés avec les dépôts fluviatiles entraînés par les fleuves dans le bassin de l'ancienne mer, ou avec les dépôts lacustres produits dans le sein des anciens lacs, distinctions que l'on ne peut pas établir pour ceux qui accompagnent les terrains secondaires.

8.º Que comme plusieurs des insectes fossiles des terrains secondaires inférieurs appartiennent à des espèces terrestres, il est à présumer qu'à l'époque où ces insectes ont vécu, il existait déjà des terrains hors des eaux ou des terres sèches, quoique les animaux vertébrés terrestres, tels, par exemple, que les mammifères n'aient paru que beaucoup plus tard sur la scène de l'ancien monde, la vie ne s'étant établie que par degrés, et ayant marché du simple au composé.

9.º Que la présence des Entomolithes dans les différentes couches où on les observe, coïncide très-bien avec l'origine présumée des matériaux qui les enveloppent, ou avec celle des couches où l'on découvre leurs débris.

10.º Qu'enfin l'apparition des insectes fossiles liée dans certains dépôts tertiaires avec celle des végétaux, n'a pas cependant la même importance géologique que ces derniers débris, puisque les insectes, étudiés dans l'ordre de leur création, n'indiquent point, comme les végétaux, des périodes distinctes, pendant lesquelles ils auraient conservé les mêmes caractères essentiels, caractères qui seraient totalement différens, lorsqu'on passerait d'une période ou d'un groupe de formation à un autre.

TABLEAU GÉNÉRAL

Des Arachnides et des Insectes fossiles, d'après l'ordre de formations géologiques.

CLASSES.	ORDRES.	NOMS des GENRES.	GENRES QUI SE TROUVENT DANS LES TERRAINS ANORMAUX					NOMBRE D'ESPÈCES.
			TERTIAIRES			SECONDAIRES		
			postérieurs à la retraite des mers.	antérieurs à la retraite des mers dans les couches de		supérieurs jurassiques.	inférieurs.	
				marnes calcaires.	lignite et succin.			
ARACHNIDES.	PULMO- NAIRES.	Aranea		»	»			4
		Phrynus		»				2
		Scorpio			»			2
		TOTAL des Arachnides, 3 Genres.		2	2			7
INSECTES.	APTÈRES.	Julus	»					1
		Scolopendra			»		»	2
		Pulex		»				2
	COLÉOPTÈRES.	Harpalus		»				1
		Carabus						2
		Nebria						2
		Dytiscus		»				2
		Staphylinus		»				2
		Buprestis		»		»		2
		Elater			»			3
		Atractocerus						1

CLASSES.	ORDRES.	NOMS des GENRES.	TERTIAIRES : postérieurs à la retraite des mers.	TERTIAIRES : antérieurs à la retraite des mers dans les couches de — marnes calcaires.	TERTIAIRES : lignite et succin.	SECONDAIRES : supérieurs jurassiques.	SECONDAIRES : inférieurs.	NOMBRE D'ESPÈCES.
INSECTES.	COLÉOPTÈRES.	Scarabæus.					»	2
		Melolontha		»			»	3
		Pachypus		»				1
		Sisyphus		»				1
		Trichius		»				2
		Cetonia						2
		Sepidium						1
		Asida		»				3
		Opatrum		»				1
		Bruchus		»				1
		Apion		»				1
		Curculio			»			2
		Cionus		»				5
		Brachycerus		»				3
		Meleus		»				5
		Hypera		»				2
		Naupactus		»				2
		Rhinobatus		»				3
		Cleonis		»				8
		Dorytomus		»				1
		Scolytus		»				2
		Platipus			»			2
		Hylesinus			»			2
		Hylurgus		»				1
		Bostrichus			»			2
		Apate		»	»			2

CLASSES.	ORDRES.	NOMS des GENRES.	GENRES QUI SE TROUVENT DANS LES TERRAINS ANORMAUX					NOMBRE D'ESPÈCES.
			TERTIAIRES			SECONDAIRES		
			postérieurs à la retraite des mers.	antérieurs à la retraite des mers dans les couches de — marnes calcaires.	lignite et succin.	supérieurs jurassiques.	inférieurs.	
INSECTES.	COLÉOPTÈRES.	Trogossita....		»				1
		Lyctus.......			»			2
		Callidium		»				1
		Cassida......		»				3
		Chrysomela...		»				4
	ORTHOPTÈRES.	Forficula.....		»				1
		Mantis.......			»			2
		Gryllo-Talpa..		»				2
		Xya.........		»				1
		Acheta......		»				4
		Gryllus......		»	»			4
		Locusta......		»				1
	HÉMIPTÈRES.	Pentatoma....		»	»			4
		Cimex.......			»			2
		Coreus......		»				2
		Lygæus......		»				15
		Tingis......		»				1
		Syrtis.......		»				1
		Aradus......		»				1
		Reduvius.....		»				4
		Ploiaria......		»				1
		Gerris......		»				2
		Nepa.......		»				1
		Cicada......		»				2

CLASSES.	ORDRES.	NOMS des GENRES.	GENRES QUI SE TROUVENT DANS LES TERRAINS ANORMAUX					NOMBRE D'ESPÈCES.
			TERTIAIRES			SECONDAIRES		
			postérieurs à la retraite des mers.	antérieurs à la retraite des mers dans les couches de		supérieurs jurassiques.	inférieurs.	
				marnes calcaires.	lignite et succin.			
INSECTES.	HÉMIPTÈRES.	Tettigonia....		»				1
		Aphis........					»	2
	NÉVROPTÈRES.	Libellula.....		»				4
		Ephemera....			»			2
		Termes......			»			2
		Perla........			»			2
		Phryganea....			»			2
	HYMÉNOPTÈRES.	Tenthredo....		»				3
		Cryptus......		»				1
		Pteronus.....		»				1
		Ichneumon...		»	»			3
		Agathis......		»				1
		Ophion......		»				2
		Polistes......		»				1
		Formica......		»	»			6
	LÉPIDOPTÈRES.	Papilio		»	»		»	4
		Zygæna......		»				1
		Sesia........		»				2
		Bombyx		»				1
	DIPTÈRES.	Geratopogon..		»				1
		Tipula.......			»			2
		Nephrotoma..		»				1

CLASSES.	ORDRES.	NOMS des GENRES.	GENRES QUI SE TROUVENT DANS LES TERRAINS ANORMAUX					NOMBRE D'ESPÈCES.
			TERTIAIRES			SECONDAIRES		
			postérieurs à la retraite des mers.	antérieurs à la retraite des mers dans les couches de		supérieurs jurassiques.	inférieurs.	
				marnes calcaires.	lignite et succin.			
INSÉCTES.	DIPTÈRES.	Trichocera . . .		»				1
		Platyura		»				1
		Anisopus.		»				1
		Sciaris.		»				3
		Hirtea.		»				3
		Bibio.			»			2
		Diloplus.		»				2
		Scatops		»				1
		Penthetria. . . .		»				2
		Asilus		»				2
		Empis		»				3
		Nemestrina . . .		»				1
		Tabanus		»				1
		Oxycera		»				1
		Nemotelus. . . .		»				1
		Xilophagus. . .		»				1
		Sargus.		»				1
		Aphritis.		»				1
		Ochtera.		»				1
		Musca.					»	2
TOTAL des insectes, 8 Ordres, 102 G.res			1	79	23	1	6	219
TOTAL GÉNÉRAL des Arachnides et des Insectes, 2 Cl.es 9 Ordres, 105 G.res			1	81	25	1	6	226

SUPPLÉMENT

AU TABLEAU

Des principales espèces de Mollusques et Zoophytes des dépôts marins tertiaires du midi de la France.

COQUILLES UNIVALVES.

Bulla lignaria. Lamark. M. a. B. I. P. A.

Testacella haliotidea. Draparnaud. (Analogue.) M. a.

Ferussina lapicida. Leufroy. Ce genre intéressant, observé par M. Leufroy, dans les calcaires fluviatiles du midi de la France, a été découvert dans nos marnes argileuses marines, par M. de Christol. Ce dernier a donc ajouté une espèce de plus à la liste des coquilles qui, terrestres par leurs stations, se trouvent à la fois dans les dépôts marins et fluviatiles. Les mêmes marnes nous ont offert tout récemment des débris d'oiseaux : ceux que nous y avons reconnus se rapportent à des échassiers du genre Héron (Ardea); en sorte que ces marnes, comme les sables marins, recèlent des débris de mammifères terrestres, de Reptiles, d'Oiseaux; des coquilles terrestres, fluviatiles et marines, ainsi que de nombreux débris de végétaux.

Succinea amphibia. Draparnaud. (Analogue.) M. c.

Planorbis spirorbis. Draparnaud. (Analogue.) M. c.

Planorbis marginatus. Draparnaud. (Analogue.) M. c.

Paludina vivipara. Draparnaud. (Analogue) M. c.

Trochus miliaris. Brocchi. C. I.

Trochus Fermonii. Payrandeau. M. a.

Trochus zizyphinus. Lamark. (Analogue.) M. a.

Trochus de la division de ceux qui ont la faculté d'agglutiner les corps mobiles du sol sur lequel ils reposent, et cependant de la taille du *Trochus imperialis* au moins. Cette espèce est sans doute nouvelle, mais faute d'individus entiers, nous ne pouvons que l'indiquer sans la décrire.

Turitella strangulata. Leufroy. C. B.

Cerithium alucaster nobis. (*Murex alucaster.* Brocchi.) M. a. I.

On trouve à Banyuls un *Cerithium* analogue à une espèce de la Méditerranée, très-rapprochée du *Cerithium vulgatum*, mais qui en diffère par sa forme allongée et cylindrique. L'espèce vivante et l'espèce fossile paraissent nouvelles; mais faute d'individus entiers, nous n'osons décrire cette dernière.

Pleurotoma auricula. Nobis. (*Murex auricula.* Brocchi.) M. a. I.

Pleurotoma textile. Nobis. (*Murex textile.* Brocchi.) M. a. I.

Pleurotoma oblonga. Nobis. (*Murex oblongus.* Renieri. Brocchi.) M. a. l.

Pleurotoma contigua. Nobis. (*Murex contiguus.* Brocchi.) M. a. I.

Pleurotoma mitræformis. Nobis. (*Murex mitræformis.*) Brocchi. Cette espèce, avec le *Pleurotoma subulata,* constitue probablement un genre distinct, rapproché à la fois des *Pleurotoma* et des *Fusus.* M. a. I.

Pleurotoma multinoda. Lamark. M. a. P.

Pleurotoma spiralis. Nobis. Testâ fusiformi turritâ, transversim sulcatâ, sulcis intermediis mediocribus, aliis majoribus elevatisque; primis anfractibus, sulcis majoribus præsertim ad basim. Tuberculis angulatis, denticulatis, elevatisque duplici serie, ad basim anfractuum eleganter in spiram circularem dispositis. Caudâ, staturâque mediocri. Long. 0,025. M. a.

Cette espèce a quelques rapports avec le *Pleurotoma denticula* de M. Basterot; elle est cependant beaucoup plus élargie, surtout vers le dernier tour, et ressemble moins à une vis d'Archimède. On pourrait lui trouver également quelque analogie avec le *Murex monile* de Brocchi; mais outre que celui-ci est le double plus grand, ses tubercules ne sont pas disposés par double rang. Enfin, on ne peut le confondre avec le *Murex rotatus* du même auteur, qui est beaucoup plus élargi, et dont les tubercules sont très-aigus, et non purement anguleux comme dans notre fossile.

Nous avons reçu cette espéce de Banyuls dels Aspre, et de Baden en Autriche.

Scalaria lamellosa. Nobis. (*Turbo lamellosus.* Brocchi.) M. a. I.

Pyrula clathroïdes. Nobis. *Testâ ovato clavatâ, inflatâ, magnâ, pyriformi; striis transversis longitudinalibusque irregulariter flexuoso quadratis; striis transversis mediis minoribus non quadratis; striis longitudinalibus intermediis exiguis numerosisque. Longitud.* 0,07?.

Cette espèce, très-rapprochée de la *Pyrula clathrata* de Lamark, nous paraît cependant en différer essentiellement, d'abord par sa forme plus grande et plus renflée, mais surtout par la disposition du croisement des stries transverses et longitudinales qui, au lieu de produire ici des carrés à peu près égaux, s'assemblent de manière à composer des carrés qui, loin d'être réguliers, ont les quatre côtés inégaux. Les lignes transverses qui forment deux des côtés de ces parallélogrames, sont beaucoup plus rapprochées dans notre espèce que dans la *Pyrula clathrata* de Lamark; quant aux lignes longitudinales, elles sont également plus saillantes dans notre fossile. Cependant, comme les deux espèces ont d'assez grandes analogies, nous avons cru devoir donner à la nôtre le nom de *clathroïdes*, qui indique ses rapports avec la *Pyrula clathrata* de Lamark. On peut lui en trouver également avec la *Pyrula reticulata* du même auteur; mais les caractères que nous avons indiqués, suffiront sans doute pour l'en faire distinguer. M. a.

Fusus uniplicatus. Lamarck. M. a. P.

Turbinella infundibulum? Lamark. Analogue ou du moins une espèce très-rapprochée de l'espèce vivante, et n'en différant que parce que les plis de la columelle sont moins apparens, et les côtes longitudinales plus saillantes et plus nombreuses. M. a.

Cerithium plicatulum? Nobis. (*Turbo plicatulus.* Brocchi.) M. a. I.

Triton chlorostoma. Lamark. (Analogue.) M. a.

Buccinum angulatum. Brocchi. C. I.

Voluta Pyramidella. Brocchi. M. a. I.

Conus Mercati. Basterot. M. a. B. I.

Conus canaliculatus. Brocchi. C. I.

COQUILLES BIVALVES.

Pecten Tournalii. Nobis. Testá orbiculari, tumidá utrinque convexá, quindecim radiatá; valvá superiore ad articulationem plano-concavá, transversè striatá; auriculis æqualibus.

Ce peigne diffère essentiellement du *Pecten terebratulæformis,* en ce que le nombre de ses rayons est égal sur les deux valves, ce qui est tout le contraire dans le premier, où il y en a neuf dans la valve supérieure, et onze ou douze dans l'inférieure. Le *Pecten terebratulæformis,* ordinairement plus grand, offre un avancement plus prononcé à sa valve supérieure, et la valve inférieure présente de plus cette particularité de s'avancer sur la supérieure, ce qui n'a pas lieu dans le *Pecten Tournalii.*

Quant au trou indiqué dans le dessin du *Pecten terebratulæformis*, il est purement accidentel à l'individu qui a été dessiné; et si nous avons donné à cette espèce le nom de *terebratulæformis*, c'est à raison de l'avancement remarquable de la valve inférieure sur la supérieure, avancement qui est tout-à-fait caractéristique pour ce Pecten.

Nous avons consacré cette espèce, que nous avons fait figurer, à notre ami M. Tournal, de Narbonne, géologue des plus distingués.

Ostrea edulina. Lamark. *Varietas* b *oblonga.*

Cette variété indiquée par Lamark est tout-à-fait semblable à une variété alongée de *l'Ostrea edulis*, que l'on trouve dans l'Océan et dans la Méditerranée. Nous avons reçu l'espèce fossile de Banyuls dels Aspres. M. a.

Pectunculus subconcentricus. Lamarck. M. a. P.

Cardita trapezia. Lamark. (Analogue.) M. a.

Cardita sinuata. Payraudeau. (Analogue.) M. a.

Tellina subrotunda. Deshayes. M. a. P.

Tellina elegans. Basterot. M. a B.

Cytherea erycinoïdes. Basterot. M. a B.

Venus intermedia. Nobis. Testâ cordatá, obliquá leviter compressá, anticè angulatá; sulcis transversis elevatis asperis concentricis magnisque; striis interstitialibus numerosis, concentricisque, sed parùm elevatis. Diam. transv. o^m,o17. *Diam. vert.* o,^mo15. Nous avons fait figurer cette espèce. C.

Mya conglobata. Brocchi. M. a. I.

Venerupis irus. Lamark. (Analogue.) C.

Venerupis nucleus. Lamark. (Analogue.) S. c.

Corbula Nucleus. Lamark. (Analogue.) C.

Petricola ruperella. Lamark. Analogue. C. Cette espèce se trouve avec les trois précédentes dans les calcaires d'eau douce empâtés dans la masse du calcaire moellon, ou dans ces derniers qui ont été percés par les coquilles perforantes.

Psammobia vespertina. Lamark. (Analogue.) M. a.

Pholas Branderi. Basterot. M. a. B.

ZOOPHYTES.

Echinus. Une espèce fossile des Martigues, paraissant se rapporter à l'Oursin figuré dans l'Encyclopédie, planch. 141, fig. 6. C.

Stromatophora concentrica? Goldfuss. S. c.

Oculina virginea? Lamark, Lamouroux. (Analogue.) S. c.

Oculina hirtella. Lamouroux. (Analogue.) S. c.

Seriatopora subulata? Lamouroux. (Analogue.) S. c.

Millepora compressa? Goldfuss. S. c.

Millepora madreporacea? Goldfuss. S. c.

Cyathophyllum ananas? Goldfuss. S. c.

Cyathophyllum plicatum? Goldfuss. M. a.

Astrea geminata? Goldfuss. S. c.

Astrea arachnoïdes ? Goldfuss. S. c.

Astrea stellulata ? Lamouroux. (Analogue.) S. c.

Astrea pleiades ? Lamouroux. (Analogue.) S. c.

Astrea stylophora. Goldfuss. M. a.

Agaricia boletiformis ? Goldfuss. S. c.

Sarcinula astroites. Goldfuss. S. c.

Pavonia boletiformis. Lamouroux. (Analogue.) S. c.

Meandrina dædalea ? Lamark. (Analogue.) S. c.

Turbinalia duodecim-costata ? Goldfuss. M. a.

Turbinolia sulcata ? Lamark, Goldfuss. C. M. a. P.

Il résulte de ce supplément, qu'il faut ajouter aux totaux des mollusques fossiles du midi de la France, que nous avons donnés, page 166, savoir: 30 espèces d'univalves et 24 espèces de bivalves, ce qui porte le nombre des mollusques à 566, au lieu de 512 ; et de plus, 20 espèces de zoophytes, qui, ajoutés à 48 déjà décrits, font un total de 68 ; en sorte que le nombre des animaux invertébrés fossiles connus dans nos terrains, s'élève à 654, au lieu de 580 que nous avions indiqué. Ce nombre serait encore plus considérable, si nous pouvions indiquer les espèces que nous venons de recevoir de Banyuls dels Aspres, et que nous devons à l'obligeance de M. Courp.

Enfin, nous avons reçu quelques insectes fossiles d'Aix, que nous n'avions point encore indiqués, et qui se rapportent à diverses classes.

Parmi les Coléoptères nous signalerons:

1.º Une espèce d'*Asida*, à corps plus étroit et

plus alongé que les deux *Asida* déjà décrits; 2.º un *Cionus* beaucoup plus gros que les espèces décrites précédemment, et une espèce plus petite que toutes celles que nous avions reconnues; 3.º *Rhinobatus*. Une espèce différente de celles qui avaient été signalées; 4.º une espèce de *Cleonis* à corps étroit, alongé et garni de tubercules plus ou moins saillans et de rugosités sinueuses; 5.º un *Apion* très-petit.

Parmi les Orthoptères, nous avons reçu un genre que nous n'avons pu déterminer, l'espèce qui en fait partie ne se rapportant point à celles que des individus plus complets nous ont permis de reconnaître.

Les Hémiptères nous ont fourni de nouvelles espèces dans les genres *Pentatoma, Coræus, Lygæus Reduvius* et *Cercopis*. Ces espèces se rapportent toutes à des insectes de petite taille; mais elles n'en prouvent pas moins que les Hémiptères ont laissé de nombreux débris dans les marnes insectifères d'Aix.

Les Hyménoptères nous ont également présenté quelques espèces que nous n'avions pas encore aperçues. Ces espèces se rapportent aux genres suivans : 1.º aux *Ichneumons* proprement dits : plusieurs espèces d'une petite taille et à corps assez renflé; 2.º aux *Anomalons* de Jurine, et particulièrement une espèce fort rapprochée de l'*Anomalon variegatum* décrit par cet Entomologiste; 3.º aux *Formica*. Plusieurs espèces de taille moyenne.

Les Diptères nous ont enfin fourni un genre de

Meigen que nous n'avions pas encore vu dans les marnes d'Aix ; c'est le genre *Corethra*, dont il existe une espèce de petite taille. Les autres Diptères se rapportent à diverses espèces des genres *Cerato-pogon, Trichocera, Xilophagus* et *Sargus*.

Avec ces insectes fossiles, nous avons reçu des empreintes de plumes d'oiseaux et de nombreux fruits ou graines, parmi lesquelles il en existe de diverses espèces de graminées.

Nous ferons enfin observer (quoique ce fait n'ait pas un rapport direct avec le but de notre ouvrage) que nous venons de découvrir des portions d'ex-crémens d'Hyène ou d'*Album græcum*, dans les sables marins tertiaires où nous avions depuis long-temps reconnu de nombreux ossemens de carnas-siers, parmi lesquels étaient des débris d'Hyène. La présence de ces excrémens au milieu des dépôts marins les plus récens ou dans ceux que l'on ne peut s'empêcher de considérer comme les dernières relaissées de l'ancienne mer, nous paraît des plus importantes, puisqu'elle annonce que ces excrémens, comme les os eux-mêmes, peuvent, sans se détruire, être transportés loin des lieux où ils ont été déposés, et que leur existence dans les cavernes ne prouve pas nécessairement que les espèces auxquelles ils se rapportent ont vécu dans les cavités souterraines.

FIN.

EXPLICATION DES PLANCHES.

PLANCHE I.

Fig. 1. 2. *Natica Olla. Nobis.*

Fig. 3. 4. *Cyclostoma Ferruginea ?* Lamark.
Il est douteux que l'espèce fossile soit l'analogue de l'espèce vivante.

Fig. 5. 6. *Auricula myotis. Nobis.* An *Voluta myotis ?* Brocchi.

Fig. 7. 8. *Turbo tuberculatus. Nobis.* Cette espèce devient souvent beaucoup plus grande.

Fig. 9. 10. *Trochus granulatus. Nobis.* Grossi d'un tiers.

Fig. 11. 12. *Phasianella Lævis. Nobis.* Grossie d'un tiers.

Fig. 13. 14. *Cerithium multigranulatum. Nobis.*

Fig. 15. 16. *Cerithium Basteroti. Nobis.*

Fig. 17. 18. *Helix aquensis. Nobis.*

PLANCHE II.

Fig. 1. 2. *Pleurotoma Farinensis. Nobis.* Cette espèce a quelque analogie avec le *Murex intortus* de Brocchi.

Fig. 3 4. *Pleurotoma muricata. Nobis.* Cette espèce se rapproche beaucoup plus du *Pleurotoma cataphracta* de M. Basterot que du *Murex cataphractus* de Brocchi, que nous avons reçu d'Italie et qu'on donne pour synonyme au premier.

Fig. 5. 6. *Pleurotoma spiralis. Nobis.*

Fig. 7. 8. *Pleurotoma clathrata. Nobis.*

Fig. 9. 10. *Triton lævigatum. Nobis.*

Fig. 11. 12. *Murex transversalis. Nobis.*

Fig. 13. 14. *Cassis marginatus. Nobis.*

Fig. 15. 16. *Cassis striatus. Nobis.*

Fig. 17. 18. *Cassis diluvii. Nobis.* Cette espèce présente lorsqu'elle est adulte, un bourrelet saillant, ou un repli assez épais à son bord droit. Le peu de grandeur de la planche a forcé de représenter un jeune individu chez lequel ce bourrelet n'était pas encore tout-à-fait formé; dans l'âge adulte, cette espèce est du double plus grande.

Fig. 19. 20. *Cassis inflatus. Nobis.*

PLANCHE III.

Fig. 1. 2. *Strombus Roncanus. Nobis.*

Fig. 3. 4. *Strombus tuberculiferus. Nobis.*

Fig. 5. 6. *Cerithium marginatum.* Bruguière

Fig. 7. 8. *Pyrula transversalis. Nobis.*

Fig. 9. 10. *Buccinum Carcassonii. Nobis.*

Fig. 11. 12. *Triton Personatum. Nobis.*

Fig. 13. 14. *Sigaretus striatus. Nobis.*

PLANCHE VI.

Fig. 1. *Pecten Terebratulæformis. Nobis.* Cette espèce a été réduite d'un tiers, à cause du peu de grandeur de la planche.

Fig. 2. *Patella alta. Nobis.*

Fig. 3. *Pecten Monspeliensis. Nobis.*

Fig. 4. *Anomia sinistrorsa. Nobis.*

Fig. 5. *Pentatoma grisea* fossile d'Aix et vue en dessus. (Latreille.) Par distraction, le dessinateur a oublié de figurer les pattes de cet insecte.

Fig. 6. *Pentatoma grisea*, vue en dessous.

PLANCHE V.

Fig. 1. *Hinnites Brussonii. Nobis.* Valve supérieure.

Fig. 2. *Hinnites Brussonii.* Valve inférieure.

Fig. 3. *Hinnites Leufroyi. Nobis.* Valve supérieure.

Fig. 4. *Hinnites Leufroyi.* Valve inférieure.

Fig. 5. *Ostrea frondosa. Nobis*, vue en dessus.

Fig. 6. *Ostrea frondosa*, vue en dessous. Ces trois espèces ont été représentées à moitié grandeur.

Fig. 7. *Harpalus griseus* de M. Solier, ou du

moins une espèce très-rapprochée de celle qui a été décrite par ce naturaliste, et qui est assez commune dans le midi de la France.

Fig. 8. *Brachyurus undatus.* (Dejean.) Ou du moins une espèce voisine de celle décrite par cet habile Entomologiste, et qui est fort répandue dans nos contrées méridionales.

Fig. 9. *Cleonis*, espèce assez remarquable et qui est notée dans notre collection sous le n.° 4.

PLANCHE VI.

Fig. 1. *Pecten Tournalii. Nobis.* **A** moitié grandeur.

Fig. 2. *Corbis ventricosa. Nobis.* Un peu réduite.

Fig. 3. Charnière de la *Corbis ventricosa.*

Fig. 4. *Ostrea Undata*, vue en dessus et réduite d'un tiers.

Fig. 5. La même vue en dessous et par la valve inférieure.

Fig. 6. *Venus impressa. Nobis.*

Fig. 7. *Venus rugosa.* Brocchi.

Fig. 8. *Venus intermedia. Nobis.*

FIN DE L'EXPLICATION DES PLANCHES.

TABLE

DES MATIÈRES.

LIVRE PREMIER.

CHAPITRE PREMIER.

CHAPITRE II.

CHAPITRE III.

LIVRE II.

CHAPITRE PREMIER.

CHAPITRE II.

CHAPITRE III.

CHAPITRE IV.

CHAPITRE V.

CHAPITRE VI.

LIVRE III.

CHAPITRE PREMIER.

SECTION PREMIÈRE.

SECTION II.

CHAPITRE II.

SECTION PREMIÈRE.

SECTION II.

SECTION III.

CHAPITRE III.

SECTION PREMIÈRE.

SECTION II.

LIVRE IV.

FIN DE LA TABLE DES MATIÈRES.

PL. I

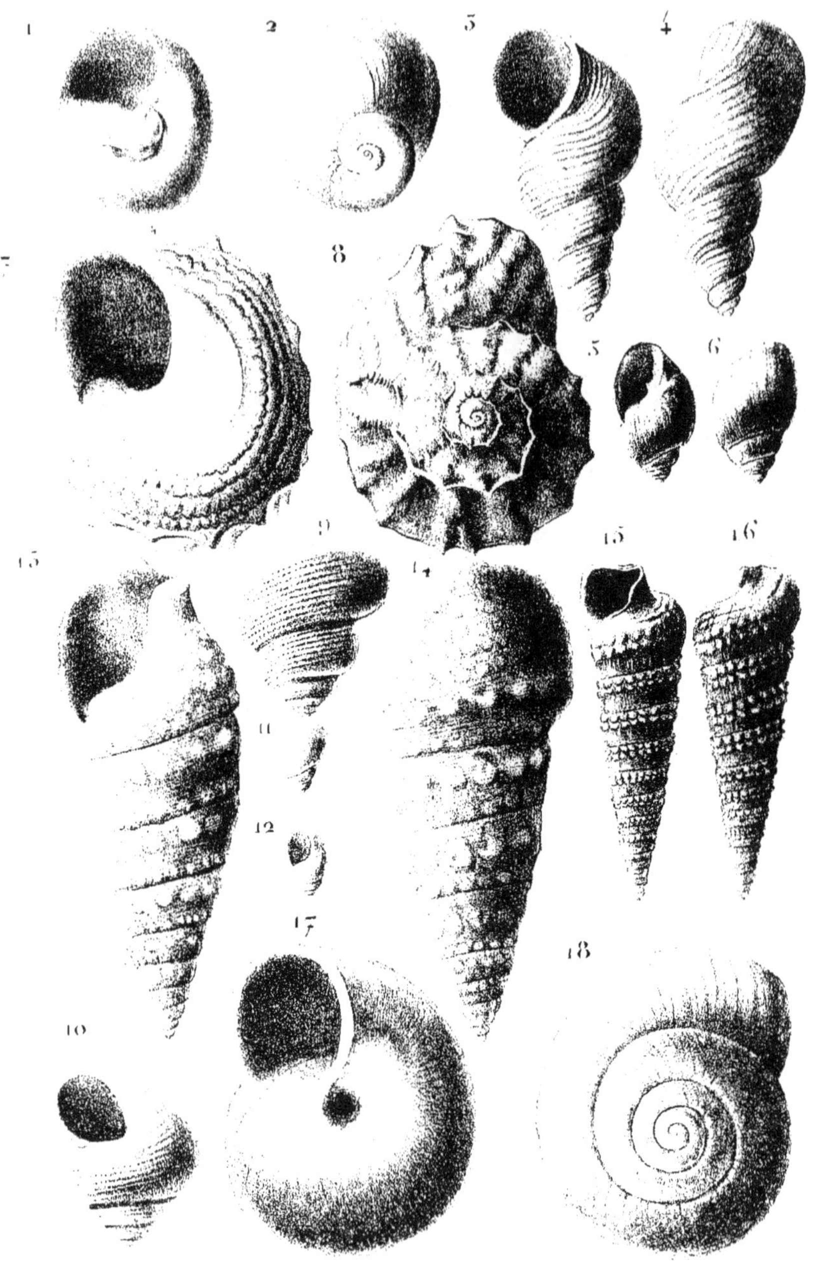

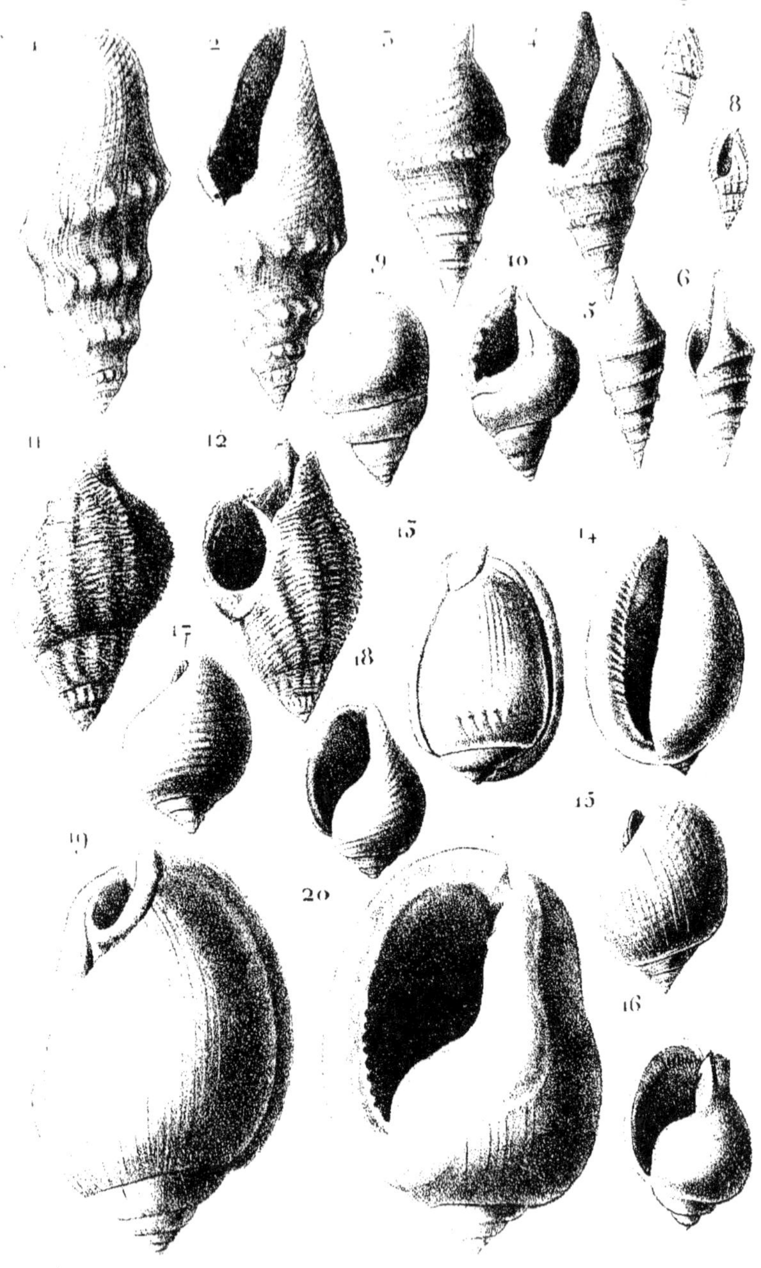

1
2
3
4
7
8
9
10
6
5
11
12
13
14
17
18
15
19
20
16

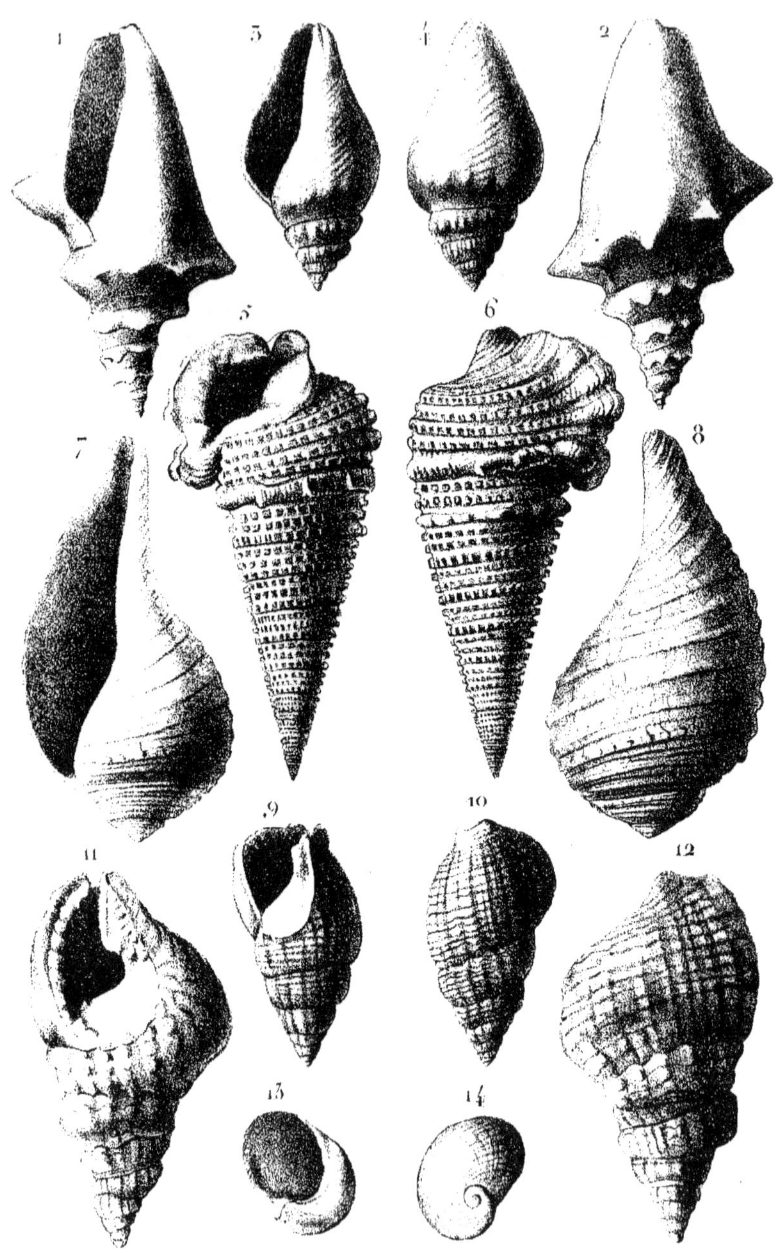

Noüe Vérin del.   Lith. de E. Mosquai et Cie. Montpellier.

PL. IV

Nore Veran del.   Lith. de F. Mequin et C.ᵉ a Montpellier

PL. V.

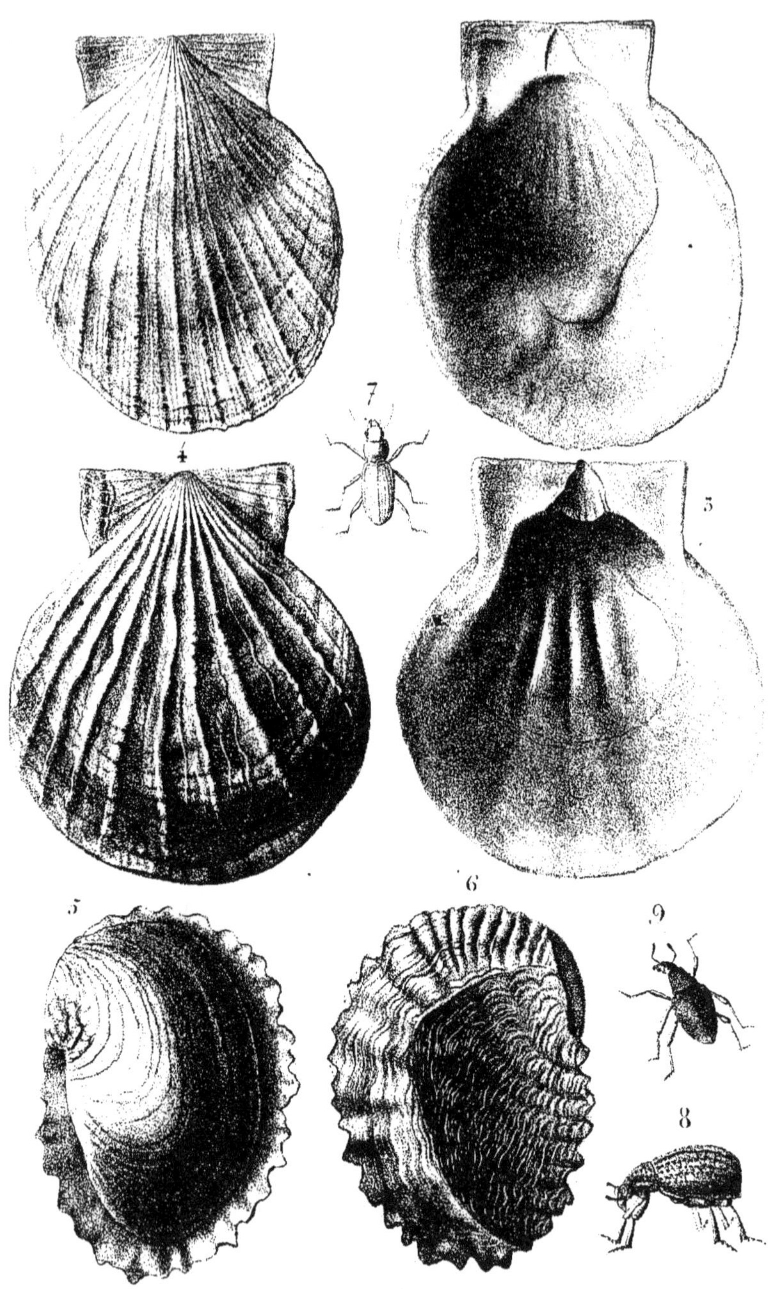
1
2
4
7
3
5
6
9
8

Nota Véron del.
Lith de F. Mloquin et C.

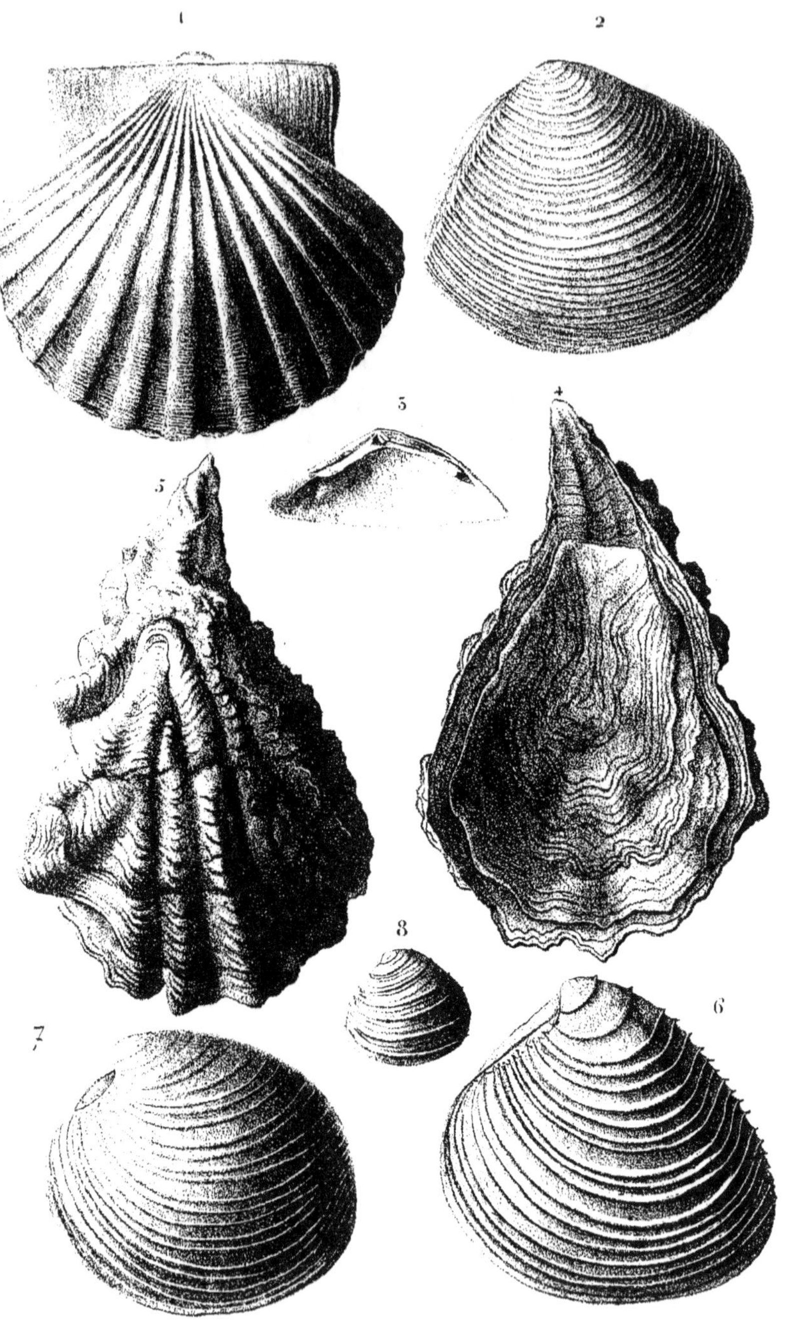

Nivé Loinen del.

Lith de E. Mesquin et Cie à Montpellier.